Dave Goulson

Die seltensten Bienen der Welt

Ein Reisebericht

Aus dem Englischen
von Elsbeth Ranke

Carl Hanser Verlag

Titel der Originalausgabe:
Bee Quest. In Search of Rare Bees
London, Jonathan Cape 2017

1 2 3 4 5 21 20 19 18 17

ISBN 978-3-446-25503-6

Satz: Kösel Media GmbH, Krugzell
Druck und Bindung: CPI – Ebner & Spiegel, Ulm
Printed in Germany

MIX
Papier aus verantwortungsvollen Quellen
FSC® C083411

Für Mum und Dad. Danke.

Inhalt

Prolog: Naturforschung mit brennendem Taubenkot

Den halben Kilometer von der Grundschule bis zum Wald gingen wir zu Fuß, die Kinder in Zweierreihen plapperten aufgeregt durcheinander. Beladen mit einem Bündel Netzen und Klopfschirmen ging ich vorneweg, und die Lehrerin Mrs Sharkey mahnte und drängte am Ende, um die quirlige Schar beieinanderzuhalten.

Es war ein sonniger Nachmittag gegen Schuljahresende im Juni 2009, und ich ging mit der Klasse meines ältesten Sohns Finn an der Newton Primary School Dunblane auf Insektenjagd. Dunblane ist eine hübsche Kleinstadt an der Westflanke der Ochil Hills im Herzen Schottlands, und egal, in welche Richtung man dort losspaziert, man kommt fast überall schnell aufs offene Land. Als wir am Wald waren, reichte ich den eifrigen Sieben- und Achtjährigen Netze und sonstiges Material und zeigte ihnen, wie man sie verwendete. Die Schmetterlingsnetze wirkten riesig in den Händen der kleineren Kinder, die zum Teil sogar selbst ganz hineingepasst hätten. Diese rautenförmigen Netze sind auf den ersten Blick einfach zu bedienen, aber wenn man einmal ein fliegendes Insekt darin gefangen hat, muss man mit einem ganz speziellen Ruck das Ende des Netzes so über den Rahmen schlagen, dass das Tier in einer Stofffalte gefangen wird und nicht einfach wieder hinausfliegen kann. Ich führte vor, wie man einen Klopfschirm (ein großer, rechteckiger Holzrahmen, der mit weißem Stoff bespannt ist) unter einen niedrigen Ast legt und dann diesen Ast ordentlich durchschüttelt, sodass die Insekten auf den weißen Schirm purzeln, wo sie in ihrer Überraschung wild durcheinanderkrabbeln. Meine Demonstration des Wiesenkeschers sorgte für große Erheiterung – dieses robuste weiße Netz wird durch hohes Gras gestreift, und zwar so, dass die Öffnung des Netzes dabei immer nach vorne gerichtet ist. Das geht nach meiner Erfahrung am besten, wenn man es in fließenden Kreisbögen von rechts nach links fahren lässt, aber dazu muss man sich weit vorbeugen und den Hintern in die Luft strecken. Man sieht aus wie ein Folkloretänzer beim Ententanz. Am Ende meiner Tanzdarbietung raffte ich den Beutel des Keschers zusammen, damit die Insekten nicht wieder entkamen, und rief die Kinder herbei, um den Fang zu besehen. Einen Wiesenkescher zu öffnen, ist immer eine spannende Sache – wie bei den hübsch verpackten Geschenken unter dem Weihnachtsbaum weiß man nie, was Wunderbares drinsteckt. Unter lautem Ah und Oh sahen die Kinder zu, wie Scharen winziger Tiere – Ameisen, Spinnen, Wespen, Käfer, Fliegen und Raupen – aus dem Netz krabbelten, flogen und hüpften. Ich zeigte ihnen, wie man die kleinsten, empfindlichsten von ihnen in einen Exhaustor saugt.*

* Ein Exhaustor ist ein kleines Glasgefäß mit einem Pfropfen, durch den zwei biegsame Plastikschläuche hineinführen. Das eine Schlauchende wird auf die Insekten gerichtet, und am anderen Schlauch saugt der Entomologe. Wenn alles gut geht, wird das Insekt durch den Schlauch in das Gefäß gesaugt. Dabei muss unbedingt der Schlauch, an dem man saugt, am inneren Ende mit einem Netzstoff überzogen sein – sonst landet der Gefäßinhalt womöglich in der eigenen Lunge. In der Aufregung passiert es auch so oft genug, dass man beim Anblick eines interessanten Insekts aus Versehen am falschen Schlauch saugt und alle vorigen Fänge einatmet. Dieses Gerät mit dem schönen englischen Namen *pooter* erfand in den 1930er-Jahren der amerikanische Entomologe Frederick William Poos Jr.

Dann verteilte ich eine Handvoll Becher, in denen jeder seinen Fang sammeln konnte, und die Kinder schwärmten aus, rannten durchs Unterholz, wedelten, kescherten und saugten nach Herzenslust, die Augen vor Aufregung weit aufgerissen. Wir hoben modernde Holzscheite und moosbedeckte Steine an und fanden darunter Asseln, Laufkäfer und Tausendfüßer (und legten hinterher natürlich brav alles wieder an Ort und Stelle). Jeder neue Fang wurde mir stolz zur Begutachtung vorgelegt, und das Spektrum reichte von riesigen roten Nacktschnecken bis hin zu zartgrünen Florfliegen. Mit hellen Begeisterungsrufen wurde der Fang einer riesigen Dunklen Erdhummel-Königin begrüßt, die vor Empörung lautstark herumsurrte. Der gute Finn konnte es nicht lassen und erklärte als kleiner Alleswisser den anderen Kindern, was sie da jeweils gefunden hatten.

Es war ein ziemliches Durcheinander, aber nach ungefähr einer Stunde hatten wir eine großartige Sammlung von Krabbeltieren in allen Formen und Größen, die in ihren Bechern auf einem der Klopfschirme auslagen. Wir sortierten sie nach Familien, lernten dabei den Unterschied zwischen Fliegen und Wespen, Käfern und Wanzen, Hundertfüßern und Tausendfüßern. Ich erzählte ihnen ein bisschen von den so unterschiedlichen und oft merkwürdigen Lebensweisen: welche von ihnen Dung oder Laub fraßen und welche andere Insekten verspeisen; von der Schlupfwespe, die von innen heraus Raupen zerfrisst; und von der Schaumzikade, die den Großteil ihres Lebens in einer Kugel aus ihrem eigenen Speichel verbringt. Als wir alles wieder freiließen, ermunterte ich die Kinder, ein paar von den größeren, robusteren Tieren in die Hand zu nehmen – es gab zum Beispiel eine hübsche Wipfel-Stachelwanze, hellgrün und rostbraun mit spitz zulaufenden Schultern, die bereitwillig von Hand zu Hand spazierte, bis sie mit einem Zucken ihrer Flügel plötzlich davonschwirrte. Eine halb ausgewachsene Punktierte

Zartschrecke in kräftigem Laubgrün mit winzigen schwarzen Punkten tastete sich kurzsichtig über die Hände; mit riesigen Fühlern, die ungefähr viermal so lang sind wie ihr Körper. Eine zartgliedrige Frühe Adonislibelle spähte mit ihren vorstehenden Augen misstrauisch zu uns hinauf, als könnte sie ihr Glück, freigelassen zu werden, kaum fassen, und dann schwebte sie auf ihren lautlos schwirrenden, schillernden Flügeln davon.

Das Lächeln auf den Kindergesichtern erinnerte mich an die Worte des weisen Biologen E. O. Wilson, der einmal sagte: »Jedes Kind hat eine Käferphase – ich bin aus meiner nie herausgewachsen.« Es lässt sich interessant spekulieren über die Frage, warum Kinder instinktiv von der Natur fasziniert sind, warum sie so gerne sammeln – Muscheln, Federn, Schmetterlinge, gepresste Blumen, Tannenzapfen oder Vogeleier – und warum sie mit solcher Begeisterung Tiere jeglicher Art fangen, in die Hand nehmen und beobachten. Ich vermute, in unserer Vergangenheit als Jäger und Sammler leistete diese Neugierde uns gute Dienste – selbstverständlich mussten wir uns Kenntnisse über die natürliche Umwelt aneignen, wenn wir überleben wollten; besonders wichtig war zu wissen, welche Tiere und Pflanzen gefährlich oder essbar waren, aber auch, welche subtileren Hinweise sich von der Natur ablesen ließen, indem man etwa das Verhalten von Vögeln interpretierte, das möglicherweise vor einer nahenden Gefahr warnte oder aber auf Wasser- oder Nahrungsquellen hinwies. Ich werde oft gefragt, weshalb ich selbst so früh von der Natur fasziniert war, als wäre das völlig ungewöhnlich; dabei halte ich diese Besessenheit für etwas ganz Typisches – wie E. O. Wilson sagte, die meisten von uns haben eine Käferphase.

Viel schwerer zu beantworten ist doch die Frage, warum die meisten Kinder ihre Faszination für Krabbeltiere und ganz allgemein für die Natur irgendwann verlieren. Was passiert mit einem Kind, das mit acht Jahren völlig versunken zugesehen hat, wie ihm eine Assel über die Handfläche krabbelte? Leider reagieren die meisten bereits als Teenager auf das Summen eines Insekts mit einer Mischung aus Angst und Aggression, die sich auf Unwissen gründet. Mit einiger Wahrscheinlichkeit erschlagen sie das arme Tier, zertreten es oder verscheuchen es bestenfalls mit panischem Wedeln. Was läuft da falsch? Warum ist die kindliche Freude restlos verpufft und hat nur Abscheu hinterlassen? Ich wüsste zu gerne, wie es um die Kids aus der Schulklasse meines Sohnes heute steht. Sind ihnen, inzwischen in der Pubertät, Insekten mittlerweile egal? Haben sie diesen sonnigen Nachmittag vergessen mit allem, was sie so faszinierend und amüsant fanden? Haben sie die Ängste ihrer Eltern übernommen, die absurde Überreaktion auf eine Spinne, die von der Vorhangstange baumelt, oder auf eine Wespe beim Familienpicknick? Ich bin mit meiner Familie inzwischen von Schottland ins südenglische Sussex umgezogen, aber Finn zufolge haben die meisten seiner neuen Freunde nicht das geringste Interesse am Leben der Natur – sie finden ganz einfach, dass sie für sie nicht relevant ist. Sie interessieren sich für Fußball, die Playstation oder das Einstellen von Selfies auf Instagram. Völlig gedankenlos werfen viele von ihnen auf dem Schulweg beiläufig Getränkedosen und Chipstüten in die Hecken. Es ist einfach nicht cool, Vögel zu beobachten; und wenn jemand hobbymäßig Schmetterlinge und Nachtfalter sammelt oder fotografiert oder züchtet, stempeln sie ihn als verrückten Nerd ab.

Ich wage die Vermutung, dass dieser Wandel darauf zurückzuführen ist, dass Kinder in unserer modernen, urbanisierten Welt zu wenig Gelegenheit zur Interaktion mit der Natur bekommen. Unsere heranwachsenden Kinder werden die Natur nie wirklich schätzen, wenn sie sie nicht zuerst selbst erfahren, und zwar hautnah und regelmäßig. Sie können etwas nicht zu lieben lernen, was sie nicht kennen. Wenn sie nie das Glück hatten, im späten Frühling auf eine Wildblumenwiese zu gehen und den Blumenduft zu riechen, die Vögel und Insekten singen zu hören und die Schmetterlinge durch das Gras huschen zu sehen, dann wird es ihnen wahrscheinlich ziemlich egal sein, wenn wieder einmal so eine Wiese zerstört wird. Wenn sie nie das Glück hatten, im scheckigen Licht durch einen alten, wildwüchsigen Wald zu klettern, mit den Füßen durch das muffige Laub oder durch smaragdgrüne Bingelkraut-Bestände zu rascheln und die vielfältigen, pilzigen Gerüche von Verrottung und Wachstum zu vernehmen, dann werden sie nur schwer verstehen können, was für ein schockierendes Sakrileg es ist, diesen Wald abzuholzen und die Bäume zu Sperrholz zu zerfetzen.

Selbst mit shakespearescher Sprachmacht könnte ich das Wunder und die Schönheit der Natur niemals wirklich wiedergeben. In den letzten Jahrzehnten sind etliche großartige Natur-Dokumentarfilme entstanden, in denen wir alle möglichen exotischen Geschöpfe bestaunen können, die wir nie mit eigenen Augen zu Gesicht bekommen werden; aber ich glaube nicht, dass das ausreicht, auch wenn es ein guter Anfang sein mag. Wir müssen die Kinder nach draußen kriegen, sie auf allen Vieren in der Natur herumbuddeln lassen. Für mich sind zehn Minuten mit einer Laubheuschrecke genauso viel wert wie zehn Stunden vor einem Bildschirm, auf dem Paradiesvögel in einem abgelegenen tropischen Regenwald ihren exotischen Paarungstanz vollführen.

Leider haben heutzutage natürlich nur wenige Kinder die Möglichkeiten wie E. O. Wilson oder ich, diese Interessen herauszubilden. Mir scheint, dass heranwachsende Kinder ganz allgemein viel weniger Gelegenheit haben, so herumzuforschen und zu experimentieren, wie ich es in den 1970er-Jahren in einem sehr ländlichen Stück England konnte. Inzwischen lebt die Mehrheit der Weltbevölkerung in Städten – in Großbritannien sind es erschütternde 82 Prozent, die in urbanen Gebieten wohnen –, und Kinder dürfen normalerweise nicht mehr frei herumstreifen so wie früher.

Schon als Siebenjähriger wanderte ich rund um mein Heimatdorf durch die Gegend, verschwand stundenlang mit meinen Freunden, ohne dass meine Eltern eine Ahnung hatten, wo ich steckte. Wir kletterten auf Bäume, angelten in Seen und Bächen und bauten Lager im Wald. Selbst auf dem Land haben kleine Kinder diese Freiheit heute meist nicht mehr, weil ihre Eltern zu Recht die Gefahren des Straßenverkehrs fürchten oder Angst haben, ihr Kind würde entführt werden, was ich für weniger wahrscheinlich halte. Vielleicht klingt es leicht unverantwortlich, aber ich glaube, Kinder brauchen mehr Gelegenheit, auf eigene Faust zu forschen, Risiken einzugehen und dumme, gefährliche Dinge zu tun, aus denen sie etwas lernen können. Ich sollte das wissen, denn in meiner Kindheit habe ich mehr Dummheiten begangen, als mir zustanden, und doch habe ich irgendwie überlebt.

Meine frühesten Erinnerungen gelten Insekten – irgendwie gruben sie sich schon in meine Seele ein, als ich noch nicht einmal aus den Windeln war. Mit fünf entdeckte ich die gelbschwarzen Raupen des Jakobskrautbärs, die von dem Kreuzkraut in den Rissen unseres Pausenhofs fraßen, und packte viel zu viele davon zwischen die übrigen Krümel in meiner Pausenbrotdose, um sie mit nach Hause zu nehmen. Ich pflückte ihnen mehr Kreuzkraut und war hin und weg, als einige von ihnen sich am Ende tatsächlich in adulte Falter verwandelten, diese nur schwerfällig fliegenden, aber hübschen Tiere mit schimmernden rot-schwarzen Flügeln (die, wie ich viel später lernte, eine Warnung vor ihrer Giftigkeit waren, denn sie hatten die

Toxine angesammelt, die das Jakobskreuzkraut vor Fressfeinden schützen soll). Im Garten sammelte ich Tausendfüßer, Asseln und Käfer und die winzigen roten Milben, die an Sonnentagen über das niedrige Betonmäuerchen vor unserem Haus krabbelten, und ich hielt sie alle in Marmeladengläsern, die ich auf der Fensterbank in meinem Zimmer aufreihte. Vermutlich mussten viele der armen Geschöpfe dort sterben, aber ich lernte eine Menge, nicht zuletzt aus dem *Oxford Book of Insects,* das meine Eltern mir schenkten, damit ich meine Fänge bestimmen konnte. Abends hockte ich über den Aquarell-Illustrationen und schmiedete Pläne für lokale Exkursionen, von denen ich mir ein paar exotischere Fänge erhoffte – Große Kolbenwasserkäfer etwa, Große Königslibellen oder Totenkopfschwärmer.

Als ich sieben war, zogen wir aus unserer kleinen Doppelhaushälfte am Rande von Birmingham in das weiter nordwestlich gelegene Dorf Edgmond in Shropshire, wo es noch viel mehr Gelegenheiten für die Krabbeltierjagd gab. Ich freundete mich mit Gleichgesinnten an, und gemeinsam suchten wir in den Mittagspausen die Weißdornhecken an den Rändern des Schulgeländes nach den hübschen Raupen des Schwans ab, einem samtschwarzen Tier mit einer abgefahrenen Irokesen-Bürste aus roten, schwarzen und weißen Haarbüscheln. Am Wochenende suchten wir nach anderen Raupensorten, durchkämmten Hecken, Wiesen und Wäldchen rund um unser Dorf. Mithilfe des *Observer's Book of Caterpillars,* noch ein Geschenk meiner Eltern, fanden wir recht und schlecht heraus, mit welchen Arten wir es dabei zu tun hatten, und holten ihnen das passende Blätterfutter. Mich faszinierte, wie klar sie spezialisiert waren – die meisten Falter- und Schmetterlingsraupen fressen nur eine oder vielleicht zwei Blattsorten und würden eher verhungern, als irgendetwas anderes zu kosten. Nur vereinzelte Arten sind weniger wählerisch – die riesigen, haarigen schwarz-orangenen Raupen des Braunen Bären zum Beispiel fressen fast alles außer Gras.* Einmal fanden wir auf einer Weide eine Raupe des Großen Gabelschwanzes, ein fantastisches grün-schwarzes Geschöpf, das sich unter Bedrohung aufrichtet und aus seinem gegabelten Schwanz ein Paar einschüchternde rote, sich windende Tentakel herausstreckt. Ich musste fast ein Jahr lang warten, bis ich den adulten Falter im folgenden Frühling zu Gesicht bekam: ein herrliches, fettes, kükenflaumiges Tier, dessen Körper und schneeweiße Flügel mit schwarzen Tupfen besprenkelt sind.

Ebenfalls bereits mit sieben oder acht begann ich, Vogeleier zu sammeln – schon mein Vater hatte das als Junge getan. Meiner Erinnerung nach verfügte fast jeder Junge in meinem Dorf über eine Sammlung (ich habe keine Ahnung, wie das bei den Mädchen war – ich hatte keine Schwestern und ging zudem auf eine Knabenschule; bis ich 14 war, war mir also nicht bewusst, dass es so etwas wie Mädchen überhaupt gab). Wir wetteiferten miteinander, wer die Nester der außergewöhnlichsten Arten aufstöberte, und beneideten uns gegenseitig um unsere Funde. Wieder waren die Naturkundebücher aus der *Observer*-Reihe Gold wert – mein fast 50 Jahre altes, zerfleddertes *Observer's Book of Birds' Eggs* steht bis heute in meinem Regal. Ich erinnere mich, wie ich auf den Hängen des Long Mynd im südlichen Shropshire einmal ein blaues Ei mit blassbraunen Sprenkeln verlassen auf dem Boden fand und zu der Überzeugung gelangte, dass es sich um ein Ei der Ringdrossel handeln musste, ein spektakulär seltener Moorwaldvogel, den ich noch nie zu Gesicht bekommen hatte. Meine Freunde waren skep-

* Die Raupen des Braunen Bären waren einst in England weit verbreitet, und alle Kinder kannten sie als *woolly bears* (»Wollbären«). Heute dürften nur wenige Kinder schon einmal einen gesehen haben, weil diese Spezies seit meiner Kindheit einen drastischen Niedergang erfahren hat.

tisch, tagelang stritten wir; im Nachhinein bin ich mir freilich relativ sicher, dass es einfach nur ein Amselei war. Bei der ganzen Sache lernten wir Unmengen über die Naturgeschichte der Vögel, denn jede Art bevorzugt zum Nisten ganz bestimmte Orte, baut ihr Nest aus charakteristischem Material und so weiter. Mehrmals fanden wir zum Beispiel Schwanzmeisennester, wunderschöne kugelförmige Konstruktionen aus Spinnenfäden und weichem Moos.

Als Nächstes sattelte ich um aufs Sammeln von Schmetterlingen und weitete das auf Nachtfalter aus, dann auf Käfer, und irgendwann war ich ziemlich gut in der Bestimmung all dieser Tiere. Mein Geschick bei der Aufzucht verhalf mir zu einigen vollkommenen, unbefleckten Schmetterlings- und Nachtfalterexemplaren für meine Sammlung; mit etwa zwölf Jahren war ich es schließlich leid, diese niedlichen Geschöpfe zu töten, und fing an, sie nur noch zu züchten, um sie dann ganz einfach wieder freizulassen. Vor allem züchtete ich Hunderte Pfauenaugen und den Kleinen Fuchs, indem ich die Jungraupen von Brennnesseln sammelte und sie in selbst gebauten Käfigen aufzog, wo sie nicht Raupenfliegen und Erzwespen ausgesetzt waren, die in der freien Natur die meisten von ihnen parasitieren. Es war eine herzerwärmende Erfahrung, den Schmetterlingen zuzusehen, wie sie sich zögerlich an ihren ersten Flugversuch machten, die jungen Flügel kaum getrocknet, wie sie flatternd aufstiegen und sich am Ende aus unserem Garten in die Lüfte schwangen.

Doch nicht nur die Naturkunde faszinierte mich als Jugendlichen. Als ich in die Secondary School kam, liebte ich bald sämtliche Naturwissenschaften, besonders den Kitzel der Gefahr, der mit der Feuerwerkerei im Chemieunterricht und allgemein mit Elektrizität verbunden war. Meine Eltern schenkten meinem großen Bruder Chris und mir einen Chemiekoffer, und wie unendlich viele Kinder vor und nach uns verbrachten wir Stunden damit, beliebige Mischungen von Chemikalien auf dem kleinen Bunsenbrenner zu erhitzen, wobei wir in der Regel nichts weiter erzeugten als ein klebriges braunes Etwas und eine stinkende Rauchwolke. Obwohl wir dafür Nachsitzen und Schlimmeres riskierten, schmuggelten meine Freunde und ich kleine Stücke Magnesiumband aus dem Chemieunterricht und setzten sie in der Mittagspause im Gebüsch ganz hinten im Pausenhof mit Feuereifer in Brand. Sie glühten so hell, dass im Nachmittagsunterricht weiße Flecken vor unseren Augen tanzten. Als unser Lehrer im Versuch einmal kleine Stücke Natrium oder Kalium in ein Wasserbad gesetzt hatte – woraufhin diese höchst instabilen Metalle zischend herumflitzten und kleine Stichflammen samt Rauchschwaden aufsteigen ließen –, brannten wir nur so darauf, an diese Stoffe heranzukommen; aber unser Spielverderber von Lehrer ließ sie keinen Moment aus den Augen und sperrte sie nach der Stunde immer in einem Metallschrank ein.

Zum Glück tolerierten meine Eltern meine frühe chemische Experimentierfreude genauso bereitwillig wie die Begeisterung, mit der ich das Haus mit Marmeladengläsern, Käfigen und Wannen mit allem möglichen Getier bevölkerte, obwohl sie selten bis ins Detail wussten, was meine Freunde und ich wirklich anstellten. Von den ersten paar Chemiestunden an bastelten wir uns abenteuerliche Anordnungen zusammen, mit denen wir zu Hause immer gefährlichere und unterhaltsamere Versuche durchführen konnten. Mein Freund Dave und ich (in meiner Klasse gab es fünf Daves, und überhaupt wäre für die Jungen meiner Generation ein Oberbegriff für solche Gruppen eine nützliche Erfindung gewesen) entwickelten eine Methode, Wasserstoff und Sauerstoff herzustellen, indem wir elektrischen Strom durch Wasser leiteten. Der Transformator meiner

Scalextric-Bahn erwies sich als ideale Energiequelle für solche Experimente, lieferte er doch stabile zwölf Volt. Sauer- und Wasserstoff ließen sich in Flaschen auffangen, und beide Gase explodierten zu unserer großen Zufriedenheit mit einem lauten Knall, wenn wir ein Streichholz daran hielten, auch wenn das nicht ganz ohne Risiko war. Ich lernte sogar, in einem komplizierten Experiment auf der Küchenanrichte Chlorgas herzustellen; dafür musste elektrischer Strom durch Chlorreiniger geleitet werden; die braunen Gaswolken, die dabei entstehen, sind hochgiftig, und das Experiment glückte unerwartet so gut, dass ich es kurz vor dem Ersticken gerade noch schaffte, den Strom abzustellen und die Fenster aufzureißen.

Etwa zur selben Zeit sammelten mein Bruder Chris und ich gebrauchte Bücher für einen Flohmarktstand bei einer anstehenden Schulfeier – ich erinnere mich zwar nicht daran, aber ich vermute, dass mein Vater uns dazu verdonnerte, denn ich kann mir nicht vorstellen, dass wir je von uns aus mit dem Leiterwagen von Tür zu Tür gezogen wären und aussortierte Bücher gesammelt hätten. Jedenfalls ergab sich daraus ein unverhoffter Nutzen; unter den Stapeln vergilbter Liebesromane und Agatha-Christie-Krimis fand sich nämlich ein schmaler Band mit dem einfachen Titel *Explosives.* Man kann sich meine Erregung beim Heben dieses unerwarteten Schatzes vorstellen; erst recht, als ich feststellte, dass das Buch detaillierte Beschreibungen enthielt, wie sich die verschiedensten hochgefährlichen, manchmal instabilen Verbindungen herstellen ließen. Zu meiner Enttäuschung brauchte man für die meisten Rezepte jedoch Reagenzien, an die ein zwölfjähriger Junge schlicht nicht herankam; zum Beispiel war es von Anfang an klar, dass ich nie genügend konzentrierte Säuren bekommen würde, die man für die Herstellung von TNT gebraucht hätte. Ein Schießpulverrezept dagegen schien realisierbar zu sein. Schießpulver oder

Schwarzpulver, wie die Fans es leicht kryptisch nennen, besteht aus nur drei Zutaten: Schwefel, Holzkohle und Kaliumnitrat. Mein Kinder-Chemiekoffer enthielt Schwefel, und Holzkohle war auch kein Problem, obwohl es eine ziemlich dreckige Angelegenheit war, die Grillkohle zu dem erforderlichen Pulver zu zermahlen. Blieb nur das Kaliumnitrat. Dem Buch zufolge waren erhebliche Mengen davon in Taubenkot zu finden, aus dem es sich mit der nötigen Sorgfalt auch isolieren ließ. Bis wir im Dorf einen Taubenzüchter fanden, dauerte es etwas, aber schließlich hatten wir so lange verstohlen über Gartenzäune gespäht, bis wir einen Taubenschlag mitsamt seinen gurrenden Bewohnern ausfindig gemacht hatten. Hätten wir wie Erwachsene gedacht, hätten wir einfach angeklopft und um etwas Taubendreck gebeten – wahrscheinlich hätte der Besitzer uns den gerne gegeben, wenn wir nur eine halbwegs plausible Begründung vorgebracht hätten –, aber wir befürchteten, man könnte unsere wahren Absichten erahnen. Natürlich erscheint es im Nachhinein nicht gerade wahrscheinlich, dass der Züchter vorschnell geschlossen hätte, dass wir den Taubendreck zur Herstellung einer Bombe brauchten, aber in unserer Paranoia hielten wir das doch für durchaus möglich. Und als wir uns einmal gegen den direkten Weg entschieden hatten, blieb uns nur eine heimliche Nachtaktion als Alternative. Mein Komplize Dave (einer von den vielen) und ich schlichen uns eines dunklen Abends in den Garten und fanden den Taubenschlag zu unserer Erleichterung unversperrt vor – wahrscheinlich war Tauben- und Kotdiebstahl im ländlichen Shropshire damals eine Randerscheinung. Es war eine dreckige und extrem geruchsbelastende Arbeit, den Kot in der pechschwarzen Dunkelheit in eine Plastiktüte zu kehren – wir trauten uns nicht, eine Taschenlampe anzuknipsen –, und die Tauben fingen an, herumzukrakeelen, flatterten nervös umher und bespritzten uns von oben mit ihrem Dreck, sodass wir uns, zufrieden mit unserer Ausbeute, eilig zurückzogen. Oft habe ich mich seither gefragt, ob der Taubenzüchter wohl bemerkt hat, dass irgendein mysteriöser Besucher mitten in der Nacht bei seinen Tauben ausgemistet hatte.

Am nächsten Tag machten wir uns daran, das Kaliumnitrat zu isolieren. Das Buch erklärte nicht, wie das gehen sollte, ein äußerst bedauerliches Versäumnis des Autors. Wir wussten, dass Kaliumnitrat wasserlöslich ist; mit unseren rudimentären Chemiekenntnissen meinten wir also, wir müssten das Kaliumnitrat aus dem Kot herauswaschen, dann die Feststoffe abseihen und die Chemikalie schließlich aus der verbleibenden Lösung extrahieren können. In unserem Hintergarten gaben wir also den Kot in einen Eimer warmes Wasser und siebten dann mit einem alten Handtuch die Brocken ab. Es war eine ziemlich unappetitliche Angelegenheit. Am Ende blieb uns ein Eimer extrem stinkende, blassbraune Flüssigkeit. Wir beschlossen, jetzt müssten wir nur noch das Wasser verdampfen lassen, indem wir die Flüssigkeit eine Weile kochten, und dann sollte, so hofften wir, etwas übrig bleiben, was überwiegend Kaliumnitrat war. Ich begann den Prozess in einer alten Pfanne auf dem Küchenherd, aber verständlicherweise verwies uns meine Mutter postwendend des Hauses. Zum Glück hatte ich in weiser Voraussicht im Gartenschuppen einen alten Campingkocher zum Bunsenbrenner umgebaut, auf den wir nun zurückgriffen. Es dauerte Stunden, und je dicklicher das Gebräu wurde, desto entsetzlicher stank es, aber irgendwann war der Inhalt der Pfanne zu einem klebrigen braunen Etwas zusammengeschrumpft. Es sah nicht wirklich wie Kaliumnitrat aus – wir wussten, dass das ein kristalliner weißer Feststoff sein sollte –, aber wir hofften, dass es irgendwie klappen würde.

Vorsichtig mischten wir die braune Schmiere in den vorgesehenen Anteilen mit Schwefel und Holzkohle. Das ergab eine grünlich-schwarze Pampe. Wir nahmen ein Löffelchen davon, platzierten es auf den Boden einer umgedrehten Konservendose, und ich hielt vorsichtig ein Streichholz daran, während mein Herz vor Aufregung lauthals klopfte. Das Streichholz flackerte, das Pulver brutzelte, und dann … nichts. Ich versuchte es wieder und wieder, aber da war nichts zu machen. Offensichtlich war unsere Isolierungsmethode ineffizient, oder vielleicht waren es auch einfach die falschen Tauben gewesen.

Eine kleine Recherche ergab, dass Kaliumnitrat manchmal als Gartendünger verkauft wurde. Tatsächlich war der in einer kleinen Gärtnerei fast direkt neben meiner Schule in Newport auf Lager; allerdings lag er leider zusammen mit etlichen anderen erstrebenswerten Chemikalien auf einem hohen Regal hinter dem Tresen. Meine Freunde und ich spionierten unauffällig den gesamten Vorrat aus, während wir angeblich das Angebot an Samentütchen durchstöberten. Schließlich nahm ich meinen Mut zusammen und versuchte, etwas davon zu kaufen; ich war ganz sicher, dass der Ladenbesitzer mein wahres Ziel augenblicklich durchschauen würde. Er war ein älterer, grauhaariger Mann mit strengem Blick, und tatsächlich fragte er mich sofort, wofür ich den Dünger denn brauchte. Ich lief vor Verlegenheit hellrot an – ich war schon immer ein hoffnungslos schlechter Lügner – und stammelte etwas von einem Schulexperiment, bei dem wir untersuchen sollten, wie sich Kaliumnitrat auf das Pflanzenwachstum auswirkte. Meine Freunde hatten zur moralischen Unterstützung hinter mir einen Halbkreis gebildet, und die Vorwitzigeren unter ihnen steuerten noch ein paar bunte Details bei, erzählten etwas von einem Schulwettbewerb für möglichst großes Gemüse. Es war nicht völlig abwegig, aber doch wenig wahrscheinlich, aber ich hielt bei seinem Kreuzverhör eisern an meiner Aussage fest, und am Ende holte er widerwillig eine Zwei-Pfund-Dose vom Regal herunter. Bestimmt ahnte er, dass wir damit nichts Gutes im Schilde führten, aber er konnte es nicht beweisen und war vielleicht auch froh, überhaupt etwas zu verkaufen, denn sein Laden brummte nicht gerade. Ich reichte ihm mein Geld, packte die Dose, und weg waren wir, bevor er es sich anders überlegen konnte.

Das Schießpulver erwies sich am Ende als Riesengaudi. Es explodierte nicht, aber es brannte wie wild, setzte Schwefelwolken frei und roch damit so verlockend wie ein Feuerwerk an einem kalten Novemberabend. Wir experimentierten mit verschiedenen Anteilen der Zutaten, die wir in kleinen Stapeln auf einen Schieferstein schichteten – ganz hinten im Garten, wo die Augen der Eltern uns nicht so schnell bemerken würden. Als wir die Mischung immer weiter verfeinerten, brannte sie immer schneller, und beim Anzünden mit einem Streichholz verbrannte man sich häufig die Finger; also entwickelten wir Zündschnüre aus aufgewickeltem Klopapier, das wir in Kaliumnitrat-Lösung tunkten und dann trocknen ließen. Wir experimentierten mit der Zugabe anderer Chemikalien aus unseren Chemiekästen, um die Flammen oder den Rauch zu färben, und wir befüllten Papprollen mit Schießpulver und diversen Zugaben, um unser eigenes primitives Feuerwerk herzustellen. Das alles war im Vergleich zu professionellen Raketen ziemlich mickrig, aber wie bei allem Hausgemachten doch viel befriedigender als die gekauften Alternativen.

Mein Freund Dave stellte dann eine ganz neue Feuerwerksformel auf, Grundlage waren hier natriumchlorathaltige Unkrautvernichter und Zucker. Mit dieser Rezeptur machten wir uns daran, die besten Feuerwerke zu basteln. Wochenlang versuchten wir, Raketen zu entwickeln, die tatsächlich in die Luft gingen, aber den Dreh bekamen wir nie heraus; das Höchste, was wir je schafften, war eine Rakete, die ungefähr 1,20 Meter aufstieg, bevor sie kippte und in den Boden raste. Der Rasen in unseren Gärten war bald übersät mit braunen Brandflecken von unseren gescheiterten Raketenstartversuchen.

Die Pulver, die wir mixten, waren zwar hoch entflammbar, aber wirklich explodiert sind sie nie, und das war eine ziemliche Enttäuschung. Irgendwann fanden wir heraus, dass man nur dann Explosionen hervorrufen konnte, wenn man das Pulver in mehr oder weniger luftdichten Behältern einschloss und erst dann entzündete. Das war natürlich eine verzwickte Sache, denn wie sollte man etwas entzünden, das man in einem Behälter eingeschlossen hat, und wie hielt man dabei obendrein eine sichere Entfernung ein, um nicht selbst in die Luft zu fliegen? Mein Buch *Explosives* war in dieser Frage keine große Hilfe. Nach langen Diskussionen und viel Trial and Error fanden Dave und ich die Lösung in Form der altmodischen Wegwerfblitzwürfel für Fotoapparate. Jüngere Leser mögen sich wundern, dass vor gar nicht allzu langer Zeit nicht jeder Fotoapparat mit einem eingebauten Blitzlicht ausgerüstet war, sondern stattdessen eine Fassung für einen Einwegplastikwürfel mit vier einzelnen Blitzbirnen besaß. Wenn man ein Bild machte, zündete und versengte die nach vorne weisende Blitzbirne, und das dabei erzeugte Licht reichte für genau ein Foto. Danach drehte man den Würfel um 90 Grad weiter, und die nächste Birne war einsatzbereit. Erstaunlicherweise konnte die gesamte benötigte Energie für die Selbstverbrennung dieser Blitzbirnen von einer normalen 1,5-Volt-AA-Batterie geliefert werden.

Wir fanden heraus, dass man diese Blitzbirnen vorsichtig aus ihrem Plastikgehäuse entfernen und damit ohne weiteres mein Schießpulver oder Daves Unkrautvernichter-Mix entzünden konnte. Wir bauten also dicke Pappröhren und füllten sie mit unserem Feuerwerkspulver, dazu steckten wir eine Blitzbirne, deren zwei dünne Anschlussdrähte aus der Röhre herausragten. Dann versiegelten wir die Röhren mit unzähligen Schichten Klebeband. Jetzt brauchten wir die Drähte nur noch an eine Batterie anzuschließen, und dann: PENG! Die Röhren gingen mit einem ohrenbetäubenden Knall hoch und hinterließen nur ein paar qualmende Überreste. Es war toll, und es dauerte nicht lange, da nahmen wir Kupferröhren, damit es noch lauter knallte – da wackelte wirklich der Boden, wenn sie losgingen, und die Erde war übersät mit verbogenen Metallsplittern. Um genügend Abstand zu haben, schlossen wir die Batterie an einen altmodischen Wecker an: Wir schoben einen Draht durch ein Loch, das wir in das Abdeckglas gebohrt hatten, und wenn der Minutenzeiger auf zwölf stand, kam er in Kontakt damit. So konnten wir die Bomben mit bis zu 55 Minuten Verzögerung zünden und uns in ein paar Hundert Metern Entfernung hinsetzen und sie pünktlich hochgehen sehen. Mit diesen selbst gebastelten Rohrbomben amüsierten wir uns köstlich, wir steckten sie in Löcher in Baumstämmen, Spalten in der Felswand eines aufgelassenen Steinbruchs und einmal in die Löcher einer Backsteinmauer an einem verfallenen, unbewohnten Bauernhof. Besonders viel Sprengkraft hatten sie nicht, aber meistens jagten wir doch ein paar Splitter Holz oder Fels oder Backstein in die Luft. Einmal legten wir sogar eine in unseren Dorfkanal, wir hatten nämlich im Fernsehen einen Bericht über die Dynamitfischerei gesehen. Die Explosion tötete keinen Fisch, aber es kam zu einer befriedigenden Wasserfontäne.

Sicher ist Bombenbau nicht gerade die sicherste Freizeitbeschäftigung für Jugendliche, und ich würde nie jemanden zu so etwas ermuntern; aber verglichen mit dem, was wir mit dem Stromnetz anstellten, war es noch relativ harmlos. Eines unseligen Sonntagmorgens, ich war 13, spielten meine Freunde Matt, Tug (Tim) und ich in unserem Garten mit einem Stück altem, rostigem Stacheldraht herum, das wir wer weiß wo gefunden hatten. Es war ein paar Meter lang und produzierte ein interessantes Pfeifen, wenn man es schnell genug über dem Kopf durch die Luft wirbelte. Doch bald schon verlor das seinen Reiz, und aus irgendeinem Grund kam ich auf die Idee, den Draht aus dem Garten über die Straße vor unserem Haus und bis in das gegenüberliegende Feld zu werfen. Nicht gedacht hatte ich an die Stromkabel, die längs der Straße als Freileitung von Telefonmast zu Telefonmast führten. Der Stacheldraht traf eines der Kabel, verhakte sich und schwang so herum, dass er ein zweites Kabel berührte; in diesem Moment gab es einen lauten Knall, einen Sprühregen orangener Funken, und zwei Stücke Stacheldraht fielen zu Boden. Bei genauerer Untersuchung stellten wir fest, dass der Draht in der Mitte regelrecht durchgeschmolzen war und auf dem Asphalt immer noch hellrot vor sich hin glühte. Vermutlich war der starke Strom, der im Kurzschluss durch den Stacheldraht schoss, zu viel für ihn gewesen. Das fanden wir unglaublich spannend, und natürlich wollten wir mehr davon.

Wir ahnten schon, dass es vielleicht besser war, uns einen etwas entlegeneren Ort als unseren Vorgarten zu suchen. Wir verzogen uns also an den Dorfrand und hielten beim Gehen nach weiterem Stacheldraht Ausschau, denn unsere übriggebliebenen Enden waren jetzt zu kurz. Wir suchten relativ lang, aber schließlich fanden wir an der Ecke eines Feldes eine alte Rolle mit Draht, die an einem Zaunpfahl befestigt war; wir bogen den Draht so lange vor- und rückwärts, bis ein Stück davon abbrach.

Mit dieser Beute gingen wir die nächste Straße hinter dem letzten Haus hinauf, bis wir wieder an eine Freileitung kamen. Im Rückblick hätte uns vielleicht auffallen sollen, dass diese Kabel höher verliefen als die vor meinem Haus, und wir hätten überlegen sollen, warum das so war. Wir hätten auch merken sollen, dass die Leitungen um einiges dicker waren, was allerdings bei ihrer Höhe nicht auffiel. Uns waren solche Details jedenfalls völlig egal, und wir fingen an, unser Stück Stacheldraht zu den Kabeln hinaufzuschleudern. Wegen der Höhe war das nun viel schwieriger. Wir wechselten uns ab, wirbelten den Draht um den Kopf und warfen ihn in den Himmel. Wir brauchten beinahe zwei Stunden, bis es zufällig wieder mir gelang, den Stacheldraht so zu schleudern, dass er sich an einem Kabel verhakte, herumschwang und ein zweites Kabel berührte. Was dann passierte, ist für immer und ewig in meine Erinnerung eingebrannt. Es gab einen ohrenbetäubenden Knall und einen weißen Blitz wie bei einem Gewitter. Einer von uns rief »BLOSS WEG HIER!« – vielleicht war ich es, oder vielleicht waren es auch wir alle drei gleichzeitig. Wir flohen. Als wir so auf das Dorf zurannten, sah ich mit einem Blick über die Schulter die beiden Freileitungskabel torkelnd und Funken sprühend zu Boden fallen. So hatten wir uns die Sache eigentlich nicht vorgestellt.

Wir liefen bis zu mir nach Hause (das war am nächsten) und versteckten uns im Gartenschuppen. Dort hockten wir uns auf die Stapel Flohmarkt-Romane, die vom Schulfest übrig waren, und überlegten, was wir tun sollten. Wir wussten, dass wir etwas Schlimmes angestellt hatten, und wir hatten keine große Hoffnung, ohne größeren Ärger davonzukommen. Während wir auf der Straße unter den Stromleitungen gestanden hatten, waren mindestens ein Dutzend Autos vorbeigekommen, und in unserem kleinen Dorf kannte jeder jeden; da würde es nicht lange dauern, bis jemand herausfand, wer die Schuldigen waren. Irgendwann beschlossen wir, dass es keine andere Lösung gab: Jeder von uns würde nach Hause gehen und beichten. Mir hing der Magen in den Kniekehlen, als ich durch die Hintertür ins Haus kam und meine Mutter in ungewöhnlich schlechter

Laune vorfand. Sie war gerade mitten bei der Zubereitung des Sonntagsbratens gewesen, und jetzt war der Strom ausgefallen. Im Dorf gab es keine Gasleitung, überall kochte also das Sonntagsessen auf einem elektrischen Herd. Und nun wurden in zahllosen Haushalten halb fertig gebratene Hähnchen und Rinderkoteletts kalt. In den beiden Dorfpubs, im *Lion* und im *Lamb*, sollten Dutzende Sonntagsessen ungekocht bleiben. Ende der 1970er-Jahre waren Stromausfälle zwar relativ häufig, aber normalerweise passierte das nachts, und in der Regel gab es auch eine Vorwarnung.

Damit hatte ich nicht gerechnet, und ich lief wieder hinaus, ohne meiner Mutter ein Wort zu sagen; Tug und Matt waren noch in Sichtweite, weil sie beide eher widerstrebend, also langsam in entgegengesetzter Richtung auf ihr Zuhause zugingen. Ich rief sie zurück und erzählte, was los war. Es war noch viel schlimmer, als wir zunächst gedacht hatten, eine Katastrophe biblischen Ausmaßes. Wieder verkrochen wir uns im Schuppen. Matt äußerte ohne große Überzeugung die Vermutung, der Stromausfall könnte ja ein Zufall sein. Doch wir wussten, dass das nicht stimmte. Wie sich später herausstellte, hatten wir unglücklicherweise tatsächlich die 11 000-Volt-Leitung getroffen, die die einzige Stromzufuhr in unser Dorf darstellte. Ein Notfallteam des Stromanbieters brauchte fast bis zum Abend, um sie zu reparieren. Meine Freunde und ich saßen immer noch im Halbdunkel des Schuppens, als der Beamte von der Ortspolizei in seinem Dienst-Mini angefahren kam. Er war sowieso nicht besonders gut auf uns zu sprechen, seit er uns vor ein paar Jahren erwischt hatte, wie wir mit unseren selbst gebauten Katapulten (die er daraufhin konfiszierte und verbrannte) ein Dosenschießen auf seine Gänse veranstalteten, und so machte er sich ein Vergnügen daraus, uns zu der winzigen Polizeiwache im nahen Newport abzuführen.

Am Ende kamen wir mit einem kleinen Bußgeld und einer ordentlichen Zurechtweisung davon. Am schlimmsten war für mich der Ärger, den ich meinem Vater bereitete, der Dorflehrer war und sich als einen der Pfeiler der Dorfgemeinschaft verstand. Er schämte sich in Grund und Boden, dass sein eigener Sohn in Konflikt mit den Behörden geraten war. Und zu allem Übel war auch der Rektor seiner Schule an diesem schicksalhaften Tag um seinen Sonntagsbraten gebracht worden.

Natürlich mache ich mich nicht dafür stark, dass Kinder Bauernhöfe sprengen oder Stromleitungen sabotieren sollen, nicht einmal Vogeleier sammeln finde ich heute akzeptabel. Manches von den vielen Dingen, die wir gemacht haben, war höchst gefährlich und wirklich idiotisch. Und doch weiß ich nicht, ob ich als Erwachsener zum Naturwissenschaftler geworden wäre, wenn ich nicht wenigstens ein paar von diesen jugendlichen Trieben so hätte ausleben dürfen, wie ich es getan habe. Vielleicht waren meine Eltern allzu tolerant und bestimmt auch ein bisschen naiv, aber ich bin ihnen unendlich dankbar, dass sie mir so viel Freiraum gelassen haben (obwohl vielleicht ein paar ernste Worte über die Gefahren von Hochspannungsleitungen ganz nützlich gewesen wären). Ich versuche, meinen eigenen Jungs mit ihren inzwischen fünf, zwölf und 14 Jahren genug Freiheit zu geben, damit sie auf eigene Faust lernen können. Ich zucke zusammen, wenn ich sie hoch oben in den Baumwipfeln an Ästen baumeln sehe, und vielleicht sollte ich den Fünfjährigen nicht mit meinem Beil oder der Schlagbohrmaschine spielen lassen, aber bis jetzt haben sie alle überlebt. Ich habe ihnen die Zutaten für selbst gebasteltes Feuerwerk gekauft, aber zugleich versuche ich, ein Auge darauf zu haben, was sie vorhaben, und habe zum Beispiel Rohrbomben verboten. Auch sie haben bis jetzt noch keine Rakete zum Abheben gebracht, und unser Rasen ist von ihren gescheiterten Startversuchen mit

Brandflecken übersät. Ich habe auch versucht, ihnen jede Gelegenheit zu bieten, mit der Natur in Kontakt zu kommen. Wir haben das Glück, mitten im ländlichen Sussex zu leben, umgeben von Wäldern, Weiden und Flüssen, die sie relativ sicher erforschen können – die größten Gefahren sind dabei sie selbst. Im Sommer fahren wir in unser kleines Bauernhaus im tiefsten, dunkelsten Frankreich, wo sie wild herumtollen können. Ich weiß nicht, ob sie wie ich einmal Naturforscher werden, aber zumindest hatten sie ausgiebig Gelegenheit, sich in die Natur zu verlieben. Mein ältester Sohn Finn kann inzwischen die meisten Wildblumen bestimmen, und Jedd ist ein begeisterter Insektenfotograf. Seth, der Jüngste, will einfach nur alles fangen, in eine Tupperdose stecken und anschauen – er ist immer noch mitten in der Käferphase, möge sie noch lange andauern. Ich bin sicher, dass sie sich später einmal nach besten Kräften für die Natur einsetzen werden.

Leider fürchte ich, dass sie damit eine Ausnahme sind. Ich kann es nicht belegen, aber nach meinem Eindruck nimmt Umweltengagement in der Gesellschaft eher ab, und die Generation, die heute heranwächst, hat noch mehr Abstand zu der Welt, von der sie lebt, als die vor ihr – und wenn das stimmt, dann ist das eine Katastrophe. Selbst heute, mitten im großen sechsten Massensterben der Arten, das allein durch menschliche Aktivität verursacht wird, während der Klimawandel große Teile der Erde in nicht allzu ferner Zukunft unbewohnbar zu machen droht und jährlich etwa 100 Milliarden Tonnen Mutterboden verloren gehen, stehen Umweltfragen auf der politischen Agenda immer noch ziemlich weit unten. Sie spielten im britischen Unterhaus-Wahlkampf 2015 kaum eine Rolle, selbst in der Kampagne der Grünen. Die Debatte drehte sich vor allem um die Wirtschaft, aber Geld wird uns kaum nützen, wenn wir keinen Boden und keine Bienen mehr haben.

Wollen wir die natürliche Welt und damit letztlich auch uns selbst retten, dann brauchen wir mehr Menschen, die sich um ihre Zukunft Gedanken machen. Zuallererst müssen wir dafür sorgen, dass unsere Kinder Gelegenheit bekommen, die Natur selbständig zu erforschen, schlammbedeckt nach Fröschen zu jagen oder auf der Suche nach Raupen durch Hecken zu krabbeln. Wir müssen ihnen Gelegenheit geben, ihre natürliche Neugierde auszuleben, sie müssen sehen können, wie ein Schmetterling sich aus seiner Puppe herausarbeitet, wie Kaulquappen winzige Gliedmaßen entwickeln, müssen die aufregende Erfahrung machen, unter einem Holzscheit eine Blindschleiche zu entdecken. Wenn wir ihnen das ermöglichen, werden sie die Natur lieben, wertschätzen und später für sie kämpfen.

Ich hatte das Glück, alles das als Kind tun zu können, und das brachte mich dazu, mein Leben lang meiner Neugierde für die Natur freien Lauf zu lassen. Und heute darf ich durch die Welt reisen, dabei habe ich Vogelfalter durch die Regenwälder auf Borneo flattern sehen und in den Wäldern von Belize gehört, wie Brüllaffen mit lautem Geschrei ihre Reviere verteidigten – und das sind nur ein paar von vielen weiteren unvergesslichen Erfahrungen. Viel näher zu Hause habe ich unzählige Stunden damit verbracht, in den weniger spektakulären, aber ganz genauso wunderbaren Wäldern und Wiesen Frankreichs und Großbritanniens nach Insekten, Vögeln, Reptilien, Säugetieren und Blumen zu jagen. Ich hatte Glück – ich bin auf dem Land aufgewachsen und geriet dann in einen Beruf, für den ich den weltweit interessantesten und seltensten Bienen und Hummeln nachjagen darf und versuche, möglichst viel über sie zu verstehen, ein paar noch unbekannte Details ihrer Lebenszyklen zu entdecken und herauszuarbeiten, wie wir sie so schützen können, dass auch andere sich künftig noch an ihnen erfreuen. Dieses Buch ist die Geschichte dieser Bienenreisen. Beginnen werden sie ganz nah meiner Heimat, in den entlegenen Ecken Großbritanniens, in denen die Natur noch unberührt ist; von da aus geht es in die wilden Berge Polens und dann nach Übersee in die Anden und Rocky Mountains, wo Hummeln sich unausweichlich in ein tragisches Schicksal zu fügen haben. Schließlich kommen wir zurück nach England und erleben dort ein paar Hoffnung machende Beispiele für die Resilienz der Natur. Willkommen bei der Suche nach den seltensten Bienen* der Welt.

* Wenn an dieser Stelle und an wenigen anderen sowie im Titel des Buches von Bienen die Rede ist, sind immer Bienen und Hummeln gemeint, da Letztere zur Familie der Echten Bienen (Apidae) zählen.

Die Salisbury Plain und die Waldhummel

Irgendwo wartet etwas Unglaubliches
auf seine Entdeckung. *Carl Sagan*

In früheren Büchern habe ich Adolf Hitler für den Niedergang der Hummeln in Großbritannien verantwortlich gemacht, weil sich das Land im Zweiten Weltkrieg unabhängig machen wollte und die britische Nahrungsproduktion daher drastisch gesteigert werden musste. Damit begannen Jahrzehnte der Intensivierung der Landwirtschaft. Große Teile unserer Landschaften wurden zerstört, um Monokulturen für Nutzpflanzen Platz zu machen. Gehe ich freilich in dieser Logik weiter, muss ich dafür dem letzten deutschen Kaiser (und auch Hitler) zähneknirschend auch ein kleines bisschen dankbar sein. Denn ein ungeplanter Nebeneffekt ihrer Kriegstreiberei war die Einrichtung eines der größten Naturreservate in ganz Europa.

1897 begann das britische Verteidigungsministerium, in der Hochebene nördlich von Salisbury Landflächen zu erwerben, um sie als militärisches Übungsgelände zu nutzen.* Großbritannien war damals ein Empire, das rund um den Erdball in unzählige Konflikte verwickelt war – es war ziemlich mühsam, in den

* Einen fesselnden Überblick über die verschiedenen, manchmal exzentrischen Aktivitäten der Armee in der Ebene bis heute gibt Chris Corden, *Salisbury Plain: Military and Civilian Life on The Plain since the 1890s*, Widbrook Press 2011.

abgelegensten Weltengegenden neue Territorien zu beanspruchen, und man brauchte gut trainierte Truppen, um schlecht bewaffnete einheimische Völker ordentlich in Schach zu halten. Unter der 63 Jahre dauernden Herrschaft von Queen Victoria waren wir in nicht weniger als 36 ausgewachsene Kriege verwickelt, dazu kamen 18 Militärkampagnen und 98 Militärexpeditionen. Unser stehendes Heer war riesig, und irgendwo mussten all diese Männer ausgebildet werden. Daher erließ die Regierung ein Gesetz, das es dem Heer erlaubte, eigenen Landbesitz zu erwerben, zur Not durch Enteignung. Sinnvollerweise fasste das Militär Gebiete ins Auge, die nicht zu weit von den Transportknotenpunkten, also von London und den Häfen am Ärmelkanal entfernt lagen, die wenig bevölkert und zu günstigen Preisen zu haben waren. Die Salisbury Plain erfüllte all diese Kriterien, denn der Einbruch der Wollindustrie Mitte des 19. Jahrhunderts hatte Wiltshire zu einem der ärmsten Countys des Landes gemacht. Das Heer ging auf eine ausgiebige Shopping-Tour – 1897 wurden in der Ebene etwa 6000 Hektar aufgekauft, dazu kamen noch weitere Gelände anderswo in Großbritannien.

Lange vor der militärischen Nutzung hatte die Hochebene bereits eine lange Geschichte menschlicher Besiedelung aufzuweisen. Die große Kreideplatte entstand vor einigen Hundert Millionen Jahren, als die Schalen von Billionen winzigen toten Meerestieren sich am Boden eines einstigen Ozeans ablagerten; später wurde sie angehoben und bildet jetzt eine hügelige, von Süden nach Norden leicht abfallende Ebene, die in ihren höchsten Lagen nicht mehr als 200 Meter über dem Meeresspiegel erreicht. Als sich nach der letzten Eiszeit die Gletscher von Großbritannien zurückzogen, entstanden dort wohl große Wälder, doch zusammen mit den North und South Downs war dies eine der ersten Regionen, in denen vor etwa 5500 Jahren steinzeitliche Siedler die Bäume rodeten – dank der dünnen Kalkböden war es weniger schwierig, die Wurzeln auszugraben, als in den niedrigeren umliegenden Landschaften. Auch aus noch älteren Zeiten gibt es Spuren menschlicher Aktivität – etwa die verrotteten Stümpfe in Reihen angeordneter Pfosten, die vor 8000 Jahren zu einem unbekannten Zweck in regelmäßigen Abständen senkrecht in den Boden versenkt worden waren. Wir wissen nur sehr wenig darüber, wie Menschen damals lebten, aber ihre Präsenz beweisen die vielen sonderbaren Hügelgräber, Tumuli, Wallburgen und anderen seltsam geformten Anhöhen rätselhafter Herkunft.

Die bekannteste jungsteinzeitliche Struktur ist natürlich Stonehenge, die kultige, mysteriöse Anordnung riesiger behauener Steine, ein Kreis aus senkrechten Pfeilern, die Sarsensteine, überbrückt mit massiven Decksteinen; erbaut wurde die Anlage vor etwa 5000 Jahren. Ich habe Stonehenge schon als Kind besichtigt, in einer Zeit, als die Besucher noch zwischen den Steinblöcken herumgehen und -klettern durften, und meine Erinnerung daran ist bis heute hellwach. Ein unerklärlicher Zauber geht von diesen uralten Steinkreisen aus, die der Legende nach der sagenhafte Zauberer Merlin hierher verbracht und aufgerichtet hat. Natürlich ist nur schwer zu erklären, wie sie tatsächlich transportiert wurden; die vier Tonnen schweren Blausteine, die in Stonehenge den kleineren Innenkreis bilden, stammen nämlich aus dem Westen von Wales – das ist etwa 290 Kilometer entfernt, und dazwischen liegen mehrere größere Flüsse und Gebirgszüge. Wenn wir Zauberei ausschließen, kann man sich vorstellen, welch unglaubliche Mengen an Blut, Schweiß und Tränen stattdessen vergossen wurden; den Menschen muss also die Erbauung von Stonehenge verdammt wichtig gewesen sein. Die Sarsensteine stammen aus der Gegend von Avebury, knapp 40 Kilometer nördlich, aber die 20 Tonnen, die jeder von ihnen wiegt, mussten auch erst einmal umhergewälzt werden. Berechnungen zufolge benötigt man die Arbeitskraft von 600 Männern, um jeden Stein auf Rollen vorwärtszuschleppen, und auch so ging es noch sehr, sehr langsam. Man kann sich denken, dass schon die Zusammenstellung eines solchen Teams ein ziemlicher Aufwand war in Zeiten, als die Gesamtbevölkerung Großbritanniens vielleicht ein paar Zigtausend Menschen betrug. Warum die alten Völker all diese Mühen auf sich nahmen, ist vollständig unbekannt. In Gruben auf dem Gelände wurden eingeäscherte menschliche Gebeine und andere Überreste gefunden, und Messungen mit der Radiokarbonmethode haben ergeben, dass einige dieser Überreste zu Menschen gehören, die von sehr weit her stammten, aus Deutschland, Frankreich, sogar aus dem Mittelmeerraum. Vielleicht waren es Menschenopfer, fremde Sklaven, die geschlachtet wurden, um einen längst vergessenen Gott zu besänftigen. Anderen Theorien zufolge waren die Steine ein gigantisches astronomisches Observatorium oder ein Ort der Heilung oder gar Veranstaltungsstätte einer Feier des Friedens zwischen verschiedenen steinzeitlichen Bevölkerungsgruppen. Höchstwahrscheinlich werden wir es nie herausfinden. Doch egal, wozu die Steine ursprünglich dienen sollten, es fühlt sich so an, als hätten die einstigen Aktivitäten ihren Stempel hinterlassen, denn es lässt sich nicht bestreiten, dass sie über eine ganz eigene Aura verfügen.

Viel später kamen dann die Römer und bauten in der Hochebene Nutzpflanzen zur Ernährung ihrer Legionäre an. Noch später, im Jahr 878, soll König Alfred der Große nahe Westbury eine entscheidende Schlacht gegen die einfallenden Wikinger gewonnen haben; dem Sieg wurde mit dem Scharrbild eines weißen Pferdes ein Denkmal gesetzt, das am Westrand der Ebene in den Kalkstein der Hügelflanke oberhalb von Westbury gegraben wurde. In der ganzen Zeit bis zum Beginn des 20. Jahrhunderts dürfte sich die Lebensweise der Menschen, die in der Salisbury Plain lebten und arbeiteten, nur relativ wenig verändert haben. Die Schwestern Ella und Dora Noyes bereisten die Gegend Ende des viktorianischen 19. Jahrhunderts und veröffentlichten 1913 einen plastischen illustrierten Reisebericht, *Salisbury Plain, Its Stones, Cathedral, City, Villages and Folk*. Das Leben in der Ebene kreiste um die Schafzucht – einzelne Herden konnten 1000 Tiere umfassen, und während die Wolle die wichtigste externe Einkommensquelle war, lieferten die Tiere auch Fleisch sowie den einzigen Dünger für den Ackerbau. Die Dörfer schmiegen sich noch immer häufig Schutz suchend in die Täler, rundum liegen eingefriedete Felder, während die umliegende Ebene meist aus offenem Weideland besteht. Diese Weiden wurden über fast die gesamten 5000 Jahre wahrscheinlich für die immer gleiche Extensivhaltung genutzt. So beschrieb Ella Noyes das Dorf Imber:

> Das Dorf liegt in einer tiefen Geländefalte im Bett eines weiteren kleinen Winterbachs; auf allen Seiten ist es von den Hängen der Höhenzüge umgeben. Es besteht aus einer einzigen lang gezogenen Straße mit alten Hütten und Gehöften, die sich unter den schützenden Ulmen durch das Tal windet; im Frühling plätschert frisch und klar der schmale Bach vorbei, doch im Sommer liegt das Bachbett trocken und füllt sich mit wilden Gräsern und Kräutern. Die weiß getünchten Hütten mit ihrem Fachwerk und tief gezogenen Reetdächern liegen in kurzen Reihen oder Haufen beieinander, und in den Ecken und Winkeln dazwischen gibt es üppige Blumengärten; Rosenbüsche, hin und wieder Flieder, Lilien und ein Gewirr aus Bukettwicken.

Eine Siedlung in Imber ist seit mindestens 967 bezeugt, und 100 Jahre später wird das Dorf im *Doomsday Book* Wilhelms des Eroberers erwähnt. Als die Noyes-Schwestern dort waren, gab es kleine Läden, einen Pub, einen Hufschmied, eine Windmühle, um das Korn für das Brot zu mahlen, eine kleine Schule, eine Baptistenkapelle und eine solide Kirche. Ihre Beschreibung des Dorfs und seiner Bewohner klingt romantisch, ja idyllisch, aber das Leben dort muss eine Schinderei gewesen sein. Die meisten Kinder verließen mit neun Jahren die Schule und gingen arbeiten; wer kein Schafhirte war, war Knecht oder Magd auf einem Hof, Hufschmied, Müller oder Bäcker, alles harte Handwerksarbeit, die sich über die Jahrhunderte kaum veränderte. Zu Beginn des 20. Jahrhunderts jedoch, die Noyes-Schwestern konnten es noch nicht wissen, stand diese Lebensweise kurz vor ihrem Ende.

1898 kamen über 50 000 Soldaten zu Truppenübungen und Militärparaden in die Salisbury Plain – der Zweite Burenkrieg war in Vorbereitung und sandte seine Vorzeichen aus. Da Gelegenheiten zur öffentlichen Vergnügung damals noch rar waren, stellten diese Manöverübungen ein beliebtes Spektakel dar; zu Hunderten pilgerten die Einheimischen am Wochenende zum Picknick auf die höher gelegenen Aussichtspunkte der Ebene und beobachteten die Scheingefechte. Dauerhaftere Veränderungen begannen mit Ausbruch des Ersten Weltkriegs, weil damals große Mengen Soldaten aus Übersee, besonders Kanadier und Australier, auf der Salisbury Plain stationiert wurden und gemeinsam mit einheimischen Freiwilligen trainierten. Die meisten von ihnen wohnten in Zelten oder bekamen bestenfalls eine Koje in primitiven Holzbaracken zugewiesen, die eilig hochgezogen wurden. Plötzlich waren die verschlafenen Dörfer voller Soldaten, Pferde und Wagen, und überall entwickelten sich neue Geschäftszweige, vom Barbier bis zum Bordell.

Während des Krieges fanden in der Ebene frühe Testflüge mit Militärflugzeugen statt, es gab einige Abstürze und mehrere Todesopfer. Einmal plante die unerfahrene Royal Air Force gar die Umlegung von Stonehenge, um Platz für eine Startbahn zu machen, aber glücklicherweise wurde dann doch ein anderer Standort gefunden. Etwa zur selben Zeit wurde ein Ingenieurbüro in dem Dorf Bratton beauftragt, ein neues, streng geheimes metallenes Geländefahrzeug auf Raupen zu entwickeln. Da die riesigen, laut rasselnden Prototypen sich nur schwer verstecken ließen, erfand die Firma eine Coverstory: Sie bauten angeblich eine Maschine, die für die Tränkung von Schafen Wassertanks auf die Ebene transportierte. Es gibt plausible Argumente dafür, dass daher das englische Wort *tank* für den Panzer stammt. Den Einheimischen gingen am abendlichen Dorfstammtisch jedenfalls nicht die Gesprächsthemen aus.

Der Winter 1914/1915 war ausgesprochen nass, sodass die Täler der Ebene überflutet wurden, viele Soldaten starben an Krankheiten wie Meningitis, bevor sie auch nur den Ärmelkanal überquert hatten. Die Lebensbedingungen in den überfüllten, schlammigen Truppenlagern müssen eine ganz gute Vorbereitung auf den Horror der Westfront gewesen sein. Für viele Männer waren die matschigen Monate auf dem Truppenübungsplatz der Salisbury Plain wahrscheinlich ihre letzten Erinnerungen an England, bevor sie nach Frankreich verbracht und dort wie Schlachtvieh niedergemäht wurden. Wer das Glück hatte, zu überleben und nach dem Krieg nach England heimzukehren, wurde häufig in sein Quartier auf der Ebene zurückgebracht, wo dann auch noch die Spanische Grippe grassierte. Neben den meisten Truppenlagern liegen Soldatenfriedhöfe, und wenn in manchen Gräbern auch echte Kriegsversehrte liegen, so gehen doch sehr viel mehr Opfer auf die Rechnung der Pandemie.

Nach dem Ersten Weltkrieg wurden zunächst die Militärausgaben gekürzt, weil eine erneute Kriegführung in näherer Zukunft völlig undenkbar war. In einer kurzen Übergangszeit kam das Heer nur schwer über die Runden – Soldaten mussten sogar auf Kaninchenjagd gehen, um das Fleisch zu verkaufen und damit Geld zu verdienen. Eine Zeit lang ging die Militärpräsenz in der Salisbury Plain zurück, und das Leben vieler Einheimischer kehrte in eine Art Normalzustand zurück – aber natürlich war das nicht von Dauer.

Als die Spannungen in Europa wieder zunahmen, legte das Heer sein Programm zum Landerwerb neu auf und kaufte 1927 das Dorf Imber (komplett bis auf die Kirche). Bis zum Zweiten Weltkrieg ging das Leben im Dorf und rundum ganz ähnlich weiter wie immer, nur dass eben der Landbesitzer gewechselt hatte; doch der Krieg brachte eine neue Soldatenschwemme. 1943 wurden die Dorfbewohner von Imber vor die Tür gesetzt, in ihren Häusern wurden amerikanische Truppen einquartiert, die dort streng geheim Übungen für den D-Day abhalten konnten. Den Bewohnern sagte man anfangs, ihr Mobiliar würde eingelagert und sie könnten nach dem Krieg in ihre Häuser zurückkehren, aber dazu kam es nie. Innerhalb weniger Wochen mussten die Bauern ihre Herden – über 5000 Schafe und 70 Milchkühe – sowie ihre landwirtschaftlichen Geräte zu Dumpingpreisen verkaufen.

Ein solch hartes Umspringen mit den Einheimischen war natürlich entsetzlich, aber eine ungeplante Folge dieser großflächigen Landbesetzung war, dass der Boden von der landwirtschaftlichen Umnutzung verschont blieb. Im übrigen Großbritannien fiel das kriegsbedingte Autarkiegebot mit der zunehmenden Mechanisierung der Landwirtschaft zusammen, gleichzeitig kamen auch billige Kunstdünger und synthetische chemische Pestizide auf – und zusammengenommen befeuerten diese Innovationen einen dramatischen Wandel in der landwirtschaftlichen Praxis. Am Ende führte das zu den großflächigen chemiegetränkten Monokulturen, die in der modernen Welt die Grundlage der Nahrungsproduktion bilden, und zu katastrophalen Umbrüchen in der natürlichen Tier- und Pflanzenwelt. Fast alle blütenreichen Kalktrockenrasen der North und South Downs im Südosten Englands wurden umgepflügt und in Felder oder »aufgebesserte« Fettweiden umgewandelt, doch in der Salisbury Plain ist diese ursprüngliche kalkige Downland-Vegetation bis heute großflächig erhalten. Egal, was man in moralischer Hinsicht von den Aktionen der Militärs halten mag, als sie die Einheimischen vertrieben und enteigneten: Eine ungeplante Folge davon war die Schaffung eines riesigen inoffiziellen Naturreservats. Heute besitzt das Heer auf der Plain noch etwa 400 Quadratkilometer oder 40 000 Hektar Land. Das ist keineswegs die ganze Salisbury Plain, aber doch mehr als die Hälfte und auf jeden Fall eine beträchtliche Fläche.

Nach meinem Kindheitsbesuch in Stonehenge kam ich erst im Winter 2002 wieder in die Salisbury Plain. Damals arbeitete ich als junger Lehrbeauftragter an der Universität von Southampton etwa 40 Kilometer südlich, die Reise war also überschaubar lang. Ich hatte in und um Southampton ein paar Jahre lang Verhalten und Lebensweisen verbreiteter Hummeln untersucht, und es machte mich betroffen, dass ich viele der in Großbritannien heimischen Arten noch nie zu Gesicht bekommen hatte. Selbst Arten wie die Feldhummel oder die Veränderliche Hummel, die laut Verbreitungskarte aus den 1980er-Jahren in Südengland heimisch sein sollten, gab es im südlichen Hampshire offenbar nicht mehr. Ich hatte gehört, dass die Salisbury Plain Populationen vieler seltener Insekten- und Blumenarten beherbergte; sie war also in erreichbarer Entfernung der Ort, an dem ich am ehesten einige dieser seltenen Hummeln mit den exotischen Namen antreffen könnte. So fuhr ich an einem trüben Februarmorgen zu den Militärbaracken in Tisbury, um an einem obligatorischen Sicherheitsbriefing für den Zutritt auf die Ebene teilzunehmen.

Abgehalten wurde das Briefing von einem kleinen, stämmigen Unteroffizier mit majestätischem Schnurrbart, fast schon die Karikatur eines Soldaten. Todernst beschrieb er die verschiedenen Gefahren, denen man ausgesetzt sein könnte, und es klang so, als bestünden bei einem Besuch des Truppenübungsplatzes kaum Überlebenschancen. Er erklärte, überall auf dem Gelände lägen erhebliche Mengen von Blindgänger-Munition, die angesammelten Reste von über 100 Jahren Militärübungen; daher sei es ratsam, auf den Hauptwegen zu bleiben, und das Graben im Boden oder das Aufheben metallener Gegenstände sei äußerst gefährlich und streng verboten. Der Zugang zu den zentral gelegenen Schießständen war verständlicherweise ständig tabu, aber auch an anderen Stellen wurde scharf geschossen; als Warnzeichen diente dabei eine Reihe von Flaggen. Ausgiebig bläute er mir ein, auf den Wegen durch die Ebene sollte ich bloß nicht auf meiner eventuellen Vorfahrt gegenüber Challengern bestehen, denn mit seinen über 60 Tonnen und bis zu 100 Stundenkilometern kann dieser Kampfpanzer ein normales Auto plattwalzen, fast ohne es zu merken. Dieser Rat leuchtete mir ein.

Ein paar Monate später, an einem kühlen, aber sonnigen Tag Anfang Juni, kam ich zur Hummeljagd wieder. Ich fuhr meinen leicht albernen zweisitzigen Sportwagen, einen schwarzen Toyota MR2, der für ein intimes Aufeinandertreffen mit einem Panzer wirklich nicht gemacht war. Ich durchquerte das Städtchen Bulford mit seinen riesigen Kasernen und fuhr über ein enges Sträßchen, das sich nach Norden schlängelte und schnell zu einer ungeteerten, ausgefahrenen Trasse wurde. Ich passierte ein Warnschild, dem zufolge ich soeben militärisches Übungsgelände betrat, aber zum Glück wehte keine rote Fahne, die bedeutet hätte, dass ich gleich in die Luft fliegen oder unter Artilleriebeschuss geraten würde. Der Weg stieg leicht an, und nach knapp einem weiteren halben Kilometer mündete er auf ein hügeliges Plateau, auf dem sich bis weit in den Norden die Wiesen erstreckten.

In der Salisbury Plain herrscht eine ganz spezielle Atmosphäre, und sie verändert sich von einer Minute zur anderen. Dort oben wirkt die Geschichte näher, sie ist weniger von den neueren Veränderungen verdeckt als fast überall sonst in Großbritannien. Bei bedecktem Himmel kann es öde, windig und einsam sein – und genau so war es an diesem ersten Morgen. Abgesehen von dem Weg, den ich benutzte, gab es kaum Anzeichen, dass jemals schon ein Mensch hier gewesen war. Tatsächlich hat dieser Anblick sich vielleicht seit der ersten Rodung vor rund 5000 Jahren kaum verändert. Ich fuhr an die Seite, holte mein Netz heraus und ging zu Fuß weiter. Die Plain liegt gegenüber der umgebenden Landschaft leicht erhöht, deshalb wirkt der Horizont wie eine steil abfallende Kante, und das verstärkt noch den Eindruck, man befände sich in einer anderen Welt, hoch oben über dem drängenden Tumult des Alltags. Hügeliges, leeres Grasland erstreckt sich in alle Richtungen, durchbrochen nur von vereinzelten Grüppchen Weißdorn oder vom Wind zerzausten, verkrüppelten Buchen. Es war kalt und windig, und dementsprechend wenige Bienen waren unterwegs; aber die Blumen waren großartig. In breiten Streifen standen da verbreitete Wiesen- und Magerrasenblumen wie Rot- und Weißklee, Echtes Labkraut, Löwenzahn, Gewöhnlicher Hornklee, Magerwiesen-Margerite, Zistrose, Blutwurz und Kleiner Wiesenknopf, aber auch eine verblüffende Vielfalt weniger verbreiteter Arten, von denen mir manche noch nie begegnet waren. Es gab Unmengen von Esparsetten, deren zarte pinke Blütenschäfte im Wind wogten. Diese Art aus der Familie der Hülsenfrüchtler wurde früher großflächig als Futterpflanze angebaut, aber seit die Bauern in der Fruchtfolge keine stickstofffixierenden Leguminosen mehr brauchen, ist sie in Ungnade gefallen; heute gibt es meines Wissens in ganz Großbritannien wild wachsende Esparsetten nur noch hier in der Salisbury Plain. Ich sah außerdem noch viele weitere wenig verbreitete Leguminosen – Echten Wundklee, Färberginster, Gewöhnlichen Hufeisenklee. Überall auf der Wiese gab es Ameisenhaufen, dalekförmige Hügel (Daleks sind die Gegenspieler von Doctor Who in der gleichnamigen legendären britischen Fernsehserie, Anm. d. Red.) in einem Schleier lila Thymian. Nahe der Fahrwege standen riesige Büschel Frühlingszahntrost, eine hagere kleine Pflanze mit unscheinbaren blasslila Blüten, aber großer Anziehungskraft auf Hummeln. Auch große blaue Kerzen des Gewöhnlichen Natternkopfs und die gelben, schwer duftenden Kerzen des Gelben Waus säumten die staubigen Wege. Hier war das reinste Hummelparadies – und es schien einfach grenzenlos.

Ehrlich gesagt ist, wie ich bald feststellte, bei weitem nicht die gesamte Ebene so blumenreich. Es gibt stellenweise Ackerland, manche Böden wurden auch mit Dünger »aufgebessert«, manche sind verbuscht und bestehen praktisch nur noch aus Weißdorn. Doch insgesamt reihen sich blumenreiche Standorte wie Mosaiksteine aneinander, und manche von ihnen haben riesige Ausmaße – dort werden Bienen, Schmetterlinge und Schwebfliegen immer ohne weiteres ihre liebste Nahrung finden. Die Salisbury Plain ist das blütenreichste Gelände, das ich in Großbritannien je erforscht habe – nur Teile des Machair auf den Äußeren Hebriden können da in Sachen Wildblumendichte mitreden, aber sie sind eben in der Fläche deutlich kleiner.

Während ich unterwegs war, brach allmählich die Sonne durch, und der böige Wind ließ etwas nach. Hoch im Himmel begann eine Feldlerche zu singen. Im Nu war die Stimmung nicht mehr bedrückend und trostlos, sondern wurde friedlich, bezaubernd unberührt, und in der Wärme stiegen die vielfältigen Gerüche von Tausenden Gräsern aus dem von Kaninchen kurz gefressenen Rasen auf. Da war auch schon die erste Hummel, eine Arbeiterin der Hellen Erdhummel wühlte sich auf der Suche nach Nektar durch die Esparsetten; und als ich in eine leicht geschützte Mulde kam, schienen plötzlich überall Bienen zu sein, auf den wogenden Blumen summte es nur so von Geschäftigkeit.

Ich hatte gehofft, ich würde seltene Arten aufstöbern, aber anfangs fand ich nur Spezies, die es auch in meinem Garten in Southampton gab – jede Menge Steinhummeln, Helle Erdhummeln, Garten- und Ackerhummeln. Ich fing die Ackerhummeln, um sie genau zu inspizieren, denn nach früheren Berichten sollte es in der Ebene sowohl Mooshummeln als auch Veränderliche Hummeln geben, seltene Arten, die ich noch nie gesehen hatte; aber diese drei Arten sind einander sehr ähnlich. Der Literatur zufolge sind sie alle rostrot, nur hat die Ackerhummel seitlich auf dem Abdomen schwarze Haare, die bei den beiden anderen fehlen. Dafür sollte die Veränderliche Hummel am Flügelansatz zwischen den braunen ein paar schwarze Haarbüschel besitzen sowie eine deutlich dunklere braune Querbinde am Abdomen. Die Mooshummel dagegen hat auf dem Rücken und seitlich keine schwarzen Haare, sondern einen ordentlich gepflegten Pelz, der sie geradezu samtig aussehen lässt oder einigen Quellen zufolge »plüschig wie ein Teddybär«. Es tut mir leid, dass ich Sie mit solchen Spitzfindigkeiten belästige –

leider besteht das Leben eines Entomologen zu einem nicht unerheblichen Teil daraus, winzige, scheinbar unerhebliche Merkmale zu zerpflücken, und manchmal muss er eben auch versuchen, subjektive Bewertungen wie den Grad der Ähnlichkeit zu einem Schmusetier zu beziffern. Sehen nicht alle Hummeln aus wie Schmusetiere?

Jedenfalls hatte ich also alle Bücher studiert, insbesondere Frederick Sladens *The Humblebee* von 1912, bis heute unbestreitbar das beste Buch über Hummeln, in dem er liebevoll ihre Lebensweise beschreibt sowie bis ins Detail die Unterschiede zwischen den britischen Arten. Ich hatte mich mit diesen distinktiven Merkmalen vertraut gemacht, und auf Papier klang es auch gar nicht so schwierig, aber im Feld mit einer surrenden Hummel in einem kleinen Glasbehälter fand ich es, auch mithilfe einer Lupe, plötzlich unglaublich schwer zu erkennen, ob da jetzt schwarze Haare waren oder nicht (irgendwann stellte ich fest, dass die Sache etwas einfacher wird, wenn man Papiertaschentücher in das Glas stopft, bis die Hummel sanft an die Glaswand gedrückt wird und nicht mehr so herumsurren kann). Die nächsten paar Stunden verbrachte ich mit der angestrengten Musterung von immer neuen braunen Hummeln, bis ich mir widerstrebend eingestehen musste, dass sie alle nur langweilige Ackerhummeln waren. Es ist ein unglückliches und wirklich taktloses Merkmal der Hummeln, dass seltene Arten meistens einer der verbreiteten Arten sehr ähneln, fast wie in diesen Finde-den-Fehler-Spielen.

Gerade machte sich bei diesem Mangel an seltenen Hummeln das erste Anzeichen von Frust breit – ich war in einem großen Bogen zum Auto zurückgekehrt, weil ich mein Glück an einer anderen Stelle versuchen wollte –, da erblickte ich plötzlich eine Hummel, die nicht ganz normal aussah – sie war schwarz mit rotem Abdomen-Ende, ähnelte also oberflächlich einer Steinhummel, aber das Rot war etwas weniger rot, das Schwarz etwas weniger schwarz, und der Abdomen am Ende etwas spitzer als üblich. Außerdem war sie etwas zu klein für eine Steinhummel-Königin, aber etwas zu groß für eine Arbeiterin. Sie besuchte gerade ein paar zerfledderte Purpurrote Taubnesseln, die ich praktisch zugeparkt hatte, und irgendwie sah ihr Flug auch anders aus. Ich schnappte sie mit meinem Netz und steckte sie für die genauere Untersuchung in ein Glas. Natürlich surrte sie eine Zeit lang wenig hilfreich herum, aber irgendwann blieb sie erschöpft sitzen, sodass ich sie eingehend mustern konnte. Sobald ich ihre Beine in Augenschein nehmen konnte, wusste ich, worum es sich handelte – eine Grashummel-Königin, eine Verwandte der verschiedenen Veränderlichen Hummeln, nach denen ich gesucht hatte. Die steifen Körbchenhaare an den Hinterbeinen sind bei der Grashummel orange, bei der Steinhummel dagegen schwarz – aus der Nähe betrachtet springt das geradezu ins Auge. Noch einmal entschuldige ich mich für all die morphologischen Details, vielleicht untergraben sie auch meinen Versuch, zu vermitteln, wie aufregend dieser Moment war – meine erste seltene Hummel, eine BAP-Art!* Grashummeln waren im Südosten einst weit verbreitet – alte Verbreitungskarten zeigen sie unter anderen südlichen Countys in ganz Hampshire, und laut Sladen waren sie in Kent sehr häufig –, doch ich hatte noch nie eine zu Gesicht bekommen.

Bis ich damit fertig war, sie zu bestaunen, zu fotografieren und schließlich wieder freizulassen, hatte der Himmel sich wie-

* Es handelt sich dabei um Arten, die formell als gefährdet eingestuft sind – laut Aktionsplan zur Erhaltung der biologischen Vielfalt (BAP) sollte die Regierung eine Strategie für ihren Schutz entwickeln und durchsetzen. In Großbritannien gab es einmal sieben BAP-Hummeln, aber das Programm lief 2010 aus.

der zugezogen, und von Westen zog ein feiner Sprühregen herein. Ich beschloss, Feierabend zu machen und heimzufahren. Doch mein Appetit war geweckt. Wenn ich jemals noch mehr seltene Hummelarten zu sehen bekommen und noch mehr über sie lernen wollte, dann ganz bestimmt hier.

Ich wollte herausfinden, warum einige unserer Hummelarten heute so selten, andere dagegen immer noch weit verbreitet sind. Je mehr ich über die Bedürfnisse dieser seltenen Arten und die Gründe für ihren Rückgang wusste, so meine Überlegung, desto eher ließe sich auch herausfinden, wie wir einen weiteren Bestandsrückgang verhindern oder sie gar in Gebieten wieder einführen könnten, von denen sie zwischenzeitlich verschwunden waren. Ich plante einen feldbiologischen Sommer, in dem ich, so meine Hoffnung, wenigstens in Grundzügen die ökologischen Bedürfnisse dieser Hummeln nachzeichnen könnte. Dazu wollte ich jeweils einstündige Hummelzählungen an so vielen Standorten auf der Salisbury Plain vornehmen, wie ich während der Sommermonate schaffte. Jede Hummel, die ich sah, sollte gezählt, bestimmt, und es sollte festgehalten werden, auf welcher Blume sie saß und ob sie Pollen, Nektar oder beides sammelte. Außerdem wollte ich an jedem Standort die Vielfalt sämtlicher Blütenpflanzen beziffern, um die relative Verteilung und Häufigkeit sowohl der verbreiteten als auch der seltenen Arten abzubilden und Daten zu erheben, welche Blumen die verschiedenen Hummeln am liebsten besuchten. Ich erhoffte mir von der Salisbury Plain einen Blick in die Vergangenheit, auf das Großbritannien von vor 100 Jahren, als das Land noch großenteils mit Blumen bedeckt war und diese seltenen Spezies noch relativ häufig waren. Wenn ich dabei zum Beispiel herausfand, dass Grashummeln besonders gern Pollen des Echten Wundklees sammelten oder Betoniennektar – beide Blumen sind nirgends in

Großbritannien mehr sehr verbreitet –, dann hätte ich eine einfache Erklärung für ihren Rückgang und könnte zugleich eine Lösung präsentieren: mehr Echten Wundklee und Betonien zu pflanzen. Diese Blumen könnten im Rahmen von Agrarumweltmaßnahmen in Ackerrandstreifen ausgesät werden, sodass sich Grashummeln wieder weiter im Land ausbreiten und heimisch werden könnten. Natürlich ist das Leben selten so einfach, aber das war eben die Grundidee. Außerdem hatte ich damit einen großartigen Vorwand, um im Sommer ausgiebig mit einem Schmetterlingsnetz auf der Ebene herumzutollen und dabei noch behaupten zu können, ich würde arbeiten.

In den folgenden zwei Monaten sollte ich tatsächlich sehr vielen der seltensten Hummeln Großbritanniens begegnen und zugleich noch Zeit finden für eine sorgfältige Begutachtung des mittäglichen Angebots von Gemüse-Pies in den vielen idyllischen Fachwerk-Pubs in den hübschen Tälern, die die Plain durchziehen. Am Ende fand ich sowohl Veränderliche als auch Mooshummeln, nachdem ich noch sehr viel mehr Stunden erbost auf ebenso erboste Hummeln gestarrt hatte, die zwischen Glas und Papiertaschentüchern eingeklemmt waren. Die Veränderliche Hummel war, so stellte sich heraus, an einigen Standorten relativ verbreitet, und mit etwas Übung ist die braune Querbinde bei relativ kurzer Einsperrzeit auch gar nicht so schwer zu erkennen. Leider bekam ich nur ganz wenige der plüschigen Mooshummeln zu Gesicht, aber immerhin gab es noch welche. Außerdem sah ich Feldhummeln, wenngleich es mich wieder sehr viel Kopfzerbrechen um die subtilen Unterschiede in Farbmuster und Kopfform kostete, bis ich sicher war, dass es sich nicht um ihre sehr viel häufigere Schwesterart, die Gartenhummel, handelte. Außerdem verzeichnete ich mehrere Kuckuckshummeln, fünf von den sechs bekannten britischen

Arten; diese Tiere verfolgen die hinterhältige Taktik, die Nester anderer Hummeln zu überfallen, die Königin zu töten und die Arbeiterinnen für ihre Zwecke zu versklaven. Ich traf auch eine Hummelart an, die ich nicht erwartet hatte – die Distelhummel. Ihr englischer Name, *broken-banded bumblebee,* ist unter allen Hummelnamen wohl der unglücklichste, denn normalerweise ist die namensgebende durchbrochene Binde bei ihr gar nicht vorhanden – wohl aber bei der ganz ähnlichen, weitaus weiter verbreiteten Dunklen Erdhummel, vor allem wenn sie mit dem Alter stellenweise kahl wird. Mit einiger Übung lassen sich die beiden Spezies an anderen feinen Merkmalen unterscheiden – zum Beispiel hat die Distelhummel an ihrem weißen Ende ein paar rötliche Fransen, während die Dunkle Erdhummel, deren Arbeiterinnen eigentlich ein weißes Ende haben, üblicherweise einen Hauch Braun darin zeigt (tut mir leid, schon wieder erwischt – jetzt wissen Sie, warum nur wenige Spezialisten die Hummelbestimmung jemals vollkommen beherrschen). Die Distelhummel ist vor allem im nord- und westbritischen Hügelland heimisch, daher hatte ich sie hier nicht erwartet. Aber wie sich herausstellte, existiert in der Salisbury Plain eine merkwürdige Ausreißerpopulation – merkwürdig, weil das Habitat unterschiedlicher gar nicht sein könnte. Die Art hat nie den BAP-Status erreicht, obwohl es dafür gute Argumente gäbe, weil die Bestände in den letzten 50 Jahren erheblich abgenommen haben; die einzige nennenswerte Population südlich des mittleren Schottlands lebt nun also auf der Salisbury Plain.

Bei meiner Feldforschung war ich auch in Imber, heute ein düsterer, lebloser Ort. Die Kirche wird erhalten, einmal im Jahr findet dort ein Gottesdienst statt; aber abgesehen davon verfallen die alten Häuser langsam, aber sicher. Die alten, mit Strohlehm ausgemauerten Fachwerkhäuser sind verwittert und eingestürzt und werden allmählich wieder zu Staub und Erde. Bei den Backsteinhäusern wurden die Reetdächer durch rostiges Wellblech ersetzt, damit sie stehen bleiben und für Straßenkampfübungen benutzt werden können, und die schwarzen Fensterhöhlen glotzen trübsinnig auf die einstige Dorfstraße hinaus. Es ist schwer, sich die geschäftige kleine Dorfgemeinschaft vorzustellen, die einst hier gelebt hat.

Anfang August gab es zwei Wochen lang keine Truppenübungen; diese Gelegenheit nutzte ich, um mich in die Einschlagszone im Zentrum der Ebene zu schleichen. Der regelmäßige Dauerbeschuss durch die in Larkhill, also mehrere Meilen entfernt liegenden Artilleriebatterien hatte dieses Gelände in eine regelrechte Mondlandschaft von ein paar Hundert Metern Durchmesser verwandelt – woraus ich zu meiner Beruhigung schloss, dass in der Regel zielsicher geschossen wurde. In den Kratern sprossen Ackerwildkräuter wie Ackersenf und Mohn; normalerweise stehen diese Pflanzen im Zusammenhang mit der Überprägung durch den Pflug, hier gediehen sie nach der extremen Überprägung durch regelmäßige Explosionen. Rund um diese pockennarbige Gegend war das Gelände dicht verbuscht – aus einleuchtenden Gründen weidet hier kein Zuchtvieh. Zwischen dem Weißdorn erkannte man dagegen deutlich zahlreiche Dachsbauten – wahrscheinlich werden die Dachse hin und wieder in Fetzen gerissen, und manche von ihnen sind von dem andauernden Getöse vielleicht ein bisschen schwerhörig, aber ganz offensichtlich haben sie sich davon nicht aus diesem Lebensraum vertreiben lassen. Ohne Weidetiere verwildert dieser Teil der Ebene allmählich wieder zu dem Waldland, das es wohl vor 6000 Jahren gewesen ist. Es war faszinierend, aber auch leicht stressig, an einem Ort zu stehen, den fast nie ein Mensch betritt – vielleicht der einzige Ort in Großbritannien, auf den das zutrifft. Ein Ort, der ohne Gestrüpp besser geeignet wäre für Blumen und Insekten, die nur auf dem offenen Magerrasen gedeihen. Andererseits war es zur Abwechslung einmal schön zu sehen, wie die Natur ihren eigenen Lauf nimmt.

Zu meinem aufregendsten Hummelfund kam es erst Ende August, als ich die Hoffnung auf diese sehr spezielle Spezies schon fast aufgegeben hatte. Die Waldhummel – englisch *shrill carder* wegen ihres schrillen Summens beim Fliegen – ist wohl die am stärksten gefährdete Hummelspezies in Großbritannien. Einst war sie in ganz Süd- und Ostbritannien verbreitet, doch mit der Zerstörung unserer blumenreichen Wiesenlandschaften nahmen ihre Bestände rasch ab, sodass sie heute nur noch an ganz wenigen Standorten zu finden ist – angeblich auch in der Salisbury Plain. Anders als so manche Kollegin weist die Waldhummel freundlicherweise ein distinktives Farbmuster auf – sie ist überwiegend graubraun mit einem schwarzen Streifen auf dem Thorax und rötlichem Ende. Das klingt vielleicht nicht wahnsinnig aufregend, aber immerhin war ich mir ziemlich sicher, sie im Falle einer Begegnung gleich zu erkennen. Als ich im Verlauf des Sommers bei meinen regelmäßigen Besuchen in der Ebene auch nicht eine einzige von ihnen zu Gesicht bekommen hatte, fragte ich mich allmählich, ob sie dort womöglich ganz ausgestorben war. Dann aber durchforstete ich eines späten Nachmittags einen lückenhaften Stand von welkendem Gewöhnlichem Natternkopf am Ostrand der Ebene, und plötzlich umkreiste mich eine kleine, schrill surrende Hummel. Dieses merkwürdige Verhalten war mir bei meinen Besuchen in der Ebene schon mehrmals aufgefallen – besonders wenn ich ungeschützt dastand, flogen Hummeln drei- oder viermal in engen Kreisen um meinen Kopf, bevor sie mit Höchstgeschwindigkeit davonsausten. Es fühlte sich fast so an, als würde ich als interessantes neues

Landschaftsmerkmal einer genauen Untersuchung unterzogen.* Dieses Mal jedenfalls schlug ich mit meinem Netz wild um mich, und mit mehr Glück als Verstand fing ich die vorwitzige Hummel und verfrachtete sie in ein Glas – und siehe da, es war eine ziemlich müde wirkende Waldhummel-Arbeiterin. Vor dem Ende des Sommers sah ich noch zwei weitere Waldhummeln, noch eine Arbeiterin und ein Männchen – dieses übrigens sehr gut aussehend, denn die Männchen haben kräftigere Farben.

In vielerlei Hinsicht waren das Beste an der Erforschung der Salisbury Plain nicht die Hummeln, sondern die übrigen wilden Tierarten, über die ich überall stolperte. Außerhalb der Tropen sind mir selten derart viele Schmetterlinge begegnet. Bei meinem allerersten Besuch sah ich jede Menge Skabiosen-Scheckenfalter, eine sehr seltene und immer seltener werdende Art mit orange-schwarzem Schachbrettmuster auf den Flügeln. Später im Sommer ging es dann lebhaft weiter mit ganzen Schwärmen von Silbergrünen Bläulingen, Schachbrettern und Himmelblauen Bläulingen, die in der Sonne leuchteten, mit hübsch getarnten Ockerbindigen Samtfaltern, Großen

* Ein Jahr später kam ich mit einem Großteil meines Forscherteams zu detaillierteren Untersuchungen wieder dorthin. Wenn eine Hummel einem in hohem Tempo um den Kopf fliegt, ist sie schwer zu fangen, aber einige hatte ich doch erwischt und stellte erstaunt fest, dass die gefangenen Hummeln fast ausnahmslos Stein- und Distelhummeln waren. Dunkle Erd-, Acker- und Wiesenhummeln waren in der Ebene sehr viel häufiger als Distelhummeln, aber von ihnen schien keine je in dieses seltsame Verhalten zu verfallen. Wir verbrachten im Sommer 2003 und 2004 ein paar Tage mit nichts anderem, als mitten auf der Ebene zu stehen und die Hummeln zu fangen zu versuchen, die unsere Köpfe umkreisten. Mein erster Eindruck erwies sich als richtig – manche Arten zeigen dieses Verhalten offenbar sehr viel häufiger als andere. Bis heute wissen wir kaum etwas darüber, was diesen Unterschied ausmacht – vielleicht investieren diese Spezies mehr in die Memorisierung jegliches neu angetroffenen Landschaftsmerkmals, um ihre Orientierung zu verbessern. Oder vielleicht sind Stein- und Distelhummeln einfach neugieriger.

Perlmuttfaltern, die mit dem Wind aufstiegen, den schokoladenbraunen Kleinen Sonnenröschen-Bläulingen, die eifrig zwischen den Blumen umhersausten, und vielen anderen mehr. Genauso fabelhaft ist in der Ebene der Reichtum an Vögeln, darunter zwei der bizarrsten und seltensten Arten, von denen ich allerdings in jenem Sommer nur eine gesehen habe: den Triel, ein unbeholfen wirkendes, hühnergroßes Geschöpf mit disproportional großem Kopf und hellgelben, leicht hervorstehenden Augen – ich Glücklicher sah ein Pärchen in einem brachliegenden Feld herumspazieren; als ich versuchte, mich näher heranzuschleichen, bemerkten sie mich aber und schrien trübsinnig-klagend auf, bevor sie auf ihren langen, schlaksigen gelben Beinen davonstaksten. Die zweite Art sah ich nicht, weil es sie 2002 noch nicht gab; inzwischen ist sie aber im Rahmen eines noch andauernden Wiederansiedlungsprogramms zurückgekehrt: die Großtrappe. Trappen sind seltsame Geschöpfe, zunächst erinnern sie ein bisschen an Auer- oder Truthühner, sind aber in Wirklichkeit näher verwandt mit den Kranichen. Die Großtrappe ist der größte flugfähige Vogel der Welt, die Männchen wiegen bis zu 20 Kilogramm und werden über einen Meter groß. Vielleicht gebührt dieser Spezies auch der Titel des Weltmeisters der Lächerlichkeit. Bei der Balz weisen die Hähne ein auffälliges, höchst bizarres Verhalten auf: Sie blähen ihren Kehlsack zu einem riesigen Ballon, stellen die Bartfedern auf, drehen mit einem Ruck ihre Flügel um und richten ihren breiten weißen Schwanz zum Kopf hin auf. Der Naturfilmer Chris Packham beschrieb sie einmal sehr eindrücklich als Pfarrer im Tutu. Manchmal bleiben sie minutenlang in dieser unbequemen Haltung, hin und wieder wedeln sie noch theatralisch mit ihrem Federkleid. Und als sähen sie damit noch nicht idiotisch genug aus, klingen ihre Rufe so, als würden sie gleichzeitig niesen und pupsen – und das Ganze wirkt offenbar durchaus anziehend, wenn man zufällig ein Großtrappenweibchen ist. Zumindest hoffen wir das für die armen Hähne.

Großtrappen leben in weiten, offenen Geländen. Einst waren sie in Wiltshire und East Anglia heimisch, und sonst in den russischen Steppen und den großen Ebenen in Osteuropa und Spanien. Ihre Größe machte sie zur heiß begehrten Jagdbeute, sodass sie in vielen Gegenden ausgerottet wurden. In einem dicht bevölkerten Land wie Großbritannien hatten sie kaum Überlebenschancen, insbesondere im großen Jahrhundert der Jäger, dem 19. Jahrhundert – das letzte Tier wurde 1832 erschossen. 170 Jahre später begann mithilfe von Jungvögeln aus Russland ein Wiederansiedlungsversuch. Es standen sehr wenige Vögel zur Verfügung, da Eier nur aus Nestern im Ackerland gerettet werden durften, in denen sie bei der Ernte zerstört worden wären; die Jungtiere mussten dann in Gefangenschaft aufgezogen werden. Ab 2004 wurden jährlich etwa 20 Jungvögel ausgewildert, und 2009 hatten einige dieser Vögel tatsächlich bis ins Erwachsenenalter überlebt und brüteten nach fast 180 Jahren die ersten wild geborenen Küken Großbritanniens aus; leider überlebten diese aber den folgenden Winter nicht. Auch von den erwachsenen Vögeln überlebten nicht viele – sie haben viele Fressfeinde und ein weiteres großes Problem mit der menschlichen Zivilisation: Vor ein paar Jahren besichtigte ich eine Auswilderungsstation, und einer der Mitarbeiter dort erklärte, derart schwere Vögel müssten in einem flachen Winkel starten und landen, wobei ein hohes Risiko bestehe, dass sie sich in Drahtzäunen verfingen, die sie wahrscheinlich erst zu spät wahrnähmen. Positiv war dagegen zu verzeichnen, dass sich offenbar mehr als genug passende Nahrung für sie fand, denn sämtliche Tiere, die an solchen Zäunen aufgefunden wurden, waren bei hervorragender Gesundheit – nur eben leider tot.

Die Wiederansiedlung wird bis heute fortgeführt, und wie bei der Wiederansiedlung der Erdbauhummel in Kent – bei diesem Projekt hatte ich persönlich mitgewirkt – ist das Endergebnis noch ungewiss. Neuerdings stammen die Kandidaten für die Auswilderung von spanischen Populationen ab, weil genetische Untersuchungen ergeben haben, dass diese den früher in Großbritannien lebenden Tieren am ähnlichsten sind. Zudem wird vermutet, dass die russischen Vögel einen starken Instinkt haben, im Winter nach Süden zu ziehen; daher hätten einige Vögel ihren Standort verlassen und sich in ungeeigneten Zonen wiedergefunden, in denen sie nur geringe Überlebenschancen hatten. So lebt in der Ebene heute ein Mix aus spanischen und russischen Vögeln – und ich frage mich, wie ein spanisches Weibchen wohl auf das exotische Schnarren eines russischen Niespupses reagiert und umgekehrt. Leider haben meines Wissens immer noch keine vor Ort ausgebrüteten Küken einen Winter überlebt – hoffen wir, dass sie das irgendwann schaffen. Kürzlich berichtete ein Tweet von einem Schwarm aus fünf männlichen Trappen, die über Stonehenge flogen – was muss das für ein großartiger Anblick gewesen sein. Vielleicht siedelt sich eines Tages eine überlebensfähige Population an; doch ich fürchte, sie wird immer klein bleiben und sich auf Messers Schneide zur Ausrottung befinden, wenn die Trappen nicht irgendwann die Technik von Senkrechtstart und -landung erlernen.

Meine neben den Hummeln liebsten Bewohner der Plain sind deutlich kleiner als Trappen und unterhalten eine spezielle Wechselbeziehung zu Militärpanzern. Man hatte mir aufgetragen, nach diesen Tieren Ausschau zu halten, und so spähte ich bei meinen Besuchen in diesem ersten Sommer gespannt in jede schlammige Pfütze auf meinem Weg. Wie man sich vorstellen kann, wühlen die Panzer bei Regen überall auf der Ebene die Fahrspuren auf und reißen tiefe Rinnen in den Boden, die sich dann mit Regenwasser füllen. Gegen Ende des Frühjahrs trocknen diese erbsengrünen, stehenden Tümpel allmählich aus – und das ist genau der Moment, in dem man dort Kiemenfüßer zu sehen bekommen kann. Bereits bei meinem zweiten Besuch in der Ebene sah ich meinen ersten *Chirocephalus diaphanus* – ein halb durchsichtiges, grünlich-braunes Tierchen von etwa drei oder vier Zentimeter Länge, das auf dem Rücken lag und mithilfe seiner unzähligen stoppeligen Beine dicht unter der Wasseroberfläche rhythmisch vorwärtsglitt. Auf beiden Seiten des Kopfes trug er schwarze Stielaugen, und sein langer Schwanz war gegabelt – insgesamt ein höchst bizarres Geschöpf. Ich beugte mich ein bisschen zu weit hinunter, und er schoss nach unten ins trübe Wasser, wo ich ihn nicht mehr sehen konnte, aber ein paar Minuten später ruderte er wieder in Sicht. Wie sich herausstellte, sind Kiemenfüßer in der Ebene ziemlich verbreitet, aber mir wurde es trotzdem nie langweilig, nach ihnen zu suchen. Leider ist dies einer der ganz wenigen Orte in Großbritannien, an denen man sie noch zuverlässig antreffen kann – da stehende Tümpel sonst häufig zugeschüttet werden und die verbleibenden für Verschmutzung sehr anfällig sind, ist die Anzahl noch existierender Populationen im Südwesten Großbritanniens inzwischen auf etwa ein halbes Dutzend geschrumpft. Doch in der Plain sorgen die vielen Panzer für jede Menge Lebensraum und dienen zugleich auch als Transportmittel. Kiemenfüßer sind hoch spezialisierte Tiere, die nur in temporären Tümpeln überlebensfähig sind, in denen Räuber wie Fische oder Libellenlarven, denen sie praktisch hilflos ausgeliefert sind, gar keine Zeit haben, sich anzusiedeln. Wenn die Pfützen sich im Winterregen füllen, schlüpfen die Krebse, im Frühjahr wachsen sie schnell; mit ihren vielen Beinen sieben sie als Nahrung Algen, Bakterien und Ähnliches aus dem Wasser. Bevor ihre Pfütze im Sommer trockenfällt, müssen sie ihre Entwicklung voll durchlaufen und Eier gelegt haben, die die Trockenheit überleben und im Sommerstaub in der Ebene warten, bis das Wasser wiederkehrt. Wenn die Bedingungen zum Schlüpfen nicht gegeben sind, können die Eier notfalls jahrelang überleben. Früher wurden die Eier, die mit dem klebrigen Schlamm einer trocknenden Sommerpfütze vermengt waren, vielleicht an den Beinen von Großsäugetieren wie Auerochsen oder Wildschweinen weitertransportiert – und durch ihr ständiges Wühlen im Boden trugen Letztere vielleicht auch zur Bildung von Tümpeln als Lebensraum bei. In jüngerer Vergangenheit haben, so stelle ich mir vor, Pferde und Wagen auf ungepflasterten Straßen in ganz Großbritannien passende Lebensräume geschaffen, aber das Aufkommen des Asphalts hat damit Schluss gemacht. Heute vermutet man, dass zumindest in der Salisbury Plain die schlammbespritzten Panzer und sonstigen Militärfahrzeuge recht effizient in die Bresche springen und die Eier über die Fahrwege verteilen, sodass die passenden Tümpel tatsächlich in großer Zahl besiedelt werden. Die erstaunlichen Synergien von Armeefahrzeugen und einem winzigen zarten Krebs sind ein Beispiel für die Wechselbeziehung zwischen Heer und wildem Leben in der Ebene.

Natürlich plante die Armee mit ihrem strategischen Landerwerb seit 1897 nicht die Schaffung eines riesiges Naturreservats – wahrscheinlich war das ungefähr das Letzte, was sie vorhatte –, aber trotzdem kam es so. Der Landbesitz sollte primär großflächige Truppenübungen ermöglichen; doch heute ist das Heer durchaus sensibel für die Bedürfnisse der Natur und hat sich der neuen Rolle als Wächter über die seltenen Pflanzen und Tiere angepasst, die in der Ebene so üppig gedeihen. In der Truppe gibt es wahre Naturfreunde, die die Populationen von Schmetterlingen oder Blumen kartieren und zählen, wenn sie nicht gerade in Panzern umherrasen und aufeinander zu schießen üben.

Um zu den Bienen und Hummeln zurückzukommen: Vielleicht fragen Sie sich, was ich nun bei meiner ausgedehnten Tour durch die Ebene eigentlich herausgefunden habe. Wie gesagt hatte ich vor, mehr über die Bedürfnisse seltener Hummeln herauszufinden, besonders über ihre bevorzugten Nahrungsblüten, um sie dann besser versorgen zu können. Am Ende hatte ich große Tabellen, die in den Zeilen die vielen unterschiedlichen Blumen auflisteten und in den Spalten die Hummelarten, und dazwischen eine Unmenge von Zahlen, die angaben, wie viele Hummeln jeweils welche Blumenart besucht hatten. Natürlich betrafen die meisten unserer Daten häufige Hummelarten, allen voran Steinhummeln, die in der Ebene ungeheuer verbreitet sind. Die allermeisten Hummeln, die ich verzeichnete, besuchten relativ wenige Pflanzen: Gewöhnlichen Natternkopf, Rotklee, Esparsetten, Steinklee, Flockenblumen, Frühlingszahntrost und Thymian. Zu meiner Enttäuschung blieben die Daten zu den seltenen Arten ziemlich mager – sogar hier in der Plain, dem größten blumenreichen Kalkwiesen-Standort in Westeuropa, machten sich die seltenen Hummeln wirklich rar. Für die Waldhummel etwa hatte ich als gesamten Datenbestand ein Männchen an Schwarznessel, eine Arbeiterin an Frühlingszahntrost und eine Arbeiterin, die meinen Kopf umkreiste – also kein sehr umfassendes Abbild des Nahrungssuchverhaltens der Art und bestimmt keine Grundlage für die Empfehlung, überall in Großbritannien massenhaft Schwarznessel und Zahntrost anzupflanzen, obwohl das sicher nicht schaden würde. Auch Feldhummeln sichtete ich nur zweimal, Grashummeln dreimal und Mooshummeln viermal – für einen durchgearbeiteten Sommer eine enttäuschend geringe Ausbeute. Immerhin hatte ich für einige andere seltene Arten etwas mehr verlässliche Daten; so konnte ich zum Beispiel die Vermutung aufstellen, dass Veränderliche Hummeln offenbar auf Leguminosen spezialisiert sind (sie besuchten vor allem Rotklee, Esparsetten, Steinklee und Gewöhnlichen Hornklee) und dass Distelhummeln sich in der Regel an Esparsetten, Frühlingszahntrost und Ackerwitwenblume aufhalten.

An meinem letzten Tag in der Ebene ging ich noch einmal durch, was ich den Sommer über gefunden hatte; ich blätterte mein wild vollgekritzeltes Notizbuch durch, während ich einen Teller herrlichen eingelegten Hecht verschlang (der Mensch lebt nicht von Gemüse-Pie allein). Insgesamt war es ein interessanter Anfang gewesen, und es war einfach großartig, diese so seltenen Geschöpfe zumindest einmal lebend zu Gesicht zu bekommen; genauso klar war aber, dass ich noch weitere Feldforschung betreiben musste, wenn ich über diese schwer zu fassenden Tiere mehr herausfinden wollte. Dazu musste ich einen Ort finden, an dem sie heute noch genauso verbreitet sind wie zu Sladens Zeiten – und das war definitiv keine einfache Aufgabe.

Benbecula und die Deichhummel

> Es gibt kein Paradies auf Erden,
> aber Stücke davon.
> *Jules Renard*

Als unser winziges, laut dröhnendes 18-sitziges Propellerflugzeug eine scharfe Rechtskurve nahm, um am Flughafen von Benbecula die Startbahn anzupeilen, fiel mein Blick direkt unter mir auf eine Szenerie, die geradewegs aus einer Karibik-Urlaubsbroschüre zu stammen schien; ein Halbmond blendend weißer Sand, an dem kristallklares türkises Meerwasser plätscherte. Die Dünen über dem Strand waren bunt getupft mit Flecken aus gelben, lila und roten Blumen. Natürlich keine Palmen, aber abgesehen davon hätte man meinen können, man käme auf eine subtropische Insel mit der Aussicht auf eine Woche Entspannung, Sonne, Piña colada und Reggae. Doch die Wirklichkeit holte mich gnadenlos ein, als ich wenige Minuten später aus dem Flugzeug in den eiskalten Wind trat: Dies hier war alles andere als Antigua.

Der Flughafen von Benbecula ist winzig, aber immerhin hat er eine Landebahn. Auf der Nachbarinsel Barra landet man direkt auf dem Strand, Flugverkehr gibt es demnach nur bei Ebbe. Wir befinden uns im entlegensten Eck der Britischen Inseln, den Äußeren Hebriden, einer flachen Inselkette im Nordatlantik 60 Kilometer westlich des schottischen Festlands. Es war im August 2005, und ich kam mit einem ganz bestimmten Ziel: Ich wollte die Deichhummel sehen, wissenschaftlicher Name *Bombus distinguendus,* die mit der Waldhummel um den Titel der seltensten noch lebenden Hummel Großbritanniens wetteifert.

Vor 100 Jahren summte die Deichhummel noch durch das gesamte Vereinigte Königreich. Im Süden war sie nie besonders stark vertreten, aber quer durch das Land ist sie praktisch in allen Countys dokumentiert. Verbreiteter war sie immer im Norden, offenbar bevorzugte sie die kühlen, feuchten Gegenden, wenn auch nicht das Bergland. Leider verlief das 20. Jahrhundert gar nicht nach dem Geschmack der Deichhummel. Im Süden sanken die Bestände etwa ab 1940. Nicht einmal die Blumenwiesen der Salisbury Plain konnten ihr ein Auskommen sichern, und innerhalb von 40 Jahren war die Art aus ganz England und Wales sowie aus einem Großteil des schottischen Festlands verschwunden. Zur Jahrtausendwende gab es Deichhummeln nur noch auf einigen Inseln der Hebriden, den Orkneys und ganz verstreut in winzigen isolierten Populationen entlang der äußersten Nordostküste der schottischen Countys Caithness und Sutherland. Heute leben die kräftigsten Populationen auf den Uist-Inseln, dem mittleren Teil der Inselkette der Äußeren Hebriden, zu denen North und South Uist gehören sowie dazwischen eingeklemmt Benbecula. Und genau deshalb war ich hier; ich wollte die letzten Deichhummeln sehen, um möglichst viel über diese seltenste britische Hummel herauszufinden und vielleicht auch irgendwie dazu beizutragen, sie vor dem Aussterben zu bewahren.

Am Flughafen erwartete mich mein Doktorand Ben Darvill, der die beiden vorausgehenden Sommer die Hummelbestände auf den Hebriden untersucht und für die genetische Untersuchung DNA-Proben entnommen hatte. Er wollte ermitteln, ob diese isolierten Inselpopulationen an Inzest litten und ob sich ein schrittweiser Verlust der genetischen Vielfalt feststellen ließ; dieses Risiko besteht immer dann, wenn eine Population klein und vom Genfluss abgeschnitten, also ohne Kontakt zu Artgenossen ist. Ben holte mich in seinem klapprigen VW-Bus ab, der so uralt und durchfeuchtet war, dass aus den Fensterdichtungen Moos und gelegentlich auch kleine Pilze sprossen. Für die nächste Woche war das unsere Unterkunft.

Ich hatte mich auf einige Mühen eingestellt, um Deichhummeln ausfindig zu machen. Eine sehr seltene, höchst gefährdete Spezies zu Gesicht zu bekommen, erfordert erheblichen Einsatz – in der Salisbury Plain hatte es fast zwei Monate gedauert, bis ich meine erste Waldhummel sah; doch auf den Uist-Inseln waren Deichhummeln in diesem Jahr allgegenwärtig. Irgendwie war es fast enttäuschend, wie leicht alles ging. Meine erste sah ich keine 30 Meter vom Flughafen entfernt auf den großen rosa Blüten buschiger Rosen in einer Gartenhecke. Es war eine Arbeiterin, die sich durch die dicht stehenden Staubblätter wühlte und in hohen Tönen summte, um den Blütenstaub abzuschütteln. In heller Aufregung verbrachte ich Unzeiten damit, sie aus allen erdenklichen Winkeln zu fotografieren, denn ich fürchtete schon, es wäre vielleicht die einzige, die ich auf dieser Reise zu sehen bekäme. Doch ich muss gestehen, dass sie ihrem englischen Namen – *great yellow bumblebee* – keine wirkliche Ehre machte – weder war sie besonders groß noch ausgesprochen gelb. »Durchschnittsgroße strohblonde Hummel« hätte besser zu ihr gepasst, aber das macht natürlich weniger her. Trotzdem war sie eher hübsch; komplett bräunlichgelb bis auf eine schwarze haarlose Binde auf der Thorax-Mitte; die Deichhummel lässt sich mit am einfachsten identifizieren.

Wir fuhren von Benbecula aus südwärts und ließen die hässliche Ansammlung betonierter Häuser am Flughafen hinter uns; und wieder überwältigte mich die außerordentliche Schönheit der Landschaft. Rechts fuhren wir an mehreren makellos weißen Sandstränden entlang, auf denen sich nicht eine Menschenseele aufhielt; draußen auf dem Meer funkelte die Sonne. Links erhoben sich in der Ferne sanfte Hügel, in lila Heide gehüllt. Die Straße selbst führte durch den sogenannten Machair, einen Lebensraum, dem die Deichhummel ihr Überleben auf den Hebriden verdankt. Der Machair ist eines der seltensten Habitate der Welt – er existiert praktisch nur im Westen Schottlands und im Westen Irlands. Es handelt sich um eine flache Ebene aus vom Wind angelagertem Muschelsand, also winzigen Körnchen aus Muschelsplittern, die in Jahrtausenden von den Meeresbewegungen fein zermahlen wurden. Vor den vorherrschenden Westwinden schützen die Machair-Ebene die Dünen am Strand, doch in deren Windschatten lagern sich eben die feinen Sandkörner ab. Der Muschelsand ist von Natur aus basisch und kann Nährstoffe sehr schlecht halten, weil sie bei dem häufigen Regen weggeschwemmt werden. Weiter landeinwärts aber erhebt sich das Grundgestein zu flachen, alten Hügeln, die mit einer dünnen sauren Torfschicht bedeckt sind; hier wachsen Moose und Heide, die aus Schottland so vertraute Heidevegetation. Der Machair ist also ein schmaler, nie mehr als einen oder zwei Kilometer breiter Landstreifen an der Westküste dieser Inseln, eingeklemmt zwischen Dünen und Meer im Westen und den Hügeln im Osten.

Eine flache Ebene mit nährstoffarmem Sand – das klingt nicht gerade umwerfend, aber sie besitzt einen großen Reichtum an Wildblumen und damit auch eine vielfältige, üppige Bienen- und Hummelpopulation neben sehr vielen anderen Tieren. Anders als man spontan denken würde, gedeihen Wildblumen genau da, wo die Nährstoffe rar sind. Besonders dominant sind Leguminosen – ihre Wurzelknöllchen enthalten stickstofffixierende Bakterien (Rhizobien), können also Stickstoff aus der Luft binden und in nutzbare Nitrate umwandeln, die zum Proteinaufbau unverzichtbar sind. Die meisten anderen Pflanzen wie etwa Gräser sind dazu nicht in der Lage, weshalb sie auf dem Machair nur langsam wachsen; damit bleiben also den Hülsenfrüchtlern viel Raum und Licht. So kam es, dass die Landschaft, durch die wir fuhren, auf beiden Seiten ein Teppich aus Rotklee, Weißklee, Vogelwicke, Echtem Wundklee und Gewöhnlichem Hornklee war – all diese Pflanzen gibt es in üppigen Mengen auch in der Salisbury Plain, und alle sind Lieblinge der Hummeln, wobei unterschiedliche Arten tendenziell immer auch leicht unterschiedliche Blüten bevorzugen. Wenn Hummeln ein Paradies haben, dann dürfte es wohl so ähnlich aussehen wie das hier.

Wir stellten den Bus am Straßenrand ab und schlenderten durch die kniehohen Blumen, Schmetterlingsnetze und Fotoapparate im Anschlag. Ben hatte vor meiner Ankunft wochenlang nur in seinem verschimmelten Bus gesessen – es hatte durchgängig geregnet, und bei solchem Wetter gibt es in Benbecula nicht besonders viel zu tun. Ich hatte unglaubliches Glück, denn während meines Aufenthalts strahlte die Sonne tapfer vom wolkenlosen Himmel; wirklich warm wurde es freilich trotzdem nie, denn in diesen Breiten steht die Sonne nie sehr hoch. Auf der Jagd nach Wühlmäusen glitt eine Sumpfohreule vorbei. Es war sehr merkwürdig, eine Eule bei Tageslicht jagen zu sehen, aber bei dieser Spezies ist das ganz normal. Beim Gehen stöberten wir mit den Füßen Hunderte Hummeln auf, die fleißig Pollen und Nektar sammelten – sie holten, was sie konnten, solange die Sonne schien. Besonders begeisterten mich die zahlreichen Mooshummeln. Auf dem britischen Festland sind sie nur sehr schwer aufzutreiben, außerdem sind sie im Feld auch noch extrem schwer von der Ackerhummel und der Veränderlichen Hummel zu unterscheiden, wie ich in der Salisbury Plain feststellen musste. Auf den Äußeren Hebriden braucht man sich aber mit diesen spitzfindigen Unterscheidungen nicht herumzuschlagen, weil die beiden anderen Arten hier draußen gar nicht heimisch sind; und ohnehin sehen die Mooshummeln auf den Äußeren Hebriden ziemlich anders aus als ihre Festlandkolleginnen. Wir haben keine Ahnung, warum das so ist, aber sie haben einen dichten kastanienbraunen Thorax mit schwarzer Bauchseite, außerdem sind sie »plüschig wie ein Teddybär«. Genauso wenig können wir übrigens erklären, warum auf den meisten Inseln der Äußeren Hebriden Mooshummeln mit Abstand die verbreitetsten Hummeln sind, ganz entgegen dem Trend im übrigen Europa. Hier sind sie offenbar die dominante Spezies, die Superkämpfer, während sie anderswo in Großbritannien eher auf dem Mandibelfleisch zu krabbeln scheinen.

Mooshummeln sind nicht die einzigen Hummeln mit einem nur auf den Hebriden verbreiteten einzigartigen Farbmuster. Wir sahen auch Heidehummeln, deren Königinnen normalerweise ziemlich klein sind, mit drei gelben Binden und einem weißen Ende. Hier waren die Königinnen riesig mit rötlichbraunen Enden. Anfangs verwirrte mich das, weil sie auf den ersten Blick aussahen wie die großen Dunklen Erdhummel-Königinnen, die im übrigen Großbritannien meist sehr verbreitet sind; ich wusste jedoch, dass es auf den Hebriden keine Dunklen Erdhummeln gibt.

Den ganzen Nachmittag verbrachten wir in diesem Blumenmeer – und viele Stunden davon lag ich auf dem Bauch, die Linse am Auge, und stellte Deich- und Mooshummeln nach, während ich gleichzeitig versuchte, nicht zu viele Blumen plattzudrücken. Am häufigsten waren die Arbeiterinnen, aber es gab auch ein paar Königinnen, sogar noch jetzt, im August – hier oben beginnt die Flugzeit sehr spät, und die meisten Königinnen halten bis Juni Winterschlaf. Die Deichhummel-Königinnen waren immer noch nicht so groß, wie ihr englischer Name es suggerierte, aber es waren wirklich prächtige Insekten. Mit mehr Glück als Verstand machte ich an diesem Tag ein paar ungewöhnlich gelungene Bilder, die seither schon mehrmals für die Veröffentlichungen des Bumblebee Conservation Trust und für das Cover meiner wissenschaftlichen Abhandlung über Hummeln verwendet wurden – und jedes Mal, wenn mein Blick wieder darauf fällt, erinnere ich mich, wie ich auf dem Bauch in den Blumen lag, die Sonne der Hebriden auf dem Rücken, rund um mich die summenden seltenen Hummeln.

In den nächsten paar Tagen tourten wir bis ganz ans Südende von South Uist und wieder hinauf an die Spitze von North Uist, hielten fest, was wir sahen, bestimmten die Blumen, an denen die verschiedenen Hummeln Nahrung suchten, um meine wachsende Datenbank zu füttern, entnahmen Genproben* und machten so viele Fotos wie möglich. Ich staunte, wie ähnlich die Flora derjenigen der Salisbury Plain war – die meisten verbreiteten Blumenarten waren identisch, trotz der großen klimatischen und geologischen Unterschiede. Eigentlich hätte ich mich nicht wundern dürfen – beide Lebensräume sind nährstoffarm, gut entwässert, und beide stehen auf den kalkhaltigen Muscheln zu Urzeiten verendeter Meerestiere. Wären da nicht in der Ferne das Rauschen der Brandung und die kühle Lufttemperatur, hätte man auch leicht in der Salisbury Plain sein können oder in einem der nicht verdorbenen Fragmente blu-

* Dafür schneiden wir der Hummel das unterste Segment von einem ihrer Beine ab – das klingt ein bisschen brutal, aber die armen Hummeln scheint das kaum zu stören.

menreichen Graslands in den South Downs. Neben den vielen Leguminosen gab es jede Menge Flockenblumen, deren große violette Blüten Hummelmännchen bevorzugen, vielleicht weil die großen Blüten auf stabilen Stängeln sie zu perfekten Landeflächen für Gruppen von Männchen machen, die dort Nektar trinkend abhängen können, bevor sie sich auf Partnersuche machen. Massiv vertreten war auch der Kleine Klappertopf, ein »Halbschmarotzer«, der die Wurzeln von Gräsern anzapft und daraus Nährstoffe absaugt.* Daneben standen zahlreiche Ackerwildkräuter wie Saatwucherblume, Mohn und Kornrade. Ackerwildkräuter haben seit ein paar Jahrzehnten schwer zu kämpfen, denn diese einjährigen Spezies wuchsen seit jeher auf sogenannten Ruderalflächen, auf denen die natürlichen Sukzessionszyklen durch das jährliche Pflügen und Bestellen der Böden durchbrochen wurden. Früher schimmerten Kornfelder immer vom Blau der Kornblumen oder vom Rot der Mohnstreifen. Im Saatgut, das für das Folgejahr eingelagert wurde, fanden sich häufig auch die Samen von Wildblumen, die der Mensch dann nebenbei mit aussäte. Auch wenn die Felder ein Jahr lang brachlagen, gediehen diese Kräuter; dann blühten sie überreich und verstreuten ihre Samen, die dann jahrelang im Boden ausharren konnten, bis sie die geeigneten Bedingungen zum Keimen vorfanden. Besonders gut sind darin Mohnsamen, die über Jahrzehnte inaktiv im Boden schlummern können, bis der richtige Moment gekommen ist. Moderne Methoden der Saatgutreinigung entfernen unerwünschte Wildblumensamen, und die meisten Getreidefelder werden mit Herbiziden behandelt, die alle breitblättrigen Pflanzen abtöten – daher der

* In *Wenn der Nagekäfer zweimal klopft* beschreibe ich, wie diese Pflanze zur Sanierung von blumenreichem Grasland eingesetzt werden kann und wie in den Alpen auf Nektardiebstahl spezialisierte Hummeln voneinander lernen, wie man den Klappertopf seines Nektars beraubt.

massive Rückgang der meisten Ackerwildkräuter. In Großbritannien sind einige inzwischen ausgerottet, etwa Gelber Hohlzahn und Hasenohr; viele andere sind stark gefährdet und teils vom Aussterben bedroht: Kornrade, Venuskamm, Venusfrauenspiegel, Sommeradonisröschen und so weiter. Dabei würden schon allein ihre ausdrucksvollen Namen die Rettung rechtfertigen!

Dass Ackerwildkräuter im Machair verbreitet sind, liegt an den extensiven Methoden der Landwirtschaft, die hier immer noch gepflegt werden. Die winzigen Bauernhöfe in der Region, sogenannte *crofts,* besitzen oft wenige Hektar eingezäunte Felder direkt beim Haus, traditionell eine niedrige Steinhütte mit meterdicken Steinmauern und innen häufig nur einem oder zwei Räumen; allerdings wurden die meisten inzwischen durch modernere Wohngebäude ersetzt. Die Bauern teilen sich in der Regel auch Besitz und Bewirtschaftung größerer Flächen von Machair und Moorland; traditionell beweiden sie im Winter den Machair und halten die Schafe im Sommer im Hügelland. Streifenweise wird der Machair gelegentlich mit Nutzpflanzen bestellt, kleine Stände Kartoffeln, Hafer und Roggen, und als Düngung dient Seegras, das auf den Stränden gesammelt wird; nach der Ernte liegen diese Flächen in der Regel ein oder zwei Jahre brach. Weil die Betriebe so abgelegen und so klein sind, breiteten sich Kunstdünger und Pestizide hier draußen weniger schnell aus und werden bis heute sehr viel sparsamer eingesetzt als auf dem Festland. Von oben gesehen ist die Machair-Ebene ein Mosaik aus kleinen Nutzflächen und Brachen unterschiedlichen Alters, das Ganze umgeben von kleereichem Weideland. Wir haben hier ein immer selteneres Beispiel dafür, wie menschliche Aktivität das natürliche Leben fördern kann: mit einem großartigen Lebensraummosaik, das insgesamt einen sehr hohen Artenreichtum birgt.

Betrachtet man heute eine Verbreitungskarte der Deichhummel, so könnte man leicht annehmen, die Art sei ganz eindeutig an der Küste heimisch, weil es keine Populationen gibt, die weiter als etwa acht Kilometer vom Meer entfernt sind, die meisten sogar sehr viel weniger. Oder man könnte gar zu dem Schluss kommen, diese Art sei auf den Machair als Lebensraum spezialisiert. Doch bei etwas genauerem Hinsehen wird klar, dass dies ein Trugschluss wäre – denn alte Aufzeichnungen dokumentieren, dass die Deichhummel früher über ganz England verstreut lebte; zum Beispiel gibt es Präsenzbelege aus Warwickshire nahe Birmingham, und dieses County ist weder für eine lange Küste noch für ausgedehnte Machair-Wiesen bekannt. Auf dem europäischen Festland findet sich die Deichhummel etwa in Südpolen, also über 1000 Kilometer von der nächsten Küste entfernt. Diese Spezies bevorzugt nicht etwa die Küste; vielmehr wachsen die Blumen, von denen sie abhängt, in ausreichenden Mengen heute eben nur noch in Küstennähe, zumindest was den Norden von Großbritannien angeht, wo diese Art noch verbreitet ist.

Es ist nicht ganz klar, warum die Deichhummeln eigentlich so selten sind. Wenn man sie auf den Uist-Inseln beobachtet, zeigt sich ganz schnell, dass sie keine besonders ungewöhnlichen Ansprüche an Futterpflanzen haben. Für Hummeln sind ihre Rüssel relativ lang, sie ernähren sich also an Blumen mit tiefen Kelchen wie Kleinem Klappertopf, Echtem Wundklee, Vogelwicke, Rotklee und Flockenblumen, aber genauso besuchen sie gelegentlich verschiedene andere Blumen, etwa die Zuchtrosen, auf denen ich sie in Gärten gesehen habe. Auch beim Standort für ihr Nest scheinen sie nicht besonders mäkelig zu sein – zwar wurden nicht viele Nester gefunden, aber unsere wenigen Daten (zum Teil verdanken wir sie einem Spürhund, den wir einmal zu diesem Zweck dressierten) zeigen, dass sie häufig alte Kaninchenbauten verwenden, und daran mangelt es in Großbritannien nun wirklich nicht. Natürlich ist das blumenreiche Grasland, das Deichhummeln bevorzugen, heute sehr viel weniger verbreitet als noch vor 100 Jahren, als Großbritannien noch von Heu- und Kalkwiesen strotzte; aber trotzdem können wir noch nicht überzeugend erklären, warum die Deichhummel von praktisch allen Hummelarten am stärksten mitgenommen wurde. So ist die ebenfalls langrüsselige Gartenhummel weiterhin überall in Großbritannien recht häufig; und nach den Tausenden Einträgen, die wir über die Jahre gesammelt haben, ernährt sie sich an praktisch denselben Blumen wie die Deichhummel. Die Bevorzugung bestimmter Futterpflanzen kann demnach keinesfalls allein erklären, warum manche Arten empfindlicher auf den Habitatverlust reagieren als andere.

Leider (jedenfalls aus der Sicht der natürlichen Tier- und Pflanzenwelt) ist heute ungewiss, wie es mit der Kleinbauernwirtschaft der *crofts* weitergehen wird. Die meisten Bauern sind über 60, und Nachfolger sind nicht in Sicht, weil ihre Kinder meist nicht in ihre Fußstapfen treten. Das *crofting* ist kein Zuckerschlecken, weil ein traditioneller kleiner *croft* keine Familie ernähren kann – die meisten dieser Bauern haben also zur Einkommenssicherung zusätzlich noch einen Teilzeitjob, und auch dann führen sie immer noch ein sehr bescheidenes Leben. Die winzigen Betriebe erhalten nur kleine Summen an Agrarsubventionen, während relativ wohlhabende Landwirte anderswo in Europa sehr viel größere Summen einstreichen. Große Karriere kann man da nicht machen. Die Kinder wachsen heute mit Fernsehen und Internet auf und wissen sehr wohl, dass das Leben mehr zu bieten hat als ein trauriges Dasein am Ende der Welt. Sie wollen Pubs und Clubs, Läden, Aufregung – und wer mag ihnen das schon vorwerfen? Sie ziehen also weg, ins funkelnde Licht von Glasgow oder London, und nach und nach leeren sich die *crofts*. Wenn die Felder nicht mehr bewirtschaftet werden, gehen die Ackerwildkräuter verloren, und wenn im Winter nicht mehr die Schafe darauf weiden, wächst die Machair-Vegetation in die Höhe, wird von groben Binsen dominiert, und es entwickelt sich eine dicke Schicht toten Grases und anderer Vegetation, die die Blumenvielfalt langsam erstickt.

Einige *crofts* sind bereits verlassen, andere wurden aufgekauft und zu größeren Betrieben zusammengefasst, die häufig vor allem Schafzucht betreiben. Der traditionelle Sommerauftrieb der Schafe auf die Hügel findet häufig nicht mehr statt, weil er zeitaufwendig ist und die Tiere dort oben schwieriger zu überwachen sind; daher halten viele der größeren Agrarbetriebe dichte Schafherden den ganzen Sommer über auf dem Machair. Für Bienen ist das eine Katastrophe, denn die Schafe grasen den Rasen vollständig ab. Zur Blüte gelangt fast nichts, denn Schafe lieben Knospen, und damit gibt es keine Nahrung für Bestäuberinsekten.

Diese veränderte Agrarpraxis wirkt sich ähnlich negativ auch auf eine andere emblematische Tierart der Hebriden aus, den Wachtelkönig, der in Großbritannien nach einem ganz ähnlichen Muster zurückgeht wie die Deichhummel. Dieser eigenartige Vogel, ein Verwandter der Teichrallen, nistet im hohen Gras, in Kornfeldern, Heuwiesen und nicht beweidetem Machair. Er ist kein besonders auffälliges Tier; so groß wie ein kleines Huhn und hübsch getarnt in Reh- bis Rostbraun. Früher war der Wachtelkönig in ganz Großbritannien verbreitet, aber der Rückgang war rapide, als neue Getreidesorten und der Einsatz von Düngemitteln eine frühere Ernte möglich machten. Es ging ihm wie der Großtrappe, die ebenfalls in offenen Räumen nistet: Die Küken wurden nicht mehr rechtzeitig zur Ernte flügge. Tausende Nester wurden einfach abgemäht, Eier und Küken zermalmt. Besonders verheerend war die Umstellung von Heu, das im Sommer geerntet wird, auf Silage, die im Frühling und Sommer mehrmals geschnitten wird. In Nordirland führte eine Kampagne, die Bauern zur Produktion von Silage* statt von Heu und zur Vergrößerung ihrer Schafherden ermunterte, zu einem Rückgang der Wachtelkönig-Population um 80 Prozent, und das in nur drei Jahren von 1988 bis 1991. Die Hebriden sind für diese Spezies heute der letzte Rückzugsraum, und auch da gibt es nur noch wenige Hundert Exemplare. Der Wachtelkönig ist ein scheuer Vogel, der sich nur selten aus dem hohen Gras herauswagt; während unserer Exkursion sahen wir keinen einzigen. Allerdings hatte ich später einmal das Vergnügen, welche zu hören und einen kurzen Blick auf sie zu erhaschen, als ich für einen Frühlingsbesuch auf der Isle of Oronsay war; diese Insel der Inneren Hebriden wird vollständig von der Royal Society for the Protection of Birds (RSPB) verwaltet, um seltene Vögel wie Bergkrähe und Wachtelkönig zu schützen. In der Balzzeit Ende März, wenn die Wachtelkönige gerade von der Überwinterung in Afrika zurück sind, versuchen die Männchen, mit ihrem Ruf Weibchen anzulocken – ein schroffes Klappern, das eher nach einer riesigen Heuschrecke klingt als nach einem Vogel. Anders als bei der prächtigen Großtrappe sind die Männchen schüchterne, zurückhaltende

* Silage entsteht durch die Ernte von frischem Gras, das dicht in Fahrsilos oder Rundballen eingelagert und mit einer Plastikfolie versiegelt wird. Unter anaeroben Bedingungen hält sich das Gras gut, während es langsam fermentiert und einen geruchsstarken braunen Mulch bildet, den Kühe und Schafe direkt verzehren. Anders als für Heu ist kein gutes Wetter zum Trocknen nötig, und dank reichlicher Düngung wächst das Gras schnell und kann mehrmals pro Jahr geschnitten werden, sodass ein Hektar Wiese weitaus mehr Futter produzieren kann als eine Heuwiese. Das ist natürlich gut für die Bauern, aber nicht so gut für Bienen, Trappen und Wachtelkönige.

Gesellen, die nur aus tiefer Deckung und meist nachts rufen. Auf Oronsay waren ihre nächtlichen Rufe so penetrant, dass ich erst nach mehreren Gläsern Laphroaig-Whisky einschlafen konnte.

Es hat keinen Zweck, irgendjemandem die Schuld für die Veränderungen zuzuschieben, die am Ende den Rückgang von Wachtelkönig und Deichhummel verursacht haben. Die Welt hat sich weitergedreht, dabei gehen unvermeidlich traditionelle Lebensformen verloren, und gleichzeitig bilden sich neue heraus. Für die Gesellschaft besteht die Herausforderung in der angemessenen Reaktion darauf. Wir könnten traditionelle Lebensweisen substanziell fördern, das heißt, die *crofter* dafür bezahlen, dass sie weiterleben wie früher, in der Hoffnung, damit ländliche Gemeinschaften zu stabilisieren und die wilden Tier- und Pflanzenarten zu schützen, die von diesen Methoden abhängig sind. Die Steuerzahler käme das relativ teuer, außerdem entstehen damit womöglich disneyhafte Parodien des ländlichen Lebens. Lassen wir aber zu, dass das *crofting* stirbt, so wird mit ihm wahrscheinlich ein Teil der einzigartigen Tier- und Pflanzenwelt des Machair aussterben. Ein paar große Gelände auf den Hebriden werden jetzt von der RSPB verwaltet, darunter eine ansehnliche Fläche Machair auf North Uist – und mit ihren beträchtlichen Ressourcen und der engen Zusammenarbeit mit Einheimischen können sie hoffentlich den Charakter der Landschaft und ihre Biodiversität zumindest in Teilen erhalten.

Für den Moment jedenfalls scheinen sich Deich- und Mooshummeln auf den Uists zu behaupten. Und doch lauern schon ganz andere Gefahren auf sie: Die Bestände sind heute stark isoliert; früher gab es Populationen auf den Inneren Hebriden und dem Festland, aus denen Immigranten »frisches Blut« (fremdes Genmaterial) einbrachten – heute existieren sie nicht mehr. Es besteht die reale Gefahr, dass die Populationen nach und nach inzestuös werden, also ihre lebensnotwendige genetische Vielfalt verlieren und damit allmählich zurückgehen, egal, ob ihr Habitat erhalten bleibt oder nicht. Eben diese Problematik war Bens Forschungsthema; er entnahm DNA-Proben von allen Hummelarten auf den verschiedenen Hebriden-Inseln, um daran zu messen, wie groß die genetische Vielfalt noch ist, und abzuschätzen, wie häufig Hummeln sich über die verschiedenen Inseln bewegen.

Besonders scharf waren wir auf Genproben der am stärksten isolierten Hummelpopulation, nämlich der auf den Monach Isles. Von North Uist aus lassen sich die Monach-Inseln als grauer Streifen am westlichen Horizont erahnen. Die Gruppe niedriger Inseln liegt etwa zehn Kilometer westlich der Hauptkette der Äußeren Hebriden im Nordatlantik. Dauerhaft bewohnt sind sie nicht, daher gibt es auch keine Linienschiffe; wir wussten gar nicht, wie wir überhaupt dorthin kommen sollten.

Bei unserer Reise über die Uists und Benbecula sammelten wir also nicht nur fleißig unsere Genproben und alle möglichen Daten zur grundlegenden Ökologie der verschiedenen Hummelarten, sondern fragten auch die wenigen Menschen, denen wir begegneten, nach einem Weg auf die Monach-Inseln. Mehrere Tage lang blieb das vergeblich; allerdings lohnten sich die Unterhaltungen allein schon wegen des freundlichen, hübschen Tonfalls der Einheimischen, der sich für mich anhörte wie eine Mischung aus Highland-Schottisch und Südirisch. Viele dieser Leute sprachen ihre gälische Muttersprache flüssiger als Englisch. Am Ende fragten wir zum Glück im Haushaltswarenladen von Benbecula nach. Der Ladenbesitzer, ein großer, wettergegerbter Typ, stellte sich als Ronald McDonald vor und zwang mich damit zu einem Hustenanfall, der mein Lachen kaschieren sollte – ich vermute, er war diese Reaktion schon gewohnt. Warum musste er aber außerdem noch eine große rote Nase haben! Wie sich herausstellte, kannte Ronald einen gewissen Donald MacDonald (kein Verwandter), der auf den Monach-Inseln eine Herde Schafe hielt und regelmäßig hinüberfuhr, um nach ihnen zu sehen. Freundlicherweise bot er an, uns Donalds Telefonnummer herauszusuchen. Das war aufwendiger, als man meinen könnte, denn das Telefonbuch von Benbecula war zwar im Vergleich zu den Ziegelsteinen, die die meisten von uns auf dem Festland kennen, kaum mehr als ein Groschenheft, aber die Abteilung der MacDonalds nahm darin mehrere Seiten ein, darunter Dutzende Einträge für MacDonald, D. Irgendwann hatten wir die richtige Nummer, konnten aber niemanden erreichen. Mehrere Tage lang mussten wir immer wieder anrufen, bis endlich jemand ans Telefon ging, aber nur um uns zu sagen, dass Donald gerade erst bei seiner Herde gewesen sei und in nächster Zeit nicht noch einmal hinausfahren würde. Diese Chance hatten wir verpasst.

Allmählich wurde unsere Zeit knapp, in zwei Tagen ging mein Heimflug: Und da ergab zufällig ein Gespräch mit ein paar Vogelbeobachtern, dass sie genau für den folgenden Tag ein Boot hatten chartern können, das sie auf die Monach-Inseln bringen sollte. Zu unserem Glück waren an Bord noch zwei Plätze frei, zudem freuten sie sich, den Charterpreis mit uns teilen zu können. Am nächsten Morgen kurz nach Sonnenaufgang waren wir etwas zu früh am verabredeten Treffpunkt an einem abgelegenen Strand, und in dieser Wartezeit hatten wir noch einmal Glück: Wir sahen einen Fischotter, der aus dem Meer heranschwamm und keine 50 Meter vor uns auf den Strand zottelte. Offenbar bemerkte er uns nicht und blieb stehen, um sich eine Zeit lang zu putzen, bis er zwischen den Grasbüscheln der Dünen verschwand. Kurz danach erschienen die Vogelbeobachter mit aufgeregtem Geplapper und einem Arsenal von Fernrohren und Kamerataschen, und dann kam an der Landspitze im Norden unser Boot in Sicht, ein großes Schlauchboot mit zwei riesigen Yamaha-Außenbordmotoren; am Steuer saß ein solide wirkender Kerl namens Craig, der passenderweise mit einem dicken schwarzen Schutzanzug ausgestattet war. Wir wateten durch das eiskalte Wasser und kletterten an Bord, und bald glitten wir über die kabbelige See auf die fernen Monach-Inseln zu. Es fühlte sich an wie in der Achterbahn, wie wir da über die Wellenkämme flitzten, zitternd in unseren klammen Kleidern und blinzelnd wegen der brennenden Gischt. 20 Minuten später kamen wir in das ruhigere Gewässer im Windschatten der Inseln, und unser Steuermann drosselte die Motoren.

Eine unbewohnte Insel zu erforschen hat immer einen besonderen Zauber, der das innere Kind in uns weckt. Wir waren alle höchst gespannt darauf, was wir wohl finden würden, und wir verstreuten uns in verschiedene Richtungen – Ben und ich einsatzbereit mit unseren Schmetterlingsnetzen, die anderen mit ihren Ferngläsern und Superteleobjektiven. Es war ein schöner Tag, und mir wurde schnell wieder warm, als ich zum höchsten sichtbaren Punkt hinaufstieg, auf den Gipfel eines riesigen Dünensystems, das sich vielleicht 40 Meter über dem Strand erhob. Von oben überblickte ich die gesamte Inselkette. Die Monachs bestehen in Wirklichkeit aus drei getrennten Inseln, die sich gemeinsam über etwa vier Kilometer erstrecken; bei Ebbe sind sie durch Streifen aus weißem Muschelsand verbunden, und dazu kommen noch lauter kleinere felsige Spitzen, die ringsum aus dem Meer aufragen. Früher beherbergten die Inseln einmal eine kleine Bevölkerung von etwa 100 Menschen, Fischer und *crofter,* die sich alle irgendwie über Wasser hielten mit dem, was sie auf der dünnen Bodenschicht anbauen oder aus der See fangen konnten.* Es gab sogar eine winzige Schule und ein Nonnenkloster. Rechteckige Steinhaufen sind die einzigen Überreste ihrer Häuser und Viehpferche – die letzten Einwohner verließen die Inseln 1942. Bis ins 15. Jahrhundert konnte man von den Monachs bei Ebbe angeblich über Sandbänke bis nach North Uist laufen; es muss freilich ein ziemlicher Nervenkitzel gewesen sein, die zehn Kilometer in aller Eile hinter sich zu bringen, bevor das Meer wiederkam. Der Legende zufolge wurde diese Sandbank schließlich von einer Flutwelle weggeschwemmt. Auf den Inseln gibt es keinen geschützten Hafen; seither müssen die Inselbewohner bei rauer See völlig von der Außenwelt abgeschnitten gewesen sein, und hier draußen hieß das wahrscheinlich: meistens.

Heute gibt es hier keine Menschen mehr, dafür aber jede Menge Schafe. Vom Dünenkamm aus sah ich sie zu Hunderten, wie sie mit gesenkten Köpfen vor sich hin mampften. Mir schienen es für so winzige Inseln viel zu viele zu sein. Die flacheren Stellen der Inseln, von den Dünen aus landeinwärts, gelten als Machair; aber verglichen mit den Uist-Inseln war das hier ein wirklich erbärmlicher Machair. Er wurde so intensiv beweidet, dass die Vegetation vielleicht einen halben Zentimeter über den Boden hinausstand. Die Pflanzen waren Miniaturausgaben, Bonsais mit winzigen Blättern, die Stängel flach auf dem Boden. Normalerweise rivalisieren Pflanzen miteinander

* Die Inseln dienten sogar einmal als improvisiertes Gefängnis: 1732 überwarf sich der schottische Richter und Politiker Lord Grange mit seiner Frau, mit der er 25 Jahre lang verheiratet gewesen war und von der er nicht weniger als neun Kinder hatte. Sie warf ihm – wahrscheinlich zu Recht – Untreue und Verrat gegen die englische Regierung vor, und um sie zum Schweigen zu bringen, ließ er sie entführen und auf die Monach-Inseln verschleppen. Zwei Jahre später erschien ihm wohl selbst das nicht entlegen genug, denn er ließ sie weitere 60 Kilometer westlich auf St. Kilda verbringen, wo die arme Lady weitere zehn Jahre lebte.

um Höhe, sie wachsen aufwärts, um ins Licht zu kommen und ihre Nachbarn in den Schatten zu stellen. Hier duckten die Pflanzen sich an den Boden in dem Bestreben, nur ja den ständig rupfenden Mäulern der Schafe zu entkommen. Die Vielfalt der Pflanzen war relativ hoch; an ihren winzigen Blättern konnte ich Rot- und Weißklee identifizieren, Wundklee und Hornklee, aber nichts davon blühte. Jede Blütenknospe wurde aufgefressen, lange bevor sie sich öffnen konnte. Stellenweise war die Pflanzendecke auch vollständig ausgerissen worden, sodass der Wind den Boden wegblasen konnte und Aushöhlungen entstanden.

Ein Freund von mir bezeichnet Schafe verächtlich als Wollmaden. Der Umweltschützer und Autor George Monbiot schreibt ausführlich zu den Schäden, die die Überweidung durch Schafe (und Hirsche) im britischen Hochland verursacht: Die Vegetation wird zerstört, junge Bäume können sich nicht mehr ansiedeln, und riesige Gebiete werden zu monotonen Grasflächen fast ohne jedes natürliche Leben; außerdem wird der Boden so komprimiert, dass das Regenwasser die Hügel hinunterschießt und meilenweit abwärts für Überflutungen sorgt. Eloquent legt Monbiot außerdem dar, dass diese Form der Landwirtschaft nur sehr wenige Arbeitsplätze schafft, kaum zur Wirtschaftskraft beiträgt, aber trotzdem massiv mit Steuergeldern subventioniert wird. Warum sollten wir weiter für so destruktive Praktiken bezahlen? Bei meinem Ausflug auf die Monach-Inseln dachte ich mir, dass er vielleicht recht hatte. Diese Inseln stehen als »Sites of Special Scientific Interest« (SSSI) unter besonderem Umweltschutz und sind auch als nationales Naturreservat ausgewiesen; sie sollten also geschützt und ihre natürlichen Bewohner gestärkt werden, sodass Blumen, Hummeln und alle anderen für den Machair typischen Lebewesen dort in Ruhe leben können. So hatte ich es mir zumindest vorgestellt. Stattdessen gab es hier nur kahlen, insektenfreien Bowling-Rasen. Wenn ich sage, dass ich enttäuscht war, untertreibe ich gewaltig.

Die einzigen Pflanzen, die hochwachsen und Blüten treiben konnten, waren vereinzelte Disteln, deren scharfe Dornen sie schützten. Stellenweise nahmen die Disteln sogar überhand und bildeten dichte Bestände, die nur sehr ungemütlich zu durchqueren waren. Am Ende wurden diese Disteln unsere Retter, denn auf ihren Blüten fanden wir dann doch noch ein paar Hummeln, wenn auch »nur« Mooshummeln, überwiegend Männchen. Wie sie das Jahr über auf so mageren Ressourcen überleben konnten, war mir ein Rätsel. Vielleicht waren sie der letzte Überrest einer sterbenden Population. Wir entnahmen unsere Hummelbeinproben, und als Ben sie zu Hause im Labor analysierte, stellte sich heraus, dass viele der Männchen diploid waren. Bei den Hummeln wird das Geschlecht auf ziemlich merkwürdige Weise festgelegt, ganz anders als bei uns Menschen. Männchen entwickeln sich normalerweise aus unbefruchteten Eiern, sie besitzen also nur halb so viel DNA wie Weibchen, nämlich nur eine Kopie jedes Chromosoms; im Fachjargon heißen sie daher »haploid«. Weibchen dagegen entwickeln sich aus befruchteten Eiern, besitzen also zwei Kopien jedes Chromosoms und die volle Dosis DNA; sie sind »diploid«. In einer großen, gesunden Population mit hoher genetischer Vielfalt funktioniert das alles sehr zuverlässig, doch bei inzestuösen Populationen kommt es zu Fehlern. Das liegt daran, dass das Geschlecht tatsächlich durch ein einziges Gen bestimmt wird, das in der Population unter Dutzenden oder gar Hunderten verschiedenen Formen vorkommt, sogenannten Allelen. Jedes Individuum mit nur einem Allel wird ein Männchen, und mit zwei unterschiedlichen Kopien wird es zum Weibchen. Haploide Individuen mit nur einer Kopie jedes

Chromosoms besitzen per Definition nur ein einziges Allel dieses Gens und werden demnach zwangsläufig Männchen. Diploide besitzen üblicherweise zwei unterschiedliche Allele, denn die Wahrscheinlichkeit, dass sie von ihren beiden Eltern zwei identische Exemplare erhalten, ist sehr gering; daher werden Diploide normalerweise Weibchen. Problematisch wird es, wenn die Population sehr klein ist, weil in kleinen Populationen die genetische Vielfalt verloren geht; es gibt immer weniger unterschiedliche Kopien von jedem einzelnen Gen, man spricht hier von Gendrift. Verliert das Gen, das das Geschlecht bestimmt, seine genetische Vielfalt, sind in der Population also nur noch ganz wenige unterschiedliche Allele vorhanden, dann steigt damit die Wahrscheinlichkeit, dass eine Königin sich mit einem Männchen paart, das das gleiche Allel trägt wie sie selbst. Wenn sie nun befruchtete Eier legt, die eigentlich Töchter, also Arbeiterinnen, werden sollen, erbt die Hälfte von ihnen zwei identische Exemplare des Gens und entwickelt sich stattdessen zu diploiden Männchen. Die aber erledigen in der Kolonie keinerlei Arbeit (bei den Hummeln leisten die Männchen wirklich nichts Nennenswertes, außer man zählt die Kopulation dazu), und so verliert sie die Hälfte ihrer Arbeitskraft, und ihr Nest wird wahrscheinlich absterben. Dass es auf den Monach-Inseln so viele diploide Männchen gab, war kein gutes Zeichen für die verbleibende Mooshummel-Population.

Doch trotz der Schafe und obwohl es nur diese deprimierend wenigen inzestuösen Hummeln gab, verbrachte ich einen idyllischen Tag auf den Inseln. Mittags wanderte ich bei Ebbe über die Sandbänke auf die zweite und dann die dritte, äußerste Insel. Dort verzehrte ich vergnüglich mein Picknick, einen allerdings verbesserungsfähigen Pfeffersteak-Pie, während ich von meinem Sitzplatz auf den Dünen westwärts Richtung Nova Scotia blickte. Auf dem Rückweg bespie mich ein junger Eissturmvogel, ein Erlebnis, das ich nicht unbedingt noch einmal mitmachen möchte, das aber wegen des Neuigkeitswerts durchaus die einmalige Erfahrung wert ist. Ich war gerade an der Nordküste zwischen den Dünen rechts und einem nur bei Ebbe vorhandenen Felsvorsprung links entlanggegangen und hatte den großen Bau im büscheligen Strandhafer erst zu spät bemerkt. Seit Stunden hatte ich nichts gehört außer dem Wellenrauschen, den Rufen der wenigen Möwen und dem Blöken der Schafe, und so fuhr ich erschrocken zusammen, als ich ganz in der Nähe plötzlich ein lautes, kehliges, würgendes Gebell hörte; gleich darauf war mein Bein mit einem Klumpen halb verdautem Fisch bespritzt. Es stank entsetzlich. Offenbar ist es eine Lieblingsbeschäftigung von Eissturmvogel-Nestlingen, Wanderer so zu überraschen. Die Eltern bauen in küstennahen Kaninchenbauten ihr Nest, und das vernünftigerweise am liebsten auf küstenfernen Inseln, auf denen es nur wenige Räuber gibt. Wenn die Nestlinge alt genug sind, bleiben sie tagsüber alleine; die flaumigen, rauchgrauen kleinen Monster sitzen am Eingang zu ihrem Bau und warten auf Passanten, die sie dann erstaunlich treffsicher mit Ergüssen emporgewürgter Flüssigkeit bespeien. Natürlich soll das eigentlich Räuber vertreiben; ich jedenfalls werde mich in Zukunft tunlichst von ihren Bauten fernhalten, und nachdem ich ihren Mageninhalt habe riechen müssen, käme es mir ganz sicher nicht in den Sinn, einmal einen verzehren zu wollen – die Taktik scheint also ganz gut aufzugehen. Ich brauchte eine Ewigkeit, um im seichten Wasser meine Shorts auszuwaschen, und trotz all meiner Bemühungen haftete der Gestank noch tagelang an mir (ich entschuldige mich nochmals bei der Dame, die auf dem Heimflug neben mir sitzen musste). An diesem Küstenabschnitt lagen noch Dutzende weitere Eissturmvogel-Nester, und ich musste mich sehr vorsichtig zwischen ihnen hindurchstehlen.

Als ich etwas später die Eissturmvögel hinter mir gelassen hatte und durch die Dünen kletterte, hörte ich in der Ferne plötzlich lautes Geschrei; unpassenderweise klang es wie der Pausenhof einer Grundschule in der Mittagspause, ein lärmendes Durcheinander, das langsam anschwoll, je näher ich an den Kamm einer hohen Düne gelangte. Nach der Erfahrung mit dem Eissturmvogel war ich auf der Hut und überlegte, was für Fieslinge mir da wohl als Nächstes auflauerten; also kroch ich langsam durch die Dünen, nicht ohne die Haltung einzunehmen, die wir in unserer lächerlich inkompetenten Schultruppe als »Schimpansengang« bezeichneten. Als der Lärm näher kam, robbte ich nur noch weiter und schob mich auf dem Bauch so weit, bis ich über den Kamm spähen konnte. Und da lagen unten auf dem Strand etwa 1000 Kegelrobben im warmen Sand. Unter ihnen waren jede Menge Jungtiere, gerade alt genug, um im seichten Wasser herumzutollen, im Spiel nacheinander zu schnappen, zu bellen, zu jaulen und ihre Eltern zu nerven. Es war ein überwältigender Anblick – ich erinnere mich an nur sehr wenige Gelegenheiten, bei denen ich in Großbritannien so viele wirklich große wildlebende Tiere auf einem Haufen gesehen habe. Vielleicht war es besser, dass sie mich überhaupt nicht bemerkten, und ich traktierte sie Ewigkeiten mit meiner Kamera, obwohl sie eigentlich etwas zu weit weg waren. Ich vergaß komplett die Zeit, und am Ende musste ich durch den nassen Sand zurücklaufen und bei wiederkehrender Flut durch das seichte Wasser waten, um wieder auf die Insel zurückzugelangen, an der unser Boot angelegt hatte.

Es war ein erfüllter Tag gewesen, aber eine weitere Überraschung hatte er auf der Rückfahrt noch in petto. Trotz Wind und Gischt nickte ich auf dem Boot ein, als es plötzlich scharf seitwärts abdrehte, sodass ich fast hinausfiel. Als ich nach dem Tau an der Gummiwand des Bootes griff, glitt in greifbarer

Nähe eine riesige graubraune Flosse vorbei, die etwa einen Meter aus dem Wasser aufragte, und dahinter eine zweite, viel kleinere Flosse. Es waren die Rücken- und Schwanzflosse eines Riesenhais, dem Craig mit seinem Manöver ausgewichen war. Leider erschreckte ihn unser Boot, und obwohl wir wendeten, um ihn besser zu sehen zu bekommen, wobei wir uns zunächst von ihm entfernten, war er unter die Wellen abgetaucht. Der Riesenhai ist mit bis über zehn Metern Körperlänge der zweitgrößte Meeresfisch überhaupt, allerdings ein harmloser Filtrierer, der sich von Plankton ernährt. Leider wurden diese langsam schwimmenden Riesen in vielen Regionen der Welt bis zur Ausrottung bejagt, doch hier in den Hebriden gibt es sie weiterhin.

Die Zukunft dieser entlegenen Gegend Großbritanniens und der dort heimischen Flora und Fauna wie etwa der Deichhummel ist alles andere als gesichert. Unsere Genuntersuchungen an kleinen, isolierten Hummelpopulationen haben ergeben, dass diese Populationen ganz erwartungsgemäß eine geringe genetische Vielfalt aufweisen. Das beschränkt ihre Evolutionsfähigkeit in einer veränderten Umwelt, und sie sind anfällig für den Ausbruch von Krankheiten. Mit hoher Wahrscheinlichkeit betrifft diese Inzestproblematik auch viele andere hier ansässige Organismen, denn natürlich überleben die meisten als kleine, isolierte Populationen. Früher, als diese Arten auch auf dem Festland im Überfluss vorhanden waren, konnte das Aussterben einer Inselpopulation durch Wiederbesiedelung wiedergutgemacht werden, und die genetische Vielfalt ließ sich durch gelegentliche Einwanderung aufstocken. Heute sind die Chancen dafür für viele auf den Hebriden heimische Arten gering. Sie sind ganz auf sich selbst gestellt.

Und zu aller Sorge steht diese einmalige Umwelt noch vor vielen weiteren Herausforderungen. Ich erwähnte bereits den

Wandel des *croftings* und die Entvölkerung dieser Inseln. Man könnte ja meinen, weniger Menschen wären gut für die Umwelt, aber die große Blumenvielfalt im Machair ist eben ein Ergebnis menschlicher Aktivität – der kleinflächigen, wenig intensiven Landwirtschaft. Der Trend hin zu großen Schafzuchtbetrieben ist für Hummeln und Bienen nicht günstig; wie wir auf den Monach-Inseln gesehen haben, können zu viele Schafe die reinste Katastrophe sein. Doch am anderen Ende dieser Skala würde sich die völlige Aufgabe der Landwirtschaft womöglich fast genauso schlimm auswirken.

Langfristig droht eine potenziell sogar noch verheerendere Gefahr, nämlich die Erderwärmung. Die Deichhummel ist dem kalten Klima gut angepasst. Sie ist groß, hat einen langen, dichten Pelz – beides hält sie im kühlen, feuchten Klima im Nordwesten der Britischen Inseln warm. Im Norden war sie schon immer stark verbreitet, und als ihr Bestand in Großbritannien wegen des Verlusts blumenreicher Habitate zurückging, zog sich ihr Siedlungsgebiet nördlich auf die Stellen zusammen, an die sie am besten adaptiert ist. Weiter nördlich aber geht es nicht mehr. Ein wärmeres Klima dürfte die Verdrängung der Deichhummel durch südlichere Spezies fördern, die nach Norden ziehen. Da die Deichhummel aber nirgendwohin verdrängt werden kann, könnte das britannienweit den letzten Sargnagel für diese Art darstellen. Außerdem droht der Klimawandel noch mit einem weiteren Problem. Der Machair liegt nur Zentimeter über dem Meeresspiegel; und damit könnte bereits ein geringer Anstieg dieses Meeresspiegels – wie er für die kommenden Jahrzehnte prognostiziert wird – bedeuten, dass der Machair überflutet wird. Besonders wahrscheinlich wird das, wenn extreme Klimaereignisse wie Stürme sich häufen – auch das wird prognostiziert, und in den letzten Jahren war es bereits zu beobachten; dabei können Lücken in den Schutzgürtel der

Küstendünen gerissen werden, durch die das Meer dann ins Land einbrechen kann. Natürlich wären in diesem Fall nicht nur die Hummeln verloren, sondern so ziemlich alle Arten, die hier leben, und im lokalen Maßstab lässt sich nur sehr wenig dagegen unternehmen.

Langfristig besteht die größte Hoffnung für die Deichhummel in Großbritannien vielleicht in einer Stärkung ihrer Populationen auf dem schottischen Festland. An der Nordküste der Countys Caithness und Sutherland reiht sich eine Kette kleiner Populationen, und an dieser überwiegend felsigen Steilküste besteht jedenfalls nicht das Risiko der Überflutung. Der Bumblebee Conservation Trust setzt sich in der Region schon lange tatkräftig dafür ein, ermuntert Bauern und arbeitet mit den Kommunen zusammen, um Blumenmischungen zu säen und bei der Beweidung zu rotieren, damit auf den Wiesen Blüten wachsen können. Auch die RSPB ist aktiv und setzt sich in Durness, Dunnet Head und andernorts für die Schaffung und Pflege von Lebensräumen für Wachtelkönig und Deichhummel ein. Die Bestände des Wachtelkönigs sind winzig, nehmen aber zu. Das Siedlungsgebiet der Deichhummel an der Nordküste scheint leicht gewachsen zu sein, wobei unklar ist, ob das auf intensivere Messaktivität zurückzuführen ist oder tatsächlich auf eine Vermehrung der Hummel.* Hoffen wir auf das

* Der ehemalige Schottland-Vorsitzende des Bumblebee Conservation Trust, Bob Dawson, hat es sich zum Hobby gemacht, in einer Matrix aus zehn Quadratkilometer großen Quadraten Deichhummeln zu lokalisieren; dazu konzentriert er sich auf Hummeln in der Nähe bekannter Populationen und durchforstet alle geeigneten Habitate. Wenn man sich auf der Homepage des National Biodiversity Network durch die Verbreitungskarte klickt, sieht man, dass sie sich im nördlichen Schottland von 2008 bis 2010 praktisch verdoppelt hat; doch ich fürchte, dass das vor allem eine Verzerrung aufgrund von Bobs intensiver Recherche ist. Ganz allgemein ist es manchmal äußerst schwierig, tatsächliche Veränderungen in der Verbreitung klar von Veränderungen in der Messaktivität zu unterscheiden.

Zweite. Realistisch gesehen bestehen nur geringe Chancen, dass eine der beiden Spezies ihre frühere Verbreitung je wieder erreicht, und die meisten von uns werden sie, wenn überhaupt, nur äußerst selten zu Gesicht bekommen, so entlegen sind ihre Lebensräume.

Häufig wird argumentiert, am besten ließen sich Bemühungen für den Umweltschutz rechtfertigen, indem man den Wert all dessen, was die Natur für uns leistet, kalkuliert – man spricht heute von der Berechnung der »Ökosystemdienstleistung«. Als Beispiel dienen dabei häufig die Bienen; die Bestäubung ist weltweit etwa 215 Milliarden Dollar wert, wenn man den Wert der Nutzpflanzen rechnet, den wir ohne Bienen und andere Bestäuber verlieren würden. Es ist also sinnvoll, sich für sie einzusetzen, weil sie schließlich auch uns nützen. Derselbe Grund lässt sich für viele andere Organismen anbringen; Marienkäfer und Schwebfliegen fressen Blattläuse, Fliegen zersetzen Dung und so weiter. Und doch behagt mir dieses Argument nicht recht. Warum sollte die Natur nur dann ihren Wert haben, wenn sie etwas für uns tut? Wie selbstbezogen sind wir eigentlich? Bei Fällen wie Wachtelkönig oder Deichhummel scheitert dieser Ansatz jedenfalls grandios. Neue Untersuchungen belegen, dass der Großteil der Bestäubung von Nutzpflanzen in einem bestimmten Gebiet von lediglich zwei Prozent der Bienenarten geleistet wird – von den verbreiteten natürlich. Wirtschaftlich gesehen sind Deichhummeln völlig belanglos; wahrscheinlich tragen sie ein kleines bisschen zur Bestäubung einer Handvoll Gemüsegärten der *crofts* auf den Uist-Inseln bei. In Wirklichkeit leisten weder Wachtelkönige noch Deichhummeln oder alle möglichen sonstigen Pflanzen- und Tierarten Wesentliches für die Ökosystemdienstleistung – eine Verschlechterung unseres Lebensstandards ließe sich jedenfalls nicht einfach so messen, wenn es sie eines Tages nicht mehr gäbe –, und doch wäre das für mich ein sehr, sehr trauriger Tag. Wir sollten nicht danach fragen, was die Natur für uns tut, sondern was wir für sie tun können. Ich weiß nicht, wann ich das nächste Mal Gelegenheit bekomme, auf die Hebriden zu reisen und diese faszinierenden Tiere zu bewundern, aber die Welt ist reicher dadurch, dass es sie gibt.

Das Gorce-Gebirge und die Achselschweißhummel

Sieh in die Natur,
dann verstehst du's besser.
Albert Einstein

Meine Suche nach seltenen Hummeln hat mich im Lauf der Jahre in viele Ecken meines Landes geführt – von den schottischen Highlands, wo ich Bergspezies suchte, über die Küstendünen von Pembrokeshire, die Moore von East Anglia und die Felsenküste in Cornwall bis an die von Iris gesäumten Gräben der Somerset Levels. An fast allen diesen Orten – einzige Ausnahme sind die Äußeren Hebriden – sind die landesweit seltenen Hummeln weiterhin sehr schwer zu finden, und das sogar in den spektakulärsten, schönsten Habitaten mit Unmengen von Blumen. Doch glaubt man den alten Hummelbüchern, dann waren diese Arten früher durchaus verbreitet, wenn auch nie so häufig wie die allgegenwärtigen Arten, zum Beispiel die Dunkle Erdhummel. Noch 1912 spricht Frederick Sladen in *The Humblebee* von Wald- und Erdbauhummeln (Letztere sind in Großbritannien heute ausgestorben), als wären sie für ihn etwas ganz Normales. Die Erdbauhummel nennt er »an vielen Orten im Süden und Osten« und die Waldhummel als »an ziemlich vielen Orten verbreitet«. Die Feldhummel kannte man damals als *large garden bumblebee,* was nahelegt, dass sie häufig in Gärten vorkam. Sladen fand Nester all dieser Arten, grub sie aus und beschrieb sie detailliert – während ich in mehr als 20 Jahren Hummelforschung nie auch nur ein Nest von all diesen Spezies gefunden habe, und das nicht einmal mithilfe mehrerer Spürhunde, die wir von der Armee speziell zum Auffinden von Hummelnestern hatten trainieren lassen.*

Offenbar hatten sich die britischen Landschaften so durch und durch verändert, dass selbst in relativ unverdorbenen Habitat-Fragmenten höchstens noch ein schwacher Abglanz ihrer früheren Pracht übrig war. Genau lässt sich das freilich kaum herausfinden. Ohne Zeitmaschine werden wir nie wirklich wissen, wie es gewesen wäre, im 18. oder 19. Jahrhundert als Naturforscher durch das ländliche Großbritannien zu streifen – wir können nur die Bücher und Notizen von damals lesen. Aus der Tatsache, dass es in alten Kochbüchern Rezepte für Schlüsselblumenwein gibt, für die als Erstes zwei Sträuße Echte Schlüsselblumen zu pflücken sind, lässt sich vielleicht schließen, dass sie früher einmal sehr viel häufiger waren als heute; wie häufig aber, wissen wir nicht, oder wie viele Hummeln sie besuchten, oder wie viele Würmer sich unter ihren Wurzeln hindurchgruben. Andererseits, überlegte ich, gab es vielleicht doch eine Möglichkeit, mir anzuschauen, wie es früher in Großbritannien zuging – indem ich mich in Osteuropa umsah. Dort wurde, so hatte ich gehört, Landwirtschaft in manchen Gegenden noch fast unverändert betrieben und war von dem Rennen um immer höhere Erträge verschont geblieben, das Großbritannien seit dem Zweiten Weltkrieg umtrieb; später setzte sich dieser Hype in ganz Westeuropa fort, teilweise im Zuge des labyrinthischen, häufig perversen Subventionssystems der Gemeinsamen Agrarpolitik für eine »Förderung« der Landwirtschaft.

* Mehr über die Abenteuer von Toby, dem Hummelspürhund, lesen Sie in *Und sie fliegt doch*.

Für den Anfang wollte ich es in Polen probieren. Vielleicht würde ich dort große Bestände von Spezies wie der Waldhummel vorfinden, genug jedenfalls, um beträchtliche Datenmengen über ihre Lebensgewohnheiten zu sammeln, ihre bevorzugten Futterpflanzen, Nistplätze und so weiter. Alte Museumsbelege sprachen für einen enormen Hummelreichtum in den zerklüfteten Bergen im Grenzgebiet von Polen, der Slowakei und Tschechien, darunter viele Arten, die es in Großbritannien nie gegeben hat. Die Aussicht, ich könnte dort womöglich exotische Arten wie Sandhummel *(Bombus veteranus)* und Bergwaldhummel *(Bombus wurflenii)* zu Gesicht bekommen, ließ mir das Wasser im Munde zusammenlaufen.* Freunde berichteten von Urlaubsreisen, auf denen sie Bauern noch mit Pferd und Karren hatten arbeiten sehen, und Felder mit traditionellen handgeschichteten Heudiemen. Es klang so, als funktionierte die Landwirtschaft noch ganz ähnlich wie in Großbritannien vor 100 Jahren – näher würde ich an eine Zeitmaschine nicht herankommen. Und so saß ich im August 2006 gemeinsam mit Ben Darvill und Gillian Lye an Bord eines Billigfliegers nach Krakau; Gillian hatte bei mir gerade eine Doktorarbeit über die Nistbiologie von Hummeln begonnen. Obwohl die Stadt ausgesprochen schön sein soll, hielten wir uns nicht in Krakau auf, denn wir waren hier, um Hummeln zu sehen – wir mieteten ein Auto und fuhren vom Flughafen aus stramm südwärts nach Zakopane am Fuß der Hohen Tatra.

Die Tatra bildet das Westende und den höchsten Teil der 1200 Kilometer langen Karpaten, die sich von Polen aus südöstlich durch die Slowakei, die Ukraine und Rumänien erstrecken.

* Da es diese Arten in Großbritannien nie gegeben hat, kennt das Englische für diese Hummeln keine Trivialnamen; man kann sich aber damit amüsieren, passende Namen zu erfinden. Ich würde *old carder bumblebee* und *red-tailed robber bumblebee* vorschlagen; warum, wird gleich noch klar werden.

Auf der polnischen Seite liegen beliebte Skigebiete, im Sommer ein Wanderparadies, das freilich überwiegend polnische Urlauber anzieht. Die Tatra ist geologisch gesehen ein relativ junges Gebirge – wie die Alpen wurde es aufgefaltet, als Afrika etwa mit der Geschwindigkeit eines wachsenden Fingernagels nordwärts driftete und auf Europa krachte; diese Zeitlupenkollision begann vor etwa 100 Millionen Jahren und dauert bis heute an. Als junges Gebirge ist die Tatra noch nicht sehr lange der Erosion ausgesetzt, daher gibt es dort noch steile Wände und schroffe Gipfel – ganz ähnlich wie in den Alpen, nur mit maximal 2650 Metern etwas niedriger. Wir fanden in Zakopane ein kleines Hotel und ließen uns an diesem Abend Würstchen und Piroggen (Teigtaschen) schmecken* – schließlich, so sagten wir uns, bräuchten wir am nächsten Tag viel Energie, um bei unserer Hummelsuche in die Berge zu wandern.

Der nächste Morgen fing schlecht an. Wir verließen Zakopane auf der offenbar einzigen Straße, die in die Berge führte, und übersahen dabei ein winziges Schild, auf dem auf Polnisch »Zufahrt verboten« stand. Am Ende der Straße stand ein Polizist, dessen Job es war, von der beträchtlichen Schlange unaufmerksamer Touristen, die trotzdem bis hier heraufgefahren waren, Bußgelder einzukassieren. Mit deutlich erleichterten Brieftaschen fuhren wir zurück nach Zakopane und nahmen den Touristenbus, der uns vorbei an dem Polizisten, der immer noch ein gutes Geschäft zu machen schien, an den Fuß der Berge brachte. Auf der polnischen Seite ist die Tatra ein Nationalpark, und wir mussten einen saftigen Eintritt bezahlen; aber so hatten wir für unseren Aufstieg auf dem steilen Bergpfad wenigstens keine schweren Münzen mehr im Gepäck.

* Ich fand das polnische Essen wunderbar, nur hatte ich am Ende unseres Aufenthalts genug von den Würsten, die es in erstaunlich vielfältigen Formen, Farben und Größen gab, für mich aber alle fast identisch schmeckten.

Der Pfad führte anfangs durch dichte Wälder, ein Mischwald aus dunklen Nadel- und Laubbäumen mit sehr wenigen Blumen und kaum irgendwelchen sichtbaren Insekten. Nach ein paar Stunden steilem Anstieg gelangten wir auf eine Almwiese, und plötzlich waren überall Blumen und Hummeln. Großartige indigoblaue Eisenhutkerzen erhoben sich zwischen dem Gelb von Johanniskraut und Steinbrech, den zartlila Puderquasten von Ackerwitwenblumen und den zartblauen Glöckchen der Glockenblumen. An den stärker gestörten, steileren Hängen, an denen es noch kürzlich zu Erdrutschen gekommen war, kleideten Streifen von Schmalblättrigen Weidenröschen die Berge in Rosa. Wir kraxelten los – der Versuch, auf so steilen Wiesen Hummeln zu fangen, war eine Herausforderung, weil man nicht gleichzeitig die Hummeln im Auge behalten und aufpassen konnte, wo man hintrat, was uns alle drei vor Aufregung mehrmals stürzen ließ. Ben und ich waren alte Hasen beim Fangen und Bestimmen von Hummeln, während die ganze Sache für Gillian etwas völlig Neues war; aber ziemlich bald waren wir alle drei einigermaßen verwirrt. Im Vergleich mit zu Hause hatten wir es hier mit einem verblüffenden Artenspektrum zu tun: Einige sahen vertraut aus, andere waren durchaus ähnlich, aber irgendwie seltsam, und wieder andere sahen ganz anders aus als die britischen Spezies. Wir hatten das ja durchaus erwartet und auch versucht, uns vorzubereiten, aber trotzdem war ganz klar, dass es eine Zeit lang dauern würde, bis wir die neuen Hummeln in den Griff bekämen. Wir machten jede Menge Fotos und fingen ein paar Belegexemplare, die unsere Bestimmungen später bestätigen sollten.*

* Leider ist es manchmal unvermeidlich, Insekten zu sammeln, wenn man sicher wissen will, welcher Art sie angehören. Ohne eine sichere Bestimmung kann man sie nicht weiter untersuchen oder herausfinden, wie sie geschützt werden können.

In den nächsten paar Tagen kletterten wir immer wieder die Berge hinauf und hinunter und sammelten fleißig Erhebungsdaten über die Anzahl der verschiedenen Arten sowie ihre Futterpflanzen. Eine der Arten, die wir noch nie gesehen hatten, war die Bergwaldhummel, ein hübsches Tier, das der sehr viel geläufigeren Steinhummel ähnelt, aber zum Schutz vor der Kälte in dieser Bergregion einen längeren, struppigeren Pelz und etwas hellere Färbungen aufweist; außerdem neigt sie zum Nektardiebstahl, was uns dazu brachte, sie auf den Namen *red-tailed robber bumblebee* zu taufen.* Die Blüten des Eisenhuts sind aufgrund ihrer Evolution so gebaut, dass sie von langrüsseligen Hummeln bestäubt werden, verstecken sie doch ihren Nektar ganz hinten am Ende einer langen, gebogenen Röhre; doch die Räuberhummeln beißen mit ihren ausnehmend scharfen, gezähnten Mandibeln umstandslos seitlich ein Loch in die Blütenbasis und stehlen den Nektar. Es gab auch Pyrenäenhummeln, eine reizende kleine Hummelart mit deutlicher Ähnlichkeit zu einer nahen Verwandten, die wir als Wiesenhummel kannten, aber wieder mit einem sehr flaumigen, langen Pelz und mehr Gelb. Wie der Name sagt, ist es eine Hochgebirgsart, und sie fuhr völlig auf Schmalblättrige Weidenröschen ab. Außerdem sahen wir ein paar Sandhummeln, eine bräunliche Hummel, die unserer Ackerhummel ähnelt, aber mit dunkler grauer Färbung.

Verdächtig abwesend blieben in dieser Fauna die seltenen britischen Arten, über die ich mehr herauszufinden hoffte – es

* Diese »Rotschwanz-Räuberhummel« sollte ich später bei meiner Feldforschung in den Schweizer Alpen gut kennenlernen; ausführlich beschreibe ich das in meinem Buch *Wenn der Nagekäfer zweimal klopft*. Wir stellten damals fest, dass die Bergwaldhummel die Blütenkelche stets auf derselben Seite aufbeißt, und individuelle Hummeln kopieren das Diebstahlsverhalten voneinander bis hin zu dem Detail, auf welcher Seite sie die Blume angreifen.

gab zum Beispiel weder Wald- noch Feldhummeln, obwohl ich wusste, dass sie im südlichen Polen heimisch sein sollten. Wirklich erstaunlich war das nicht – wir waren im Hochgebirge und stießen daher überwiegend auf alpine Spezialisten und nicht auf Arten, die in Großbritannien zu erwarten wären. Diese Almwiesen waren wunderschön, aber sie lieferten uns nicht den Blick in die Vergangenheit, auf den ich so gehofft hatte. Nach ein paar Wandertagen über die steilen Hänge der Hohen Tatra beschlossen wir also, es anderswo zu versuchen.

Wir hatten keine bestimmten Gründe, uns für die eine oder andere Richtung zu entscheiden; so fuhren wir von Zakopane aus willkürlich in Richtung Norden. Der Vormittag war anfangs etwas vernieselt, und wir fuhren durch eine hügelige Landschaft, in der das Land in lange, schmale Felder unterteilt war, die häufig nur etwa 20 Meter breit und vielleicht 100 oder 200 Meter lang waren; dazwischen lagen Grasstreifen. Es war ein diametraler Gegensatz zur britischen Landwirtschaft – auf vielen dieser Felder hätte nicht einmal ein Traktor wenden können. Ein Gegensatz jedenfalls zur *modernen* britischen Landwirtschaft – das hier sah eher aus wie eine mittelalterliche Gewannflur, in der die Feldflur eines Lehnsherrn in zahlreiche Streifen aufgeteilt wurde; jeder Vasall bekam ein paar Streifen zur eigenen Bewirtschaftung zugeteilt. Über viele Jahrhunderte hinweg schufen die Bodenbewegungen durch das Pflügen zwischen diesen Feldstreifen Furchen, und die Rippen und Furchen sind auf manchen britischen Feldern gelegentlich noch immer sichtbar, wenn sie nie mit modernem Gerät gepflügt wurden.

Wir hielten und schlenderten ein bisschen herum, aber das feuchte Wetter hielt die Hummeln fern. Immerhin sah das Habitat vielversprechend aus – viele der Streifen lagen brach, während andere mit Gründüngung* bepflanzt waren: Rotklee, einer Mischung aus Rot-, Weiß- und Mittlerem Klee oder Esparsetten. Brachen und Kleegrasdüngung sind in der modernen Landwirtschaft inzwischen sehr selten, gehörten aber jahrhundertelang fest zur Fruchtfolge, bevor billige Kunstdünger zur Verfügung standen, mithilfe derer die Landwirte ganz ohne Brachjahre jedes Jahr Ackerfrüchte anbauen konnten.

Etwas später an diesem Vormittag fuhren wir durch die deprimierende Stadt Nowy Targ, die vollständig aus verwitterten Plattenbauten aus der sozialistischen Zeit bestand. Kurz danach befanden wir uns am Südende eines Massivs aus niedrigen, abgerundeten Bergkuppen, die sehr viel weniger theatralisch wirkten als die Tatra: das Gorce-Gebirge. In unserem Führer wurde es kaum erwähnt, es gab lediglich den interessanten Hinweis, es handele sich um eine wilde Naturlandschaft, in der es Wölfe, Luchse und Bären geben sollte. Von Hummeln war in diesem Buch nicht die Rede – leider sind die in den meisten Reiseführern traurig unterrepräsentiert –, aber wir mutmaßten, dass ein Ort, der für Bären gut war, sich bestimmt auch für Hummeln eignete. Inzwischen war die Sonne ein bisschen durchgebrochen, und wir parkten an einer Brücke über einen sprudelnden Bach, der aus den Bergen heraus südwärts plätscherte.

Wir waren nicht wirklich im Gebirge, rundum standen schlichte hölzerne Bauernhäuser mit Streifenfeldern und kleinen Streuobstwiesen, auf denen überwiegend alte, knorrige, mit Flechten bewachsene Apfelbäume wuchsen, und zwar echte Hochstämme statt jener Zwergstämme auf den modernen Obstplantagen. Es war wirklich, als hätten wir die Zeit um 100

* Im sogenannten Feldgrasbau liegen die Felder einige Jahre lang entweder brach oder werden zwecks Gründüngung mit Leguminosen bepflanzt, die dann zur Bodenverbesserung untergepflügt werden.

oder mehr Jahre zurückgedreht. Zwei betagte Männer schnitten mit Sensen ein Weizenfeld und ordneten die Halme dann per Hand zu Garben (das heißt, sie stellten sie in pyramidenförmige Haufen, die Ähren nach oben), damit das Korn vor dem Dreschen trocknen und voll ausreifen konnte. Das hatte ich noch nie mit eigenen Augen gesehen – dabei war es wahrscheinlich fast 10 000 Jahre lang gängige Praxis, bevor die modernen Maschinen erfunden wurden, die solche Knochenarbeit Geschichte werden ließen. Etwas weiter schnitt eine Frau mit der Sichel Grünfutter vom Straßenrand und verwendete ihre Schürze als Tragekorb, wahrscheinlich für irgendwelche Haustiere. Während ich ihr zusah, rief uns ein fröhlicher junger Mann von einem mit Kürbissen beladenen Pferdekarren einen Gruß zu; die Luftreifen am Wagen waren das einzige kleine Zugeständnis an die Moderne. Neugierig starrte er auf unsere Schmetterlingsnetze und unsere übrige Ausrüstung; daher imitierte ich pantomimisch den Fang einer Hummel, was seine Verwirrung nur noch steigerte. Offensichtlich amüsierte es ihn aber trotzdem.

In verschiedene Richtungen schwärmten wir zur Hummelsuche aus. Das Durcheinander in der Flur, wo alles sich in kleinen Dimensionen abspielte, hatte zur Folge, dass es überall Ränder und tote Winkel gab, in denen Blumen wachsen konnten: »Ödland« nannte das mein Blumenführer, obwohl es in meinen Augen wirklich alles andere als ödes oder verschwendetes Land war. Die Feldfrucht selbst war häufig mit Ackerwildkräutern durchmischt – Spezies, die ich gut kannte, wie Kornblumen, Erdrauch und Mohn, aber auch andere, die ich noch nie gesehen hatte, wie Bunten Hohlzahn, eine prächtige krautige Pflanze mit gelb-lila röhrenförmigen Blüten, die langrüsselige Hummeln sichtlich liebten. Ganz offensichtlich wurden hier kaum Herbizide eingesetzt. Dieselben Ackerwildkräuter gediehen auch auf den Brachen, so wie auf den *crofts* der Äußeren Hebriden. Wie wir bereits gesehen hatten, waren einige der Feldstreifen zur Gründüngung mit Rotklee bepflanzt, und dort summte es nur so von Hummeln. Zwischen den Feldstreifen, unter den Obstbäumen und an den Straßen- und Wegsäumen hatten sich Bestände mehrjähriger Wildblumen angesiedelt: Flockenblumen, Ziesten, Gewöhnliches Ferkelkraut, Klee, Witwenblumen, Majoran und Thymian, dazu Hainwachtelweizen, eine sehr ungewöhnliche Pflanze, deren junge Blätter kräftig violett sind, was zusammen mit den gelbroten Blüten ziemlich exotisch wirkt. Die Bachufer strotzten von den rosa Hängeblüten des Drüsigen Springkrauts, eine invasive Art, die Hummeln aber sehr mögen.* Wo immer wir hinsahen, überall gab es Blumenflecken und wimmelndes Insektenleben.

In den Kleegrasbrachen summten Gartenhummeln neben Feldhummeln, Deichhummeln und Waldhummeln. In einer Streuobstwiese fand ich Grashummeln, Dunkle Erdhummeln, Steinhummeln und Baumhummeln. An den Straßenrändern gab es Ackerhummeln, dazu Sandhummeln und Wiesenhummeln. Dazu noch weitere Spezies, auch wieder welche, die ich nicht sofort erkannte – ganz schwarze mit weißem Abdomen-Ende, oder schwarze mit gelben Haarbüscheln an der Hüfte, und noch andere mit distinktiv gelben Querbinden und weißen

* Invasive Arten – gebietsfremde Pflanzen, die in der Natur Amok laufen – sind eine schwere Bedrohung der Artenvielfalt; das Drüsige Springkraut gehört zu den schlimmsten Invasoren in Europa, wo es von Großbritannien bis Polen und noch weiter die natürliche heimische Ufervegetation verdrängt. Gäbe es ein wirksames Gegenmittel, so müsste ich seinen Einsatz wohl oder übel gutheißen, aber für unsere armen Hummeln hätte das sicher negative Folgen. In der blumenlosen Einöde im Großteil der britischen Agrarflächen sind Springkrautbestände an Gräben und Bächen häufig die einzigen noch übrigen Futterquellen für sie.

oder orangenen Enden. Von den meisten Arten, die ich nicht identifizieren konnte, sah ich Männchen, und zur genaueren Untersuchung fing ich ein paar davon. Als wir uns eine Stunde später am Auto wiedertrafen, hatten wir zusammen 15 Hummelarten gesichtet, die wir benennen konnten, und dazu offenbar noch mehrere andere. Um für den Fall, dass wir sie wiedersahen, Klarheit zu haben, einigten wir uns für jede Hummel, die wir nicht identifizieren konnten, auf einen Namen – die schwarzen Bienen mit weißem Ende wurden ziemlich einfallslos »Schwarze Weißschwanzhummeln«, und die mit gelben Büscheln wurden »Achselschweißhummeln«. Das klingt vielleicht nicht hoch wissenschaftlich, aber für den Moment brachten wir nichts Besseres zustande.

Auf einer einspurigen Straße durch ein langes Flusstal fuhren wir weiter ins Gorce-Gebirge. Alle paar Kilometer hielten wir und suchten jeweils eine Stunde lang nach Hummeln, zählten, wie viele wir von jeder Art sahen und auf welchen Blumen sie saßen, genau wie ich es in der Salisbury Plain getan hatte. Selten habe ich ein so idyllisches Gelände exploriert.

Am Abend verglichen wir unsere Notizen, und über ein paar herrlichen, unglaublich billigen Tyskie-Bieren machten Gillian und ich uns an die Bestimmung all der unterschiedlichen Spezies. Wie häufig in der Entomologie kam es am Ende vor allem auf die Genitalien an. Als Doktorand habe ich etwa ein halbes Jahr lang durch ein Mikroskop auf die Geschlechtsapparate von Schmetterlingen gestarrt. Viele Insektenarten lassen sich nur dann zuverlässig unterscheiden, wenn man sehr genau die männlichen Genitalien unter die Lupe nimmt, die bei den verschiedenen Arten oft eine einmalige und häufig merkwürdig komplexe Form haben. Die weiblichen Genitalien dagegen helfen tendenziell kaum weiter, aber zum Glück war es August, sodass es genügend Männchen gab. Wir hatten kein Mikroskop, nur eine Lupe, und es war eine ziemlich vertrackte Angelegenheit, im trüben Lampenlicht so winzige Organe klar zu Gesicht zu bekommen. Wahrscheinlich war in dieser Hinsicht das Bier auch nicht gerade hilfreich.

Irgendwann hatten wir dann doch Diagramme von den verschiedenen Arten auf unserer Liste erstellt und konnten sie dann mit den mitgebrachten Fotos von den Genitalien aller europäischen Arten vergleichen (soweit ich weiß, verbietet kein Gesetz den Schmuggel von Hummelpornografie über die Landesgrenzen, zumindest nicht innerhalb der EU). Uns erwarteten ein paar Überraschungen. Gillian, die sich als Gehirn unserer Truppe erwies, stellte als Erste fest, dass bei all den seltsamen Männchen, die wir nicht erkannten, die Andockapparatur mehr oder weniger identisch war und zudem perfekt zu meinem Foto von den Genitalien der Distelhummel passte. Diese Art war mir bisher nur in der Salisbury Plain begegnet, und dort hatten alle Männchen sehr ähnlich ausgesehen – und waren mit ihren zwei gelben Binden und dem verwaschenen weißen Ende leicht zu verwechseln mit der Dunklen Erdhummel.

In Polen waren die Männchen dieser Art anscheinend übergeschnappt, so verblüffend viele, ziemlich attraktive Farbmuster nahmen sie an. Das ist bei Hummeln eher ungewöhnlich, vermutet man doch, dass ihr Farbmuster sich als Warnsignal dafür herausgebildet hat, dass sie einen Stachel besitzen, und somit räuberische Vögel in die Schranken weisen soll (was aber Kohlmeisen und Bienenfresser nicht daran hindert, sie umstandslos hinunterzuschlingen). Mehr noch: Es wird vermutet, dass viele Arten sich deshalb so stark ähneln, weil sie einander imitieren – indem sie alle dasselbe Farbmuster ausstellen, fällt das gemeinsam ausgesandte Signal an die Räuber natürlich stärker aus.* Männliche Hummeln haben keinen Stachel (der entwickelt sich aus der Eilegeröhre, die den Männchen natürlich fehlt), daher verstehe ich ihre farbigen Streifen als Bluff. Indem sie den Weibchen ähneln, profitieren sie vielleicht per Assoziation – denn Vögel haben früher im Jahr bereits aus Erfahrung mit den Königinnen und Arbeiterinnen gelernt, dass Insekten mit diesem Farbmuster gefährlich sind.** Daher wäre zu erwarten, dass die Männchen stark den Arbeiterinnen ähneln – doch bei vielen Arten tun sie das keineswegs. Normalerweise sind ihre Farben etwas leuchtender, häufig haben sie breitere gelbe Binden und flaumige gelbe Gesichter. In Bezug auf das Risiko, Räubern zum Opfer zu fallen, mag das idiotisch erscheinen; vermutlich haben wir es hier eher mit sexueller Selektion zu tun – vielleicht bevorzugen die Jungköniginnen kräftig gefärbte Männchen, und um irgendeine Chance auf Paarung zu haben, müssen sie eben kräftig gefärbt sein. Nach dem Sex von Vögeln gefressen zu werden, ist aus Sicht der Evolution bereits ein Erfolg gegenüber der Option, ohne körperliche Liebe steinalt zu werden. Allerdings muss ich gestehen, dass das alles wilde Spekulationen sind – ich habe keinerlei Beweise dafür, dass Hummelköniginnen kräftig gefärbte Männchen bevorzugen; bei Schmetterlingen

* Natürlich behauptet hier niemand, die Hummeln hätten zu dieser Thematik eine Problemanalyse vorgenommen, ein Hummeltreffen einberufen und sich kollektiv auf ein gemeinsames Farbschema verständigt. Gemeint ist nur, dass die natürliche Selektion individuelle Hummeln bevorzugte, die am stärksten dem Farbmuster der im jeweiligen Gebiet gerade verbreitetsten Art ähnelten. Das Phänomen, dass stachel- oder giftbewehrte Arten einander ähneln, heißt müllersche Mimikry nach dem deutschen Biologen Fritz Müller, der dieses Konzept entwickelte.

** Wenn eine genießbare Art sich in ihrer Evolution so entwickelt, dass sie einer giftigen oder sonst gefährlichen Art ähnelt, spricht man von batesscher Mimikry nach Henry Walter Bates, dem auffiel, dass essbare Arten brasilianischer Schmetterlinge häufig giftige Arten sehr genau imitieren.

und Vögeln kommt das allerdings vor, warum also nicht auch bei Hummeln? Allerdings hatte ich einmal eine Postdoc-Mitarbeiterin aus Bangladesch, die das Paarungsverhalten von Hummeln untersuchte und feststellte, dass Weibchen zur Paarung eher die Männchen mit den längsten Beinen bevorzugten, aber das ist eine ganz andere Geschichte.

Langer Rede kurzer Sinn: Es ist sehr schwer zu erklären, warum männliche Distelhummeln in Polen ein so variables Farbmuster aufweisen. Zu erwarten wäre, dass sie mit ihren kräftigen Farben einen potenziellen Geschlechtspartner beeindrucken wollen oder die Farben der Weibchen imitieren, um sich vor Fressfeinden zu schützen, aber dass sie beliebig bunte Farbmuster annehmen, ergibt einfach keinen Sinn. Vielleicht haben polnische Weibchen einen sehr eklektischen Geschmack, oder sie paaren sich lieber mit ungewöhnlich gefärbten Männchen, was die Farbenvielfalt noch vergrößern könnte. Da noch weiter nachzuhaken, wäre sicher ein spannendes Forschungsthema.

Immerhin konnten wir jetzt die verschiedenen Arten bestimmen, die wir gefunden hatten, und uns daranmachen, jede Menge Daten zu den verschiedenen lokalen Hummelarten zu erheben. Wir bezogen ein Hotel in Ochotnica Górna, einem malerischen Dorf am Südufer des Flusses Ochotnica mitten in den Bergen. Wie dieses Hotel überhaupt über die Runden kam, war uns ein Rätsel, denn selbst jetzt mitten im Hochsommer war es praktisch leer. Im Vergleich zur Tatra gab es hier offenbar nur wenige Touristen und übrigens auch keine übereifrigen Verkehrspolizisten, was uns nur recht sein konnte.

Eine Woche lang explorierten wir die Hügel und Täler nach Hummeln. Entlang der Bachläufe reihten sich kleine Bauernhöfe, alle mit winzigen Feldern und nur einem Minimum an landwirtschaftlichen Großgeräten. Manche Bauern hatten kleine Traktoren, aber für die riesigen Mähdrescher, die wir in

Großbritannien kennen, war hier einfach kein Platz, und so wurde eben noch per Hand geerntet; für den Transport waren Pferdekarren offenbar am verbreitetsten. Weiter oben lagen statt Äckern Viehweiden, auf denen kleine Kuh- und Schafherden grasten, und noch weiter oben gab es dichte, von Heideland durchbrochene Wälder. Es war gerade Blaubeerzeit, und wir sahen viele Einheimische, die eimerweise die kleinen lila Beeren sammelten, manche bewehrt mit merkwürdigen Vorrichtungen aus parallel angeordneten Metallzinken an einem Handschuh, mit dem sie die Beeren von den Sträuchern kämmten. Als ich zum ersten Mal einen Typ aus dem Wald kommen sah, dem dunkelroter Saft aus der Kralle an seiner Hand troff, setzte für einen Moment mein Herz aus, so sehr erinnerte mich das an Freddy Krueger aus dem Horrorfilm *A Nightmare on Elm Street*.

Bären oder Wölfen sind wir auf unseren Streifzügen leider nicht begegnet, aber anderen Vertretern der wilden Fauna dafür zuhauf. Überall waren Schmetterlinge: Bläulinge, Edelfalter, Ritterfalter, Weißlinge und Augenfalter; mein Favorit sind die Dukatenfalter, die auf den Bergwiesen massenhaft ihre rotgolden-metallischen Flügel in der Sonne schimmern ließen. Häufig waren Hummel-Waldschwebfliegen, wunderschön pelzige Fliegen in ganz unterschiedlichen Farbmorphen, die jeweils die Muster einer bestimmten Hummelart kopieren. Ich sah meinen ersten Warzenbeißer – eine riesige, schön getarnte, smaragdgrün-schwarz gescheckte Heuschrecke, die an Südhängen zwischen den Grasbüscheln auf der Lauer lag. In Großbritannien ist diese Spezies nur noch an drei Stellen in den South Downs nahe Brighton heimisch, aber im Gorce-Gebirge schien sie recht verbreitet. Ihre furchterregenden Mundwerkzeuge, denen sie ihren Namen verdankt, wurden angeblich in Schweden zum Wegbeißen von Warzen verwendet, wenngleich ich mir dafür auch einfachere Methoden vorstellen könnte. Viel mehr Hummelarten für unsere Liste vom ersten Tag fanden wir nicht mehr – ein paar Kuckuckshummeln, von denen eine, die Vierfarbige Kuckuckshummel, mir neu war; sie ist spezialisiert auf Angriffe auf Distelhummel-Nester. Äußerst erfolgreich war dagegen unsere Suche nach vielen der Arten, die in Großbritannien extrem selten sind – genau wie ich es mir erhofft hatte. Überall gab es Waldhummeln, daneben Grashummeln, Distel- und Feldhummeln, und dazu noch alle verbreiteten britischen Spezies.

Was ergaben nun also all unsere Messdaten? Seit 2002 und meiner Hummelsuche in der Salisbury Plain versuchte ich ja herauszufinden, warum einige Arten so rapide abnehmen und manchmal sogar aussterben, während andere bestens gedeihen. Diese Frage stellt sich übrigens ganz allgemein für fast alle Tier- und Pflanzengruppen. Warum sind Sumpfmeisen weniger verbreitet als Blaumeisen? Warum stehen die Orchideen der Gattung Frauenschuhe am Rande der Ausrottung, während Fuchs' Knabenkraut (auch eine Orchideenart) allgemein verbreitet bleibt? Geht man bei der Untersuchung der Organismen ausreichend ins Detail, dann lässt sich die Antwort vielleicht finden. So stellten Forscher zum Beispiel fest, dass der Himmelblaue Bläuling Wärme braucht und daher nur auf niedrig bewachsenen Südhängen mit Kalkwiesen gedeihen kann, sodass er zwangsläufig seltener ist als sein Verwandter, der Silbergrüne Bläuling, der etwas weniger empfindlich ist und auch auf schattigeren, höheren Grassoden und Nordhängen überlebt. Hummeln aber hatten ihre ökologischen Geheimnisse bisher sehr viel beharrlicher für sich behalten.

Nach meiner Heimkehr aus Polen verbrachte ich viele Stunden mit der Analyse der riesigen Datenmengen, die wir gesammelt hatten. Messdaten auszuwerten ist nicht jedermanns Sache, aber es kann auch erstaunlich befriedigend sein, besonders wenn sich klare Muster abzeichnen. Die meisten Arten, die in Großbritannien inzwischen selten sind, haben relativ ähnliche Blumenvorlieben – es sind tendenziell langrüsselige Hummeln, die sehr für Rotklee und andere Leguminosen mit tiefen Blütenkelchen schwärmen, aber auch für Pflanzen aus der Familie der Lippenblütler, zum Beispiel Hohlzahn. Einzige Ausnahme war die Distelhummel – sie ist kurzrüsselig, und in Polen besuchte sie Unmengen sehr verschiedener Blüten. Während ich noch mit diesen Daten herumpuzzelte, zeigte mir Claire Carvell, eine meiner Doktorandinnen, ihre Analysen der britischen Bestandsentwicklung von Blumen, die den Hummeln als Futterpflanze dienen, und das in den Jahren 1930 bis 1999. So klar wie ernüchternd stellte ihre Untersuchung fest, dass in den Untersuchungsgebieten 76 Prozent der Blumenspezies abgenommen hatten, dass aber tiefkelchige Blumen offenbar besonders stark betroffen waren. Rotklee war in nur 20 Jahren von 1978 bis 1998 um 40 Prozent zurückgegangen. So war es kaum überraschend, dass die langrüsseligen Hummeln, die in Polen auf den Kleefeldern noch gedeihen, in Großbritannien so selten geworden sind. Zwar gibt es noch Rotklee, aber längst nicht mehr so viel wie früher.

Während Claire und ich unsere Notizen verglichen, hatten die niederländischen Biologen David Kleijn und Ivo Raemakers im selben Forschungskontext einen genialen Einfall gehabt, wie sie in die Vergangenheit reisen und herausfinden konnten, was die Hummeln früher so trieben. Statt nach Polen gingen sie einfach ins Museum. In den Niederlanden wurde die Landwirtschaft ganz ähnlich intensiviert wie in Großbritannien, und auch dort ist die Bevölkerungsdichte hoch – und die Hummelbestände sinken nach einem ähnlichen Muster. Exakt dieselben drei Spezies, die in Großbritannien ausgestorben sind, sind auch in den Niederlanden Geschichte (die Obsthummel, die

Cullumanushummel und die Erdbauhummel), und bei den anderen Arten haben fast dieselben dramatisch abgenommen, etwa die Veränderliche sowie die Wald-, die Feld- und die Distelhummel. Die europäischen Museen strotzen aber nur so von genadelten Hummeln, und viele davon wurden in der Hochphase der Freizeit-Insektensammler in den ersten 30 Jahren des 20. Jahrhunderts gefangen. Kleijn und Raemakers stellten fest, dass bei vielen dieser Hummeln Pollen in den Pollenkörbchen klebte, und zwar seit grob 100 Jahren immer noch derselbe. Es war einer dieser Geistesblitze, bei denen man sich fragt, warum man nicht längst selbst darauf gekommen ist – die beiden brauchten nur diese Pollenkörner zu identifizieren und konnten damit feststellen, welche Blumen die Hummeln damals besucht hatten. So sammelten und analysierten sie den Pollen von den Beinen der Museumshummeln, und das nicht nur aus den Niederlanden, sondern auch aus Belgien und Großbritannien. Dann fuhren sie an die Orte, von denen diese Hummeln stammten, und sammelten frischen Pollen von den dort heute noch verbreiteten Spezies (die Arten mit starkem Bestandsrückgang waren dort bereits nicht mehr anzutreffen, obwohl sie sich andernorts noch halten). Ihre Messdaten bestätigten, dass die Arten, die in der Folge stark zurückgingen, meist an weniger Pflanzenspezies Pollen sammelten als die, die sich an den Wandel anpassen konnten. Sie waren ganz einfach stärker spezialisiert – mehrere, an erster Stelle die langrüsseligen Arten, waren stark abhängig von Rotklee und anderen Leguminosen. Die Distelhummel schien von Rundblättrigen Glockenblumen abzuhängen, die Heidehummel dagegen bevorzugte Heidekraut und Blaubeeren. Im Vergleich dazu hatten die Arten, die die Zumutungen des 20. Jahrhunderts besser wegsteckten, einen vielseitigeren Geschmack, besuchten also ein breites Blütenspektrum aus vielen unterschiedlichen Pflanzenfamilien. Außerdem waren die Blumen, die die abnehmenden Spezies bevorzugten, im 20. Jahrhundert selbst überdurchschnittlich zurückgegangen – diese Hummeln hatten also einfach Pech, weil ausgerechnet ihre exklusiven Lieblingsblumen auf dem absteigenden Ast waren. Rundblättrige Glockenblumen etwa sind heute fast überall eine echte Rarität, und eine Hummel, die dummerweise absolut darauf abfährt, muss sich demnach auf das Schlimmste gefasst machen. Natürlich deckte sich das alles ziemlich gut mit unseren Messdaten, aus denen man ebenfalls ableiten konnte, dass unsere seltenen Arten deshalb selten geworden waren, weil ihre Lieblingsnahrung sich verknappt hatte. Im noch blumenreichen Polen konnten sie alle prächtig gedeihen. Es ist immer sehr wohltuend, wenn zwei Studien, die mit völlig unterschiedlichen Ansätzen dieselbe Frage in Angriff nehmen, zu praktisch denselben Schlussfolgerungen kommen.

Dank unserer gut gefüllten Datenbank zu den von Hummeln besuchten Blüten konnte ich auch einer anderen Frage nachgehen: Machten Hummeln einander Konkurrenz? Als Student hatte ich in einer Vorlesung einmal von einer klassischen Studie des Australiers Graham Pyke gehört, der in den 1970er-Jahren in Colorado Hummeln erforschte. Er wanderte damals Berge hinauf und hinunter und zählte Hummeln, ganz ähnlich wie wir bei unserer Erhebung in den polnischen Bergen, aber es ging ihm um etwas anderes. Er suchte nach Belegen dafür, dass Hummeln miteinander konkurrieren. Hummeln unterschiedlicher Arten sind sich grundsätzlich in Form, Größe und ihrer grundlegenden Biologie ziemlich ähnlich. Natürlich sind manche etwas kleiner oder größer, haben einen mehr oder weniger dichten Pelz und unterschiedliche Färbungen, aber sie fliegen alle umher und ernähren sich im Grunde genommen von denselben Nahrungsquellen – Blüten. Bereits in den 1930er-Jahren hatte ein russischer Ökologe namens Georgi Gause das sogenannte »Konkurrenzausschlussprinzip« formuliert. Demnach können zwei Arten, die exakt dieselben Ressourcen nutzen (also Futter, Nistplatz oder sonstige lebensnotwendige Ressourcen), nicht nebeneinander existieren; der Konkurrenzstärkere gewinnt den Kampf und verdrängt den Rivalen. Den Nachweis dafür erbrachte Gause in Laborstudien mit zwei Spezies von einzelligen Pantoffeltierchen, mikroskopischen Süßwasser-Protisten. Unter variierenden Bedingungen von Wasserqualität und Futterangebot trug stets die eine oder andere Pantoffeltierchenart den Sieg davon. Pyke wollte nun anhand der Hummeln prüfen, ob sich das Prinzip auf die Wirklichkeit übertragen ließ.

Er erfasste, welche Hummelarten in verschiedenen Höhen vorkamen, und bestieg dafür diverse Berge; und er stellte fest, dass auf jeder einzelnen Almwiese jeweils nur drei oder vier Hummelarten vorherrschten. Bei genauerer Untersuchung zeigte sich, dass es dabei immer eine kurzrüsselige Art gab, eine mit mittellangem Rüssel und eine langrüsselige. Wie zu erwarten, ernährten sich die kurzrüsseligen Hummeln von kurzkelchigen, die langrüsseligen Hummeln überwiegend von tiefkelchigen und die Hummeln mit mittellangen Rüsseln vor allem von mitteltiefen Blüten, sodass die drei Arten die vorhandenen Blütenressourcen untereinander aufteilten und damit eine Konkurrenzsituation vermieden. Welche Arten jeweils konkret vorhanden waren, variierte je nach Höhe und manchmal auch von Berg zu Berg. Außerdem war an den meisten Standorten noch eine vierte Art präsent, *Bombus occidentalis*, die »Westliche Hummel«, die aber ein Nektarräuber ist wie die Bergwaldhummel in Polen. Diese Hummel ist darauf spezialisiert, den Nektar sehr tiefkelchiger Blüten zu stehlen, die normalerweise von Kolibris besucht werden, sie rivalisierte also überhaupt nicht mit den anderen Spezies. Pykes Daten stützten also Gauses These: Hummelgemeinschaften strukturierten sich durch Konkurrenz so, dass Hummeln mit ähnlich langen Rüsseln nicht nebeneinander existierten. Nur Spezies mit unterschiedlichen Rüssellängen – die also tendenziell unterschiedliche Blüten besuchten – konnten nebeneinander gedeihen. Es ist also ähnlich wie bei den Darwinfinken, deren verschiedene Spezies unterschiedliche Schnabelformen entwickelt haben, um die Ressourcen untereinander aufzuteilen und die Konkurrenz zu minimieren – manche haben lange, schmale Schnäbel zum Aufsammeln von Insekten, andere etwas breitere Schnäbel, mit denen sie kleine Samen aufpicken, und wieder andere breite Schnäbel zum Knacken von großen Samen und Nüssen.

Unsere Daten aus Polen schienen dagegen dem Konkurrenzausschlussprinzip zu widersprechen. Wir hatten in einem Lebensraum bis zu 15 koexistierende Arten gezählt, manchmal auf einer einzigen Wiese. Zugegeben, bei den langrüsseligen Hummeln war in der Regel eine einzige Art verbreitet, die Gartenhummel, und daneben tauchten nur vereinzelte Feldhummeln auf. Genauso war bei den Hummeln mit mittlerer Rüssellänge normalerweise die Ackerhummel am häufigsten, obwohl es daneben auch einige Wald-, Gras- und Veränderliche Hummeln gab. Bei den kurzrüsseligen Hummeln aber lebten oft vier oder fünf häufige Arten zusammen – Dunkle und Helle Erdhummeln, Wiesen-, Baum- und Distelhummeln. Nach Gause hätte eine Art alle anderen verdrängen müssen. Wie heißt es in dem Film *Highlander*: »Es kann nur einen geben.« Was also war hier los?

Ich sah mir noch genauer die besuchten Pflanzen an und stellte fest, dass die kurzrüsseligen Hummeln tendenziell doch unterschiedliche Blüten besuchten, wenn auch mit einer erheblichen Überlappung. Helle Erdhummeln fanden sich häufig an Doldenblütlern (Bärenklau, Engelwurzen und so weiter), die die anderen eher zu meiden schienen. Die Baumhummeln waren Fans von Weidenröschen, während die Distelhummeln sehr auf Flockenblumen aus waren (wir sahen in Polen sehr wenige Rundblättrige Glockenblumen, die historisch bevorzugte Blüte in den Niederlanden, Großbritannien und Belgien). Obwohl die unterschiedlichen Arten beinahe identische Mundwerkzeuge besitzen, teilten sie sich die Ressourcen irgendwie untereinander auf und minimierten damit die Konkurrenz. Wie sie zu dieser gerechten Verteilung gekommen sind, wissen wir nicht. Genauso wenig können wir erklären, warum das in Colorado nicht so funktioniert. Womöglich liegt es daran, dass Hummeln in Europa schon seit 30 bis 40 Millionen Jahren heimisch sind, in Amerika dagegen erst seit etwa 20 Millionen Jahren – damit hatten sie hier einfach mehr Evolutionszeit, um sich in speziellere Nischen hineinzuentwickeln. Besonders überzeugend finde ich das nicht, schließlich sind 20 Millionen Jahre ja auch nicht gerade ein Wimpernschlag, aber bisher ist mir einfach nichts Besseres eingefallen. In der Frage, wie Tier- und Pflanzengemeinschaften miteinander interagieren, gibt es noch so viel, was wir bis heute nicht verstehen.

Bei diesen Vergleichen wurde klar, welche Vielfalt bei den polnischen Hummeln herrscht im Vergleich zu dem, was in Großbritannien noch übrig ist. Natürlich ist das Gorce-Gebirge alles andere als eine exakte Kopie von Großbritannien vor der Intensivierung der Landwirtschaft, aber vielleicht ist es immerhin ein Anhaltspunkt. Ich glaube, Frederick Sladen hätte sich dort einigermaßen zu Hause gefühlt, wenigstens in puncto Bienen- und Blumenvielfalt. Bei der Frage, was er wohl zu den vielen Würsten gesagt hätte, bin ich hingegen etwas skeptischer.

Ich möchte die Bauern in dieser Region natürlich nicht zu

lebenslanger Knochenarbeit verdammen, aber ich hoffe sehr, dass dieses rückständige ländliche Leben sich seit meinem Besuch nicht verändert hat. Vielleicht klingt es herablassend, aber es herrschte dort keine sichtliche Armut, und die Menschen, denen wir begegnet sind, wirkten relativ glücklich. Wie die *crofter* auf den Uist-Inseln leben sie in einer schönen, unverdorbenen Gegend, essen gesunde, häufig selbst angebaute oder jedenfalls regionale Produkte. Geht es ihnen besser oder schlechter als denen von uns, die ihre Tage mit dem Pendeln zur Arbeit und dann vor dem Computer oder in Sitzungen verbringen, während sie vom Jahresurlaub auf einer griechischen Insel träumen? Die Antwort auf diese Frage kenne ich nicht, aber allein aus Sicht der Hummeln hoffe ich, dass sich nichts verändert hat – wenngleich ich da nicht sehr optimistisch bin. Es ist wie auf den Äußeren Hebriden fraglich, ob die jungen Leute sich noch damit zufriedengeben, ihren kleinen Familienbetrieb zu übernehmen. Außerdem spielen noch wichtige externe Faktoren mit – 2004 trat Polen der EU bei, nur zwei Jahre vor unserem Besuch. Die Gemeinsame Agrarpolitik spielt sicher ganz vorne mit beim Wettkampf um den Preis für das ungerechteste, undurchsichtigste und abartigste Gesetzespaket, das der Mensch je geschnürt hat, und ich fürchte, dass sie die außerordentliche Artenvielfalt, die noch bis vor kurzem in Teilen Polens und des übrigen Osteuropas vorherrschte, unvermeidlich zerstören wird. Die Gemeinsame Agrarpolitik wurde Ende der 1950er-Jahre eingeführt; Hauptziele waren eine Steigerung der Nahrungsproduktion durch Subventionen für die Modernisierung der Landwirtschaft sowie nachfrageunabhängige Preisgarantien für Agrarprodukte. Das klingt lobenswert, besonders für ein Europa, das nach dem Zweiten Weltkrieg beinahe 20 Jahre lang Lebensmittelrationen und Nahrungsknappheit gekannt hatte. Die Kehrseite aber war, dass wir die Zerstörung der europäischen Landschaften subventioniert haben, um Platz für die industrielle Landwirtschaft zu schaffen; dass wir riesige Nahrungsüberschüsse produziert, den Weltmarkt mit billigen, subventionierten Produkten überschwemmt und den EU-Bauern einen künstlichen Vorteil gegenüber den Bauern in den Entwicklungsländern verschafft haben, womit wir Millionen von Landwirten in anderen Teilen der Welt zu einem Leben in Armut verdammt haben. Die Gemeinsame Agrarpolitik wurde inzwischen unendlich oft nachgebessert, aber nie grundlegend reformiert. Im Wesentlichen besteht sie immer noch darin, Unsummen an EU-Steuergeld abzuschöpfen und damit die industrielle Landwirtschaft zu subventionieren, denn der Großteil der Gelder geht an multinationale Agrarkonzerne und Europas größte Landbesitzer, denen es allen bereits ziemlich gut geht; nur winzige Summen fließen an kleinere Agrarbetriebe, an die Produzenten nachhaltiger Lebensmittel und an Höfe in strukturschwachen Regionen – genau die also, die unsere Unterstützung verdient hätten. Bei dem Begriff *land grabbing* – das Aufkaufen großer Agrarflächen durch Großkonzerne, meist gefolgt von der Umsiedlung der Einheimischen und industrieller Agrarnutzung – denken wir vor allem an Afrika und Südamerika, aber in den letzten Jahren kam es dazu auch in Osteuropa, besonders in Ländern wie Rumänien, Serbien, Ungarn und der Ukraine. In Polen ist für den Landerwerb durch ausländische Unternehmen eine Sondergenehmigung erforderlich, doch dieses Gesetz läuft noch 2016 aus; danach können internationale Agrarkonzerne zu immer noch günstigen Preisen Land erwerben und dort ihr industrielles Agrarmodell einführen, und das alles mit erheblichen Subventionen durch unsere Steuergelder. Im Februar 2015 blockierten polnische Bauern mit ihren Traktoren landesweit Straßen, um gegen diese Bedrohung ihrer Existenzgrundlage zu protestieren, aber ob sie den Tsunami des »Fortschritts« werden aufhalten können, bleibt fraglich.

Die ganze Geschichte hat freilich auch eine positive Seite. Die Tatsache, dass die Landwirtschaft in Europa mit Steuergeldern subventioniert wird, bedeutet, dass die Steuerzahler auch das gute Recht haben, bei der Verwendung der Gelder mitzureden. Würde die Gemeinsame Agrarpolitik tief greifend umstrukturiert, um die Gelder von Großkonzernen an Kleinbauern umzulenken und nachhaltige, umweltfreundliche Agrarmethoden und regionale Nahrungsproduktion zu fördern, dann könnte sie den Bauern das Leben erleichtern, statt ihre Vernichtung zu subventionieren. Natürlich ist eine solche Umstrukturierung kein Kinderspiel, doch das ist kein Grund, es nicht zu versuchen. Aber das ist vielleicht eine Geschichte für ein andermal, oder vielleicht für ein anderes Buch.

Patagonien und Bombus dahlbomii

Sieh die Biene an
Weiß sie, dass sie stirbt und wann?
Fürchtet sie ein ungewisses Morgen?
Sieht sie Geister mit all ihren Augen?
Mal Campbell, aus Worship the Ant

Am 1. Januar 2012 flog ich von Heathrow aus über Frankfurt nach Buenos Aires, begleitet von meiner Doktorandin Jessica Scriven, die die Populationsgenetik und Ökologie der Kryptischen Erdhummel* in Großbritannien untersuchte. Das Wetter in Schottland war den ganzen Dezember über ziemlich *dreich*** gewesen, und wir freuten uns beide auf ein paar Wochen Sommersonne auf der Südhalbkugel. Unser selbst auferlegter Auftrag lautete, zu untersuchen, wie sich die europäischen Dunklen Erdhummeln auf die einheimische Fauna und Flora Südamerikas ausgewirkt hatten. Gerüchten zufolge war da eine ziemliche Katastrophe im Gang, die die Zukunft sämtlicher südamerika-

* Diese sehr passend benannte Hummel wurde in Großbritannien erst 2002 entdeckt – aus dem einfachen Grund, dass sie sich von der Hellen Erdhummel nur dann unterscheiden lässt, wenn man sich die Mühe macht, ihre DNA oder ihre Geschlechtspheromone zu analysieren. Die Folge ist, dass wir über diese Spezies praktisch nichts wissen – und daran will Jess etwas ändern.

** Der schottische Regionalismus *dreich* beschreibt feuchtes, nieseliges, kaltes Schmuddelwetter. Das Wort ist ziemlich nützlich, wenn man erklären will, wie in Schottland das Herbst-, Winter- und Frühlingswetter ist, und auch im Sommer kann man es oft ganz gut gebrauchen.

nischer Hummeln bedrohte, und ich wollte mit eigenen Augen sehen, was da los war und ob sich vielleicht irgendeine Lösung finden ließ.

Südamerika ist auf der Südhalbkugel der einzige Ort mit natürlichen Hummelvorkommen; wir nehmen an, dass die Gattung vor etwa 30 Millionen Jahren irgendwo im Osthimalaya entstanden ist und sich durch die gemäßigten Zonen der Alten Welt verbreitete, westlich nach Polen und irgendwann bis Benbecula, östlich nach Sibirien und dann über die Beringstraße nach Alaska und von dort aus ins übrige Nordamerika. Mit ihrer Größe und dem dichten Pelz wird es den Hummeln in warmen Klimazonen leicht zu heiß, daher wagten sie sich nie südlich Richtung Äquator vor – außer in Amerika, wo eine mehr oder weniger durchgängige Bergkette von den Rocky Mountains über Zentralamerika bis in die südamerikanischen Anden führt. Ein paar besonders abenteuerlustige Hummeln schlugen sich durch die kühleren Habitate dieser Hochlagen und erreichten vor vier bis 15 Millionen Jahren Südamerika. Was sie dort vorfanden, muss ihnen gefallen haben, denn sie diversifizierten sich zu heute 24 bekannten heimischen Hummelarten. Darunter sind ein paar wirklich merkwürdige Spezies, etwa *Bombus atratus,* die sich an ein Leben in den feuchtheißen tropischen Tieflagen Südamerikas adaptieren konnten, ein Lebensraum, den man normalerweise nicht mit Hummeln in Verbindung bringen würde. Diese vollständig schwarze Hummel mit dunklen, blauschwarzen Flügeln ähnelt oberflächlich den Holzbienen und steht in dem Ruf, ihr Nest absolut ohne Rücksicht auf Verluste zu verteidigen. Ihr Lebenszyklus unterscheidet sich ziemlich stark von »normalen« Hummeln, können doch Kolonien mehrere Jahre lang überleben, weil sie im Winter keine Entwicklungsruhe benötigen. In einem Nest können außerdem bis zu acht aktive Königinnen leben, die freilich offenbar viel kämpfen und am Ende bis auf eine auch alle getötet werden. Wie in Europa haben die Bestände einiger südamerikanischer Arten stark abgenommen, wahrscheinlich aufgrund intensiver Landwirtschaft. *Bombus bellicosus* zum Beispiel (»Kriegerische Hummel«), eine im offenen Grasland von Brasilien, Uruguay und dem nördlichen Argentinien ansässige Hummel, gilt in weiten Teilen ihres einstigen Verbreitungsgebiets als ausgestorben. Früher gab es sie in der Gegend von Buenos Aires, von wo sie aber offenbar verschwunden ist, und an anderen Standorten wurde sie in den letzten 25 Jahren nur sehr selten gesichtet.

Eine ganz bestimmte Hummel wollte ich unbedingt sehen: *Bombus dahlbomii,* die angeblich größte Hummelart der Welt, neben der die auch schon große Deichhummel wie eine Mücke aussieht. Außerdem sollte dieses großartige Tier einen prächtigen goldenen Pelz haben (um nicht von einem mythenumwobenen goldenen Vlies zu reden, aber das scheint mir für eine Hummel dann doch übertrieben). Sie ist so riesig, dass die Königinnen aussehen sollen wie fliegende Mäuse – aber diese ausladenden Dimensionen helfen ihr eben, sich in dem rauen, windigen Klima Patagoniens und Feuerlands warm zu halten. In der Südhälfte von Argentinien und Chile ist sie die einzige heimische Hummel, vor allem mit der gigantischen Bergkette der Anden wird sie stark assoziiert. Leider berichteten nun einheimische Forscher von einem rapiden Niedergang dieser herrlichen Art, weil sich in Südamerika europäische Hummeln als Invasoren breitmachen.

Wie man sieht, holt der Mensch weiterhin ungehindert Bienen aus einem Teil der Welt und lässt sie in anderen Teilen frei, und das trotz all der gut dokumentierten Katastrophen, die andere invasive Arten mit ihrer unkontrollierten Ausbreitung angerichtet haben, etwa Nerz und Grauhörnchen in Großbritannien oder die Aga-Kröte und Kaninchen in Australien. Wir haben die in Europa und Afrika heimischen Honigbienen bis auf die Antarktis in jedes Land der Welt verbreitet, und auch andere Bienen, also verschiedene Hummel- und eine ganze Menge kleine Solitärbienenarten, haben wir von einem Kontinent auf den anderen verbracht. Ende der 1980er-Jahre importierten chilenische Agronomen Feldhummeln aus Neuseeland als Kleebestäuber. Feldhummeln sind in Neuseeland selbst gar nicht heimisch, sondern wurden 1885 von Kent aus dort eingeführt, und zwar exakt aus demselben Grund; neuseeländische Bauern hatten festgestellt, dass ihr Rotklee keine Samen ansetzte, was sie schließlich darauf zurückführen konnten, dass es keine Hummeln gab, die ihn bestäubten. Wie in Polen verwendeten die Neuseeländer um 1880 und die Chilenen um 1980 Klee als Gründüngung zur Bodenaufbesserung. Warum die Chilenen mit der Bestäubung durch die heimische *dahlbomii* unzufrieden waren, ist unklar, aber vielleicht gab es in den tieferen Lagen, in denen Klee in der Regel angebaut wird, zu wenige davon – die *dahlbomii* ist eben eher in den Bergen und in kühlen Feuchtwäldern zu Hause. Aber egal, aus welchem Grund, jedenfalls wurden Feldhummeln eingeführt, ohne dass man sich viele Gedanken um die Auswirkungen machte, und schon bald hatten sie sich angesiedelt.

Chile ist ein Land mit eigenwilligen Umrissen, ein riesenlanger Landstreifen mit einer Nord-Süd-Ausdehnung von über 3000 Kilometern, eingeklemmt zwischen dem Pazifik im Westen und den Anden im Osten. Das Land erstreckt sich im Norden von der Atacamawüste, einer der trockensten Landschaften der Erde, bis in das regendurchtränkte Feuerland im Süden, der Landmasse, die der Antarktis am nächsten kommt. Die Feldhummeln wurden nahe der Hauptstadt Santiago eingeführt, die ganz grob in der Mitte von Chile liegt; von da aus breiteten sie sich nach Norden und Süden aus und ließen sich erst von den beiden klimatischen Extremen stoppen.

1994 wurden die ersten Feldhummeln im Nachbarland Argentinien registriert. Falls Sie geografisch nicht ganz trittfest sind, Argentinien liegt östlich der in Nord-Süd-Richtung verlaufenden Anden. Das Land ist etwa genauso lang wie Chile, in der Form aber in etwa dreieckig mit einer Spitze in Feuerland (das unglücklich zwischen Argentinien und Chile aufgeteilt ist) und einem eher knolligen Teil in der Mitte und im Norden, wo es Grenzen zu Brasilien, Paraguay und Uruguay hat. Wie in Chile bestehen enorme klimatische Unterschiede vom eiskalten, winddurchfegten Süden bis in die Hochgebirgswüsten im Nordwesten und die subtropischen Regenwälder im Nordosten. Die Anden als zweithöchstes Gebirge der Welt stellen fast über ihre gesamte Länge eine riesige Barriere zwischen Chile und Argentinien dar, und das ist auch gut so, denn die beiden Länder sind nicht gerade allerbeste Freunde. Allerdings ist das Gebirge nahe dem argentinischen San Martín de los Andes etwas niedriger, manche Bergpässe sind dort nur etwa 700 Meter hoch. Man nimmt an, dass über diese Pässe die Feldhummeln geflogen sind, und bald schon wurden sie in den saftigen gemäßigten Buchen- und Araukarienwäldern rund um San Martín sehr häufig. Mehrere Jahre lang schienen sie mit der *dahlbomii* zu koexistieren. Beide Arten sind langrüsselig, sie besuchen also ähnliche, tiefkelchige Blüten; daher kam die Sorge auf, sie könnten in einem Ökologielehrbuch von Gauses Konkurrenzausschlussprinzip gelesen und daraus geschlossen haben, dass sie nicht nebeneinander existieren konnten. Würden sich Feldhummeln als die Stärkeren erweisen und die einheimischen *dahlbomii* sukzessive auslöschen? Besonders liebten beide Arten die Nahrung, die ihnen die schönen scharlachroten und lila Blüten der heimischen Fuchsien boten. Seit den 1990er-Jahren erforscht die Entomologin Carolina Morales von der Universidad Nacional del Comahue in San Carlos de Bariloche gleich südlich von San Martín die regionalen Hummelbestände. Über Jahre hinweg zählte sie die verschiedenen Hummelarten und kam zu dem Schluss, dass die *dahlbomii* seit der Ankunft der Feldhummel etwas zurückgegangen war, dass dramatische Auswirkungen aber ausgeblieben waren. Eine Zeit lang war also alles gut – die beiden Hummelarten schienen erfreulicherweise auf das Konkurrenzausschlussprinzip zu pfeifen und kamen ohne größere Katastrophe miteinander aus. Doch leider war die Geschichte da noch nicht zu Ende.

Auch Dunkle Erdhummeln – die Art ist in Europa bekannt und beliebt und wurde erst kürzlich in einer Online-Abstimmung zum Lieblingsinsekt der Briten gekürt – wurden in weit entlegene Gebiete verschafft, und das sogar in noch größeren Zahlen als Feldhummeln. Dunkle Erdhummeln werden verbreitet zur Bestäubung von Tomaten eingesetzt, weshalb sie in europäischen Fabriken in riesigen Mengen – jährlich etwa zwei Millionen Nester – gezüchtet und von da aus weltweit vertrieben werden. Zeitgleich mit den Feldhummeln wurden sie 1885 von Kent nach Neuseeland verschifft, um die Kleebestäubung zu unterstützen, und 1991 breiteten sie sich nach Tasmanien aus, wobei ihnen wahrscheinlich ein Tomatenproduzent inoffiziell etwas unter die Arme griff. Um 2005 entkamen sie in Japan versehentlich aus Tomatengewächshäusern, leben jetzt wild und breiten sich stark aus, was Umweltschützern große Sorgen macht. Möglicherweise noch katastrophaler wird sich aber der Beschluss Chiles auswirken, auch auf den Zug aufzuspringen: Im Jahr 1998 wurden ebenfalls Dunkle Erdhummeln importiert – wahrscheinlich mochten sie sich mit einer einzigen gebietsfremden Hummel einfach nicht zufriedengeben. Man weiß nicht, welchen Daseinszweck man ihnen in Chile zugedachte – zur Bestäubung von Rotklee eignen sie sich nicht besonders, dafür sind ihre Rüssel zu kurz, aber vielleicht sollten sie ja Tomaten bestäuben.

Wozu auch immer sie gedacht waren, jedenfalls blieben die Dunklen Erdhummeln nicht brav sitzen, bis sie es herausgefunden hatten. Sie sind äußerst anpassungsfähig, mit Sicherheit die umtriebigste europäische Art, die in praktisch jedem Habitat, auch dem intensivst bewirtschafteten Agrarland, überleben kann und ein natürliches Verbreitungsgebiet von den marokkanischen Halbwüsten bis Norwegen und östlich bis Israel aufweist. Schnell richteten sich die Dunklen Erdhummeln in Chile auf ihre neue Umwelt ein und gingen auf Entdeckungsreise – und beim Ausschwärmen vermehrten sie sich. Dunkle Erdhummeln sind kurzrüsselig, ernähren sich also eher von ganz anderen, weniger tiefen Blumen als die langrüsseligen Feldhummeln und die *dahlbomii*. Natürlich werden diese Blüten von vielen Hundert in den Anden beheimateten Arten von Solitärbienen bestäubt, meist eher kleine Tiere mit kurzen Rüsseln, über die wir sehr, sehr wenig wissen; vielleicht leiden sie unter der Gegenwart dieses neuen Konkurrenten, vielleicht auch nicht. Dunkle Erdhummeln betreiben auch Nektarraub, stehlen also notfalls den Nektar aus tiefkelchigen Blumen, indem sie hinten oder seitlich ein Loch in die Blüte beißen; es gibt somit nur wenige Blüten, von denen sie sich nicht ernähren könnten.

2006, acht Jahre nach der Einführung in Chile, erreichten die ersten Dunklen Erdhummeln Argentinien, und zwar auf den Spuren der Feldhummeln über die Bergpässe nach San Martín. Sie vermehrten sich dort schnell sehr stark, und zu Carolinas Erschütterung waren die anderen zwei Hummelarten praktisch umgehend verschwunden. *Bombus dahlbomii,* einst die einzige

Hummel in dieser Gegend und im Sommer ein häufiger Anblick, war wie vom Erdboden verschluckt, und die allermeisten Feldhummeln gleich mit. Um San Martín und Bariloche ist das seither so geblieben. Carolina hat in den letzten neun Jahren nur eine Handvoll *dahlbomii* gesichtet und fürchtet, dass sie lokal jederzeit aussterben können.

Die Berichte von diesem dramatischen Niedergang der weltgrößten Hummel hatten mich nach Argentinien gelockt. Es gab ein paar sehr wichtige Fragen, die offenbar noch unbeantwortet waren. Was genau verursachte den Rückgang der *dahlbomii*? War es die Konkurrenz mit dem Invasor, oder ging da etwas anderes vor sich? Wie weit hatten die Dunklen Erdhummeln sich ausgebreitet, und verdrängten sie überall, wo sie hinkamen, die heimischen Hummeln? Ließ sich irgendetwas tun, um das Ruder noch herumzureißen?

So kam es also, dass Jess und ich morgens am 2. Januar 2012 in Buenos Aires landeten, mit Jetlag und verquollenen Augen. Die Vorfahren der *dahlbomii* waren vor vielleicht zehn Millionen Jahren nach Argentinien gekommen, die Feldhummeln 18 Jahre vor uns, und die Dunklen Erdhummeln waren damals erst seit sechs Jahren im Land. Wir mieteten ein Auto und machten uns auf die Suche nach Hummeln. Buenos Aires liegt an Argentiniens Ostküste am Südufer des Río de la Plata. Unser Plan war, direkt nach Westen bis Mendoza zu fahren, das etwa 1300 Kilometer nördlich von San Martín in den Vorgebirgen der Anden liegt, und dann südlich nach San Martín vorzustoßen; auf der ganzen Fahrt wollten wir nach Hummeln suchen. Niemand wusste, wie weit nördlich oder östlich die Dunklen Erdhummeln sich bereits ausgebreitet hatten, denn in Argentinien gibt es nur sehr wenige Entomologen. Wir wussten, dass wir irgendwo auf dem Weg auf ihre Vorhut treffen mussten. Inzwischen wollten wir auch sämtliche anderen

Hummeln registrieren, die wir fanden. Außer den *dahlbomii* sollen in Argentinien sieben Hummelarten heimisch sein, aber man weiß nur sehr wenig über ihre Verbreitung und noch weniger über ihre Ökologie.

Buenos Aires zu verlassen wurde schwieriger als erwartet. Die einzige Straße, die wir am Flughafen fanden, führte geradewegs nördlich ins Stadtzentrum. Wir hatten noch keine Gelegenheit gehabt, eine Landkarte zu kaufen, und so konnten wir uns an nichts orientieren und verfuhren uns beim Versuch, einen Weg nach Westen zu finden, hoffnungslos in diesem verblüffenden Straßengewirr, in dem sich verbeulte, qualmende Autos vorsintflutlicher Baujahre, glänzend neue SUVs, Pferdekarren und gelegentlich sogar Ziegen drängten. Schilder, die uns hätten helfen können, gab es nicht, Straßenmarkierungen waren selten, und sogar in einigen der größeren Straßen klafften gefährlich tiefe Schlaglöcher. Der Fahrstil der anderen Verkehrsteilnehmer war geprägt von einer beträchtlichen Flexibilität in Sachen Straßenverkehrsordnung, wenn es eine solche überhaupt gab; auf beiden Seiten schlängelten sich Autos an uns vorbei und scherten dabei noch unkontrolliert aus, um Schlaglöchern, Haustieren und den anderen Verkehrsteilnehmern auszuweichen. Die Vorfahrt hatte offenbar, wer am schnellsten war oder das klapprigste Fahrzeug hatte, ich hatte sie also nie. Zum Glück schien mein zögerliches Vorwärtskriechen die Einheimischen nicht zu stören, denn trotz mehrerer Beinahekollisionen wurden wir nicht ein einziges Mal angehupt. In kürzester Zeit hatte ich völlig die Orientierung verloren und bat Jess, vom Sonnenstand abzuleiten, wo Westen war. Doch auch das war ziemlich vertrackt, weil es Mittsommer und ungefähr mittags war, die Sonne stand also quasi senkrecht über uns; aber Jess gab ihr Bestes. Nach einer ausgedehnten Rundfahrt über die vornehmen, von Bäumen gesäumten Boulevards der

Innenstadt und unendlichem Gekurve durch die weniger anheimelnden Teile der Stadt kamen wir irgendwann nachmittags endlich auf die richtige Straße und begannen unsere Reise gen Westen.

Kaum hatten wir den Ballungsraum hinter uns, begann das größte Sojafeld, das ich je gesehen habe. Argentinien ist einer der weltweit größten Agrarexporteure, etwa ein Viertel des globalen Sojakonsums und fünf Prozent des Rindfleischs werden hier produziert. Buenos Aires ist umgeben von einer weiten, flachen, fruchtbaren Ebene, die sich 800 Kilometer weit ununterbrochen nach Westen erstreckt – die Fläche von 500 000 Quadratkilometern ist mehr als doppelt so groß wie ganz Großbritannien. Eigentlich besteht sie nicht aus einem, sondern aus Tausenden gigantischen rechteckigen Feldern, aber da sie nur von niedrigen Drahtzäunen und ganz vereinzelten Bäumen unterteilt werden und nicht etwa von Hecken, sah es aus wie ein einziges Riesenfeld, das unendlich weiterging. Gewaltige silberne Silos zur Sojaspeicherung ragten in regelmäßigen Abständen in den Himmel hinauf, sonst war der Horizont nur eine ununterbrochene Linie. Diese Plantagen sind ein beeindruckendes Beispiel für die Fähigkeit des Menschen, die Natur zu dominieren, Schädlinge und Unkräuter zu vernichten und auf Kosten aller anderen eine einzige Nutzpflanze anzubauen. Ungewöhnlich fanden wir, dass der Einsatz von genetisch verändertem Saatgut demonstrativ beworben wurde. In Europa begegnet man Genprodukten mit höchstem Misstrauen, in der Regenbogenpresse werden sie häufig effektheischend mit Frankenstein in Verbindung gebracht. Hier hingen an den Zäunen entlang der Straße großflächige Plakate, die ungeniert verkündeten, welche Genpflanze genau das grüne Meer dahinter bildete. Der Großteil dieser Sojabohnen wird halb um den Globus nach China verschifft, wo sie als Rinderfutter oder für Biokraftstoffanlagen verwendet werden. Beim Anblick dieser endlosen Ausdehnung von einförmigem Grün, so dachte ich mir, musste es doch jedermann einleuchten, dass wir dringend weniger umweltschädliche und effizientere Methoden zur Nutzung der wertvollen Ressourcen unserer Erde entwickeln sollten.

Normalerweise besuche ich liebend gern neue Länder, vor allem, um dort Natur und Landschaften zu entdecken, die ich noch nie gesehen habe; aber hier gab es nicht viel Vergnügliches. Für einen Biologen war diese Region Ostargentiniens deprimierend – kein Wunder, dass die Kriegerische Hummel verschwunden war, zusammen mit praktisch allem anderen, was hier einmal gelebt haben mag. Offensichtlich kamen massenweise Pestizide zum Einsatz, denn in den wenigen Flüssen, die wir kreuzten, gab es weder Fische noch Amphibien oder Raubvögel wie Grau- oder Silberreiher, die man in den Subtropen eigentlich zuhauf erwarten würde. Alle Flüsse waren zu schnurgeraden Kanälen begradigt worden, häufig einbetoniert, und die meisten waren kaum mehr als stinkende, leblose Kloaken. Ganz klar wurde statt irgendeiner Form des Fruchtwechsels Jahr für Jahr auf demselben Boden dieselbe Pflanze kultiviert; demnach müssen tonnenweise Kunstdünger ausgebracht werden, was dann wiederum die Verunreinigung der Flüsse befördert und giftige Algen gedeihen lässt. Die wenigen Städte, durch die wir kamen, waren meist trostlose, staubige Flächen, bevölkert allein von Händlern und Reparaturbetrieben für Agrarmaschinen sowie Verkaufsstellen für Chemikalien.

Unwillkürlich fragte ich mich, wie dieses Land wohl einmal ausgesehen hatte, bevor der Mensch es für seinen alleinigen Nutzen kaperte. So fruchtbar, wie dieser Boden war, stand hier vielleicht einmal ein dichter subtropischer Wald, vermutlich mit allerlei interessanten Bewohnern. Natürlich müssen wir

Menschen essen, natürlich müssen Landwirte von irgendetwas leben, aber es war einfach beschämend zu sehen, dass hier wirklich rein gar nichts übrig war von einem einst unermesslichen Wald.

Ehrlicherweise muss ich aber sagen, dass es doch ein paar interessante Highlights gab. An unserem zweiten Reisetag durch diese endlose Einöde hielten wir zum Mittagessen im Schatten von ein paar unpassend am Straßenrand herumstehenden australischen Eukalyptusbäumen, an deren Ästen in Kolonien mehrere riesige Nester von Grünsittichen hingen, enorm heiser lärmende Vögel, die uns von oben neugierig beäugten. Eine bestimmte Libellenart schien eine Resistenz gegen die Verschmutzung der Flüsse entwickelt zu haben und hatte sich stark vermehrt, mit schimmernden Flügeln schossen sie über die Straße. Man konnte ihnen beim Vorbeifahren unmöglich ausweichen, und an den Straßenrändern saßen kleine braune Raubvögel, die wir irgendwann als Chimangokarakaras identifizierten, und fraßen sich an den fertig bereitliegenden Libellenleichen satt. In der Nähe der Städte sah man häufig tote Hunde, deren aufgeblähte Leichname Scharen von viel größeren Schopfkarakaras anzogen, eine beeindruckende, adlergroße Vogelkarikatur wie aus *Alice im Wunderland*, mit stechendem Blick, Schopf, nacktem rotem Gesicht und überproportional langen zitronengelben Beinen. Sie ließen sich nicht im Geringsten stören, wenn wir vorbeifuhren, und starrten uns aus ihren orangenen Augen ohne zu blinzeln herausfordernd an.

Da wir ja eigentlich nach Hummeln suchten, hielten wir etwa alle 80 Kilometer und sahen uns um; wie ich es früher schon an vielen Orten wie der Salisbury Plain oder im Gorce-Gebirge getan hatte, explorierten wir das Umfeld jeweils eine Stunde lang. Bewusst wählten wir Stellen, an denen am Straßenrand wenigstens ein paar Pflanzen wuchsen, meist Sonnenwend-Flockenblumen, Ackerkratzdisteln und Karden, alles gebietsfremde Arten, die wahrscheinlich versehentlich von frühen Siedlern eingeschleppt worden waren. Doch sosehr wir uns auch bemühten, wir fanden keine einzige Hummel, obwohl es oft von Honigbienen summte und wir auch hin und wieder riesige schwarze Holzbienen fanden; bei ihrem Anblick geriet ich immer kurz in Verzückung, weil ich hoffte, es würde sich um die schwarze Hummelsorte *Bombus atratus* handeln. Die prächtigen, aber leicht ängstlichen Holzbienen sind so groß wie Hummeln, tiefschwarz und lila schillernd, aber sie gehören zu den Solitärbienen und sind trotz der äußerlichen Ähnlichkeit nur entfernt mit Hummeln verwandt.*

Gegen Ende unseres zweiten Reisetages nach Westen wirkte das Land allmählich etwas weniger florierend, die Felder waren

* Holzbienen heißen sie, weil sie Löcher ins Holz beißen, um darin ihre Nistgänge anzulegen. Vor vielen Jahren, kurz nach dem Uni-Abschluss, beschlossen mein alter Schulfreund Dave (der Taubendreckdieb) und ich, mit dem Rad durch die Sahara ins westafrikanische Kamerun zu fahren. Es war eine wahnwitzige Unternehmung und blieb auch nur ein Teilerfolg, aber immerhin hatten wir ein paar unvergessliche Erlebnisse und brachten auch ein gutes Stück der Strecke hinter uns. Beim Campen in der Wüste bestand eine der Schwierigkeiten darin, genügend Brennstoff für das Lagerfeuer aufzutreiben, um unser Abendessen zu kochen. Häufig benutzten wir dafür getrockneten Kameldung, der auch relativ gut brannte, allerdings auf der Unterseite unseres Blechtopfs eine entsetzlich klebrige Teerschicht hinterließ. Unvergessen bleibt der Tag, an dem wir, als es dämmerte, unser Abendlager aufschlugen und ein Büschel sprödes, blattloses Gestrüpp bemerkten; daraus holten wir uns mehrere Äste und machten damit ein schönes Feuer, das uns vor der abendlichen Kühle schützen würde. Leider hatten wir im Halbdunkel nicht gemerkt, dass die Äste hohl waren und voller überwinternder Holzbienen steckten. Sobald die Äste Feuer fingen, stieg daraus ein überraschendes Summen empor, und kurz danach sahen wir die ersten großen schwarzen Bienen, die sich zu retten versuchten. Rauchende, angesengte und wütende Bienen sausten bald in allen Richtungen herum und ließen den Abend unter den Wüstensternen sehr viel weniger erholsam werden, als wir es uns erhofft hatten.

nicht mehr so üppig bepflanzt und stellenweise schütter. Mein Navi sagte mir, dass wir unmerklich bergauf gefahren waren und uns jetzt auf etwa 600 Metern Höhe befanden, obwohl wir nichts gesehen hatten, was auch nur annähernd die Bezeichnung Hügel verdient hätte. Auch der Verkehr hatte stetig abgenommen, sodass jetzt häufig kein anderes Fahrzeug in Sichtweite war. Nach der Stadt San Luis war der fruchtbare Gürtel plötzlich zu Ende; vor uns erstreckte sich eine endlose Ebene mit niedrigem Dornengestrüpp, und die schnurgerade, leere Straße vor uns war das einzige Zeichen menschlichen Eingriffs in der Landschaft. Nach dem intensiv genutzten Agrarland hätte der Gegensatz krasser nicht sein können, obwohl es auch hier nicht weniger monoton zuging. Wir hielten und vertraten uns die Beine zwischen den dornigen, hüfthohen Akazien. Es gab jede Menge Insekten; winzige einheimische Bienen umschwärmten die wenigen blühenden Büsche, und der steinige Boden wimmelte von diversen Käfern. Die Stille durchbrachen nur die abgehackten Rufe der Singzikaden, diese rührend hässlichen, zwiebelköpfigen Insekten, die im dürren Gestrüpp herumhingen. Oben kreisten schwarze Geier, wahrscheinlich hofften sie, wir würden bald krepieren. In der Ferne sahen wir kleine Tornados über die Ebene wandern, die in krumm verdrehten Spiralen Staub und Blätter hoch in den Himmel aufwirbelten.

Wir fuhren weiter westwärts, aber da es in der Landschaft keinerlei markante Stellen gab und die Straße keine Kurven machte, fühlte es sich manchmal an, als kämen wir überhaupt nicht voran. Alle 80 Kilometer suchten wir weiter nach Hummeln. Das war jetzt viel interessanter, weil wir jede Menge neue Insekten zu sehen bekamen, aber Hummeln fanden wir immer noch keine. Wir mieteten uns für die Nacht in einer kleinen Stadt namens La Paz ein, die sich urplötzlich vor uns erhob. Ich konnte mir einfach nicht vorstellen, womit die Leute hier ihren Lebensunterhalt verdienten. Nach La Paz wurde die Landschaft etwas grüner, und ein paar tapfere Seelen hatten versucht, am Straßenrand Felder zu roden und Wein anzupflanzen, aber keine der Flächen wirkte besonders produktiv. Immer weiter stieg die Straße sachte an, und je höher wir kamen, desto üppiger wurden die Weinberge, breiter, ordentlich gepflegt und mit gesunden Weinstöcken in langen Reihen quer durch die Landschaft. Am westlichen Horizont direkt vor uns hing eine blaugraue Wolkenbank. Der Landkarte zufolge näherten wir uns allmählich den Anden, aber die Landschaft wirkte weiterhin mehr oder weniger merkmalslos. Als wir an die Stadt Mendoza herankamen, wurde die Wolkenbank höher und plastischer, mit Falten und Schatten. Jess und ich merkten praktisch zeitgleich, dass das gar keine Wolkenbank war, sondern eine steil aufragende Reihe riesiger Berge, deren Gipfel in Wolken gehüllt waren. Wir hielten an und starrten eine Weile staunend auf das Panorama, machten auch Bilder, die aber kläglich scheiterten, die großartige Szene einzufangen. Wir waren an der Stelle, wo die Anden am höchsten sind; der Aconcagua, der höchste Berg des amerikanischen Doppelkontinents, ist nur knapp unter 7000 Meter hoch.

Mendoza schmiegt sich ins Vorgebirge dieser mächtigen Gipfel, und die gleichnamige Provinz ist das Zentrum der argentinischen Weinbauregion, die zu Recht berühmt ist für ihre fruchtigen, würzigen Malbec-Reben. Auf den kühlen Berghängen gedeiht der Wein, das nötige Wasser liefert die Schneeschmelze, die im Frühling aus den schneebedeckten Bergen rinnt. Bis Mendoza hatten wir circa 1100 Kilometer hinter uns gebracht und etwa 15 völlig ergebnislose einstündige Hummeljagden durchgeführt. Wir fragten uns, ob es überhaupt noch einheimische argentinische Hummeln gab und, wenn ja, wo sie sich versteckten. Die meisten Hummeln bevorzugen ein kühles Klima, weshalb wir als nächsten logischen Schritt versuchen wollten, in den Anden weiter nach oben zu gelangen. Alten Museumsbelegen zufolge kam die *dahlbomii* früher tatsächlich so weit nördlich vor, außerdem müsste es hier noch mehrere weitere Arten geben. Westlich von Mendoza fanden wir eine unbefestigte Straße, die in einer steilen Kurve in die Berge hinaufführte. Die Vegetation wechselte von Weinbergen zu halbwüsten Felshängen, auf denen vereinzelt tonnenförmige Kakteen standen, dann zu üppigerem, subalpinem Gebüsch. Als wir uns allmählich dem Aconcagua näherten, wurde der Himmel dunkler, und an den bleigrauen Wolken, die seinen Gipfel einhüllten, zuckten Blitze. Und genau hier entdeckte Jess endlich unsere erste südamerikanische Hummel. Es war eine Königin der *Bombus opifex,* eine ziemlich große, überwiegend gelbe Hummel mit rötlichem Ende. Sie besuchte gerade eine Ackerkratzdistel und ließ sich von uns überhaupt nicht stören, sodass wir uns hinsetzten und sie bewunderten, während über uns der Donner grollte. Als wir rundum durch das Gebüsch zogen, fanden wir schnell noch mehr *opifex,* überwiegend Arbeiterinnen und häufig an verschiedenen Distelsorten. Als wir später auf dieser Straße bis auf 2000 Meter Höhe fuhren, kamen wir in ein Gebiet mit sehr viel wilden Löwenmäulchen, und auch die schien die *opifex* sehr zu lieben.

Die folgende Nacht verbrachten wir in der Kleinstadt Uspallata, ein hübscher, unauffälliger Ausgangspunkt für Touristen, die im Hochgebirge wandern oder auf den wilden Bergbächen raften wollen. Wir feierten mit einer Flasche Bier der Marke »Andes« – es wäre doch geradezu unhöflich gewesen, das nicht zu tun –, gefolgt von einem köstlichen Steak und einer Flasche lokalem Rotwein.* Angesichts der Höhe war es erstaunlich warm, und wir aßen draußen mit Blick auf leuchtend grüne Kolibris, die durch die lila Blüten der Bäume an der Straße schossen, während hoch über uns der Aconcagua thronte. Es war ein durch und durch angenehmer Abend.

Am nächsten Morgen fuhren wir noch weiter ins Gebirge hinein und bis an die chilenische Grenze auf beinahe 3000 Metern Höhe. Wir hofften, so weit nördlich im kühlen Hochgebirge *Dahlbomii*-Populationen anzutreffen, aber so gründlich wir auch suchten, wir fanden keine. Ausfindig machten wir hin und wieder ein paar weitere *opifex*, von denen viele hübsche rosa Korbblütler besuchten. Den ganzen Tag über hingen drohende Sturmwolken über uns, und wenn wir mit unseren Netzen draußen im Freien waren, holten sie uns häufig ein und durchnässten uns mit riesigen, eiskalten Regentropfen. Gegen Abend fuhren wir zurück nach Mendoza, und von da aus begannen wir den nach Süden führenden Teil unserer 6000-Kilometer-Reise Richtung San Martín. Ein paar Tage lang folgten wir der Hauptstraße, die östlich der Anden durch das flachere Land führte, vorbei an wohlhabenden Bodegas, üppigen Weinbergen und Apfelplantagen. Bei jeder Gelegenheit machten wir Abstecher nach Westen und fuhren wieder in die Berge, um nach Hummeln zu suchen; unser armes Mietauto musste auf den steinigen Pisten einiges mitmachen. In weiten Teilen wurden die Berge intensiv von großen Ziegenherden beweidet, überwacht von berittenen Gauchos in traditioneller Kleidung:

* In der argentinischen Küche war Gemüse offenbar fast unbekannt – Standardgericht waren riesige Steaks und Pommes. Das Frühstück in den unterschiedlichen Herbergen und Hotels, in denen wir logierten, bestand aus den immer gleichen, croissantartigen *Medialunas*, Schnittkuchen und einem grauenhaften, unnatürlich leuchtend orange gefärbten Orangensaftgetränk. Gegen Ende der Reise hatte ich Angst, ich würde demnächst an Beriberi oder Skorbut erkranken.

breitkrempige Hüte, Ponchos und spektakulär weite Hosen. Ich erinnerte mich, dass ich als Schulkind in Erdkunde etwas über Gauchos gelernt hatte – ich weiß noch, dass ich stundenlang einen malte –, aber ich bin mir sicher, dass uns erzählt wurde, sie hüteten etwas Imposanteres als Ziegen. Wir überlegten, ob sie sich wohl extra für die Touristen so anzogen, aber das erschien uns doch unwahrscheinlich, weil wir in diesen entlegenen Bergtälern sichtlich die einzigen Besucher waren. Die Ziegen hatten natürlich die meisten Blüten abgefressen, sodass wir nur wenige Hummeln fanden; allerdings gab es ein paar isolierte Populationen der *opifex*, und das erstaunlich weit südlich, nahe der ländlichen Handelsstadt Malargüe etwa 300 Kilometer hinter Mendoza.

Nach Malargüe ließ die Straße die Weinberge hinter sich und schlängelte sich beinahe 160 Kilometer weit durch eine steinige Wüste, bis sie den Río Grande kreuzte. Der breite, schnell fließende braune Fluss kam westlich aus einer steilwandigen Felsschlucht und strömte in ein breites Tal mit flacher Sohle, wo er sich zwischen Kiesbänken in zahlreiche Arme aufteilte. Auf der anderen Seite der Brücke lag ein totes Pferd, aus seinem Hinterleib ragte etwas, das aussah wie ein Zaunpfosten. Gleich hinter dem unglücklichen Tier drängte sich ein halbes Dutzend einfacher Häuser inmitten von ein paar Morgen frischgrünen Feldern in der ansonsten trockenbraunen Landschaft. Es sah aus, als könnte es hier Bienen geben, daher hielten wir, um nachzusehen. Die Felder lagen gut geschützt hinter imposanten Zäunen, für die dornige Akazienzweige ineinander verflochten worden waren – vielleicht sollten sie die Pumas vom Vieh fernhalten. Genauso erfolgreich hielten sie freilich Entomologen fern, und ich konnte den kleinen Streifen grüner Felder nur auf dem kiesigen Flussufer umrunden. Als ich an einem Stück, wo das Gras auf der Weide höher gewachsen war, durch den Zaun spähte, fielen mir Blüten mit einer charakteristischen blauen Färbung auf – das war ganz ohne Zweifel Gewöhnlicher Natternkopf. Wenn es hier überhaupt Hummeln gab, dann mit Sicherheit dort, denn sämtliche Bienenarten lieben diese Blume, weil sie großzügige Mengen zuckerreichen Nektar bereithält. Für mich ist der Gewöhnliche Natternkopf ganz eng mit glücklichen Sommertagen verbunden, an denen ich Hummeln gejagt habe, denn es gibt ihn an fast allen der allerbesten Hummelorte in Großbritannien; in der Salisbury Plain, im Kies und den Dünen von Dungeness und in den Küstendünen und Sümpfen im Mündungstrichter der Themse. In Neuseeland ist er eine invasive Pflanze, die in den trockenen Gebieten inzwischen große Teile der Schafweiden dominiert, die Landschaft in eine Decke kobaltblauer Blüten hüllt und für die britischen Hummeln, die heute dort leben, einen Hauptteil ihrer Nahrung stellt.* Ich habe immer welchen im Garten, er ist pflegeleicht und sieht im Staudenbeet großartig aus. Angeblich kann man ihn sogar als Heilpflanze bei Schlangenbissen (daher wahrscheinlich sein Name) und Bienenstichen anwenden; ausprobiert habe ich das aber nie.

Zum Glück fand ich eine Stelle, an der ich über den Dornenzaun klettern konnte, was ich dann auch etwas verlegen tat, immer in der Erwartung, dass gleich ein wütender Landwirt über mich herfallen würde. Tatsächlich waren da ganze Schwärme von Bienen – Holzbienen, Honigbienen, jede Menge verschiedene Solitärbienen – und Hummeln. Mit einer kurzen Untersuchung stellte ich fest, dass es sich dabei um die Invasoren

* In *Und sie fliegt doch* erzähle ich, wie 1885 von Kent aus Hummeln nach Neuseeland eingeführt wurden, und von Versuchen, die Erdbauhummel von dort aus wieder in Großbritannien anzusiedeln, wo diese Art inzwischen ausgestorben war; ihr letztes bekanntes Siedlungsgebiet in Großbritannien liegt in Dungeness.

handelte, die Dunklen Erdhummeln – und zwar nicht nur eine oder zwei, sondern Dutzende, sie waren überall und ließen es sich auf dem Natternkopf schmecken. Hier also war die Vorhut, die von San Martín aus nordwärts vorstieß.

Einerseits war es beglückend, so alte Bekannte anzutreffen. Dunkle Erdhummeln sind mit Abstand am leichtesten in Gefangenschaft aufzuziehen, ich habe sie also im Lauf der Jahre in verschiedenen Experimenten Stunden um Stunden studiert. Doch obwohl wir wussten, dass wir ihnen irgendwo auf unserem Weg begegnen mussten, hatte ich gehofft, dass es dazu nicht ganz so schnell kommen würde. Ein kurzer Blick auf die Landkarte bestätigte, dass wir immer noch etwa 900 Kilometer nördlich von San Martín waren; diese Strecke hatten die Erdhummeln in nur acht Jahren zurückgelegt. Wenn man bedenkt, dass sie normalerweise pro Jahr nur eine Generation haben und dass die Nester selbst ganz bestimmt nicht wandern können (außer ich unterschätze ihre Cleverness), dann muss dieses ganze Gebiet von Königinnen besetzt worden sein, bevor sie jeweils ihr Nest bauten; jede einzelne muss also im Schnitt mehr als 100 Kilometer zurückgelegt haben. Das ist eine außerordentliche Leistung – in Tasmanien und Neuseeland breiteten sich die Dunklen Erdhummeln nach ihrer Einführung sehr viel langsamer aus, pro Jahr nur um wenige Kilometer, bis sie dann irgendwann doch die beiden Inseln vollständig besiedelt hatten. Wir hatten nicht geahnt, dass Hummelköniginnen solche monumentalen Flugstrecken überhaupt bewältigen konnten. Obwohl es sich um eine gebietsfremde Art handelte, die möglicherweise den heimischen Hummeln schweren Schaden zufügte, überkamen mich doch unwillkürlich Zuneigung und keine geringe Bewunderung für diese zähen Tierchen, die in Europa ein gewohnter Anblick waren und sich in dieser fremden Welt tapfer ein neues Glück schmiedeten. Schließlich war es ja ursprünglich nicht ihre Idee gewesen, nach Südamerika zu kommen, und dass sie sich so erfolgreich schlagen, können wir ihnen schwerlich zum Vorwurf machen.

Ich rief Jess herüber, und gemeinsam fingen wir eine Stichprobe von Hummeln und konservierten sie in Alkohol, um sie später zu screenen, also zu bestimmen, welchen Krankheitserregern sie als Träger dienten. Es waren so viele Hummeln unterwegs, dass ich einmal versehentlich zwei auf einmal im Netz hatte, ein richtiger Anfängerfehler. *Ein* Insekt aus dem Netz in ein Glas zu bekommen ist mit ein bisschen Übung keine große Sache, aber wenn gleichzeitig eine zweite empörte Biene im Netz herumsurrt, eine wirkliche Herausforderung. Mitleidige Seelen lassen einfach beide frei, aber ich kann nie widerstehen, sie beide gleichzeitig ins Glas bekommen zu wollen. Das Ergebnis ist praktisch unvermeidlich ein Stich in der Hand, und so war es auch diesmal. Glücklicherweise stellte sich Jess mit ihrem Netz wieder einmal hervorragend an und fing jede Menge Exemplare, während ich fluchend herumstolperte und an meinem schmerzenden Daumen lutschte.

Und weiter ging es gen Süden, viele Meilen am Río Grande entlang. Trotz des Wassers gab es nur wenige Blumen und keine Bienen. Wir kamen in ein spektakuläres Gebiet mit aktiven Vulkanen, etwas weiter westlich ragten mehrere schöne kegelförmige Gipfel auf. Der Fluss hatte sich durch tiefschwarzes erstarrtes Lavagestein gegraben, und unsere Straße wurde zu einer groben Kiespiste, während sie mühselig dem Fluss durch diese großartige, aber ungastliche Landschaft zu folgen versuchte. Es war heiß wie im Backofen, und die schwarzen Felsen speicherten noch die Sonnenhitze und erzeugten schimmernde Luftspiegelungen. Es gab praktisch kein Pflanzenleben, oder eigentlich fast gar kein Leben außer Stubenfliegen, die in Schwärmen auf uns herniederstoben, als wir für unser mittägliches Picknick hielten. Eine ähnliche Erfahrung hatte ich 30 Jahre zuvor mitten in der Sahara gemacht. Wie diese Insekten es fertigbringen, an solchen Orten zu überleben, ist mir ein völliges Rätsel.

Nach weiteren etwa 250 Kilometern erreichten wir ein Stück willkommenes Grün rund um die kleine Stadt Chos Malal, und da fanden wir auch sofort haufenweise Dunkle Erdhummeln. Ich konnte nur staunen, wie sie es geschafft hatten, die Landschaft zu durchqueren, durch die wir gerade gefahren waren. Für uns war es mäßig beschwerlich gewesen, mit Unterstützung eines klimatisierten Autos, von literweise Wasserflaschen und einem leckeren Picknick – wie eine Königin sich durch diese blumenlose Einöde schlagen konnte, war wirklich schwer vorstellbar.

Von hier an und südlich bis San Martín blieb die Lage dann ziemlich die gleiche. Die Straße führte durch weitere ausgedehnte, aride Steinwüsten, aber bei jedem Fleckchen Grün gab es auch gleich zahlreiche Dunkle Erdhummeln; und egal, wie mühsam wir suchten, heimische Hummeln fanden wir nicht, und schon gar keine goldenen Riesenhummeln. Jedes Mal fingen wir eine Stichprobe von Erdhummeln und konservierten sie in Alkohol, dann fuhren wir weiter. Während der Fahrt überlegten wir hin und her, warum die Dunklen Erdhummeln sich hier wohl so verbreitet hatten. Vermutlich profitierten sie von den vielen europäischen Unkräutern, etwa Gewöhnlichem Natternkopf und Disteln, die wir am Straßensaum wachsen sahen. Vielleicht gefiel es ihnen auch, dass sie nicht mehr mit den vielen anderen kurzrüsseligen Hummelarten konkurrieren mussten, die sich in ihrer europäischen Heimat wie etwa in Polen tummelten. Mit einer gewissen Wahrscheinlichkeit hatten sie auch viele ihrer natürlichen Parasiten abgehängt, zum Beispiel die Tracheenmilben, die ihre Atemwege infizieren, oder Blasenkopffliegen, die sie bei lebendigem Leibe von innen auffressen. Natürlich würden wir nach unserer Heimkehr an unseren Stichproben genau untersuchen können, welche Parasiten und Krankheiten sie tatsächlich bewirteten.

Etwa 80 Kilometer vor San Martín wurde der Horizont vor uns plötzlich grau und düster verhangen. Es ähnelte dem Smog, den ich über Städten wie Los Angeles oder Seoul habe liegen sehen. Die Straße, der wir über ein Felsplateau gefolgt waren, führte plötzlich über den Rand einer mächtigen Schlucht hinab und schlängelte sich auf schmalen Simsen waghalsig an der Felswand entlang nach unten. Ich hielt am Straßenrand. Es hätte ein wirklich überwältigender Anblick sein können, eine kaum weniger gigantische Version des Grand Canyon, nur war eben die Luft, wie ich glaubte, mit Smog beladen; nur vereinzelt konnten wir das Tal übersehen, wenn der Nebel im frischen Wind absank und hochwirbelte. Wir stiegen aus, und mit einem Schlag war uns klar, dass das hier kein Smog war, sondern Sand und Staub, der uns in den Augen juckte und uns beide niesen ließ. Riesige schwarze Vögel stiegen mit den Aufwinden empor, insgesamt waren es acht. Sie waren nur schlecht zu sehen, ich blinzelte im sandigen Wind, aber ich sah ihre weißen Halskrausen und stellte fest, dass sie weiter weg waren, als ich zunächst gedacht hatte; das hieß, sie waren deutlich größer – es waren nämlich Kondore, die größten fliegenden Vögel der Welt. Ein spektakulärer, ein unheimlicher Anblick, wie diese riesengroßen Geier lautlos in der von Staub durchwirbelten Luft hingen.

Wir sahen ihnen nach, solange unsere Augen ihnen folgen konnten, dann fuhren wir weiter abwärts auf den Boden des Canyons. Kurz darauf durchquerten wir die kleine Stadt Junín de los Andes, wo die Vegetation plötzlich völlig verändert war. Auf dem Talboden fanden wir üppige grüne Wälder vor, die ersten Wälder seit ungefähr 2500 Kilometern, und weiter westlich erreichten wir eine abwechslungsreiche Landschaft mit bewaldeten Hügeln, hell sprudelnden Flüssen und eisblauen Seen. Hätte nicht weiterhin der Staub in der Luft gehangen, so wäre es hier atemberaubend schön gewesen. Diese Wälder erstrecken sich südlich bis San Martín und dahinter bis San Carlos de Bariloche. Der Großteil von Argentinien liegt im Regenschatten der Anden – die Hauptwinde kommen von Westen und regnen beim Aufsteigen über Chile ab, sodass die Luft, wenn sie auf der Ostseite der Berge wieder absinkt, trocken ist. Um San Martín aber ist die Bergkette weniger hoch, sodass feuchte Pazifikluft bis hierher gelangen und diese wunderschönen Wälder mit Regen versorgen kann. Natürlich ist das auch der Grund, weshalb die eingeschleppten Hummeln, sowohl die Feld- als auch die Dunklen Erdhummeln, an dieser Stelle aus Chile nach Argentinien herüberkamen.

Noch einmal hielten wir und suchten nach Hummeln. Es gab jede Menge Blumen, und die Erdhummeln waren zahlreich. Zwischen den Bäumen wuchsen spektakuläre Bestände von Inkalilien und lila Fuchsien. Ich fing die erste und einzige Feldhummel, die wir auf unserer gesamten Reise sahen, eine Königin, die am Straßenrand eine Stockrose besuchte. Bis 2006 war die riesige *dahlbomii* in dieser Gegend ein häufiger Anblick gewesen, aber wie wir ja bereits befürchtet hatten, konnten wir nicht eine finden.

Als die Straße weiter nach Südwesten führte, wurde der Staub immer dichter und wurden die Hummeln weniger zahlreich. Auf dem Boden lag eine regelrechte Staubdecke, die Vegetation war mit einer blassgrauen Schicht bedeckt – und irgendwann dämmerte mir, dass es sich um Asche handelte. Wir hatten gehört, dass vor etwa zwei Monaten gleich hinter der chilenischen Grenze ein Vulkan ausgebrochen war, der noch immer Bimsstein und Asche spie, aber da ich aus einem Land komme, in dem so etwas nicht vorkommt, hatte ich eine Weile gebraucht, bis mir klar war, was ich da vor mir sah. Wir kamen an Seen vorbei, die auf ihrer Leeseite teilweise von einer Bimssteinschicht bedeckt waren – schwimmende Bimssteininseln, und wie wir später erfuhren, konnte man direkt nach dem ersten, stärksten Ausbruch buchstäblich über diese Seen gehen, so dick war die treibende Schicht. Die wenigen Dunklen Erdhummeln, die wir fanden, guckten ziemlich traurig aus der Wäsche – sie waren selbst von Staub bedeckt und versuchten, an aschebedeckten Blüten Nektar zu saugen. Ihre Pollenpakete waren bestimmt mit Asche durchmischt, und ich vermutete, dass das vielleicht die Larven getötet hatte, oder vielleicht waren viele der Nester auch einfach selbst unter der Asche begraben worden und die Hummeln kamen einfach nicht mehr heraus. Bestimmt musste man sämtliche Bienenarten hier mit der Lupe suchen.

Wir durchquerten San Martín, eine hübsche Touristenstadt am Ufer eines lang gezogenen Sees, beliebt bei Wanderern im Sommer und Skifahrern im Winter. Die meisten Häuser hatten Schweizer und deutsche Siedler im alpinen Landhausstil mit viel rohem Holz gebaut, und so wirkte die Gegend wie ein deplatziertes Stückchen Schweiz mitten in Südamerika; den Eindruck verstärkten noch die umliegenden Berge mit ihren schneebedeckten Gipfeln. Wir machten Pause in einem Café, das nichts anderes auf der Karte hatte als 25 Varianten heiße Schokolade und dazu riesige Stücke von einem köstlichen Schokoladenkuchen.

Durch hübsch bewaldetes Gelände fuhren wir noch einen Tag lang bis Bariloche und ließen dabei die Aschewolke größtenteils hinter uns; dort trafen wir schließlich Carolina und ihre Doktorandin Marina Arbetman. Marina hatte kürzlich ihr

Dissertationsprojekt über die Auswirkungen der Erdhummel-Invasion begonnen. Sie hatte versucht, ihre Ausbreitung von San Martín aus südwärts zu kartieren, und hatte sie noch in El Calafate gefunden, ganze 1200 Kilometer südlich. In dem expandierenden Verbreitungsgebiet der Erdhummeln hatte sie praktisch nirgends *dahlbomii* gefunden, aber eine Kollegin hatte berichtet, sie habe vor wenigen Tagen an einem nahe gelegenen See eine gesichtet. Marina nahm uns mit, um nach ihr zu suchen. Hier war wirklich sehr viel weniger Asche, und die Gegend war von einer atemberaubenden Schönheit, mit spitz gezähnten, von Gletschern bedeckten Bergen als Hintergrund für die leuchtend türkisen Seen. Das Gebiet ist als Nationalpark ausgewiesen, eingehüllt in dichte Wälder und mit einem großen Wildblumenreichtum. Wir gingen zu Fuß am Ufer des Lago Nahuel Huapi entlang, an der Stelle, wo kürzlich die *dahlbomii* gesichtet worden war und wo Carolina seit vielen Jahren regelmäßig Hummeln zählt. Am Ufer reihten sich Arrayán-Bäume *(Luma apiculata)*, knorrig und schief von den sicher scharfen Winden, die im Winter über den See fegen. Diese Bäume trugen zarte weiße Blüten, die die *dahlbomii* einst besonders mochten; doch wir sahen nichts als Dunkle Erdhummeln. Und außerdem jede Menge anderes: taubengroße blau-weiß-rostrote Rotbrustfischer, die am Seeufer jagten, und in Schwärmen vorbeifliegende olivgrüne Grünsittiche. Trotzdem schluckten wir schwer an unserer Enttäuschung. 1300 Kilometer von Mendoza aus südwärts hatten wir das historische Verbreitungsgebiet der *dahlbomii* durchquert, aber gesehen hatten wir keine einzige. Jetzt war klar, dass sie in fast ihrem gesamten bekannten Verbreitungsgebiet dem Aussterben nahe war. Hinter El Calafate sind es nur noch 300 Kilometer bis Feuerland, und von da aus noch einmal etwa genauso weit bis an die äußerste Spitze von Südamerika. Bei der derzeitigen Ausbreitungsrate schien es wahrscheinlich, dass die Dunkle Erdhummel diese Südspitze in zwei bis drei Jahren erreicht hätte, und das könnte das Ende der *dahlbomii* bedeuten.

Was also ist die Ursache für den Niedergang der goldenen Riesenhummel? Diese Frage erörterten wir ausführlich mit Marina und Carolina. Dass es sich um eine Konkurrenz mit den Dunklen Erdhummeln handelt, scheint unwahrscheinlich. Ihre unterschiedliche Rüssellänge lässt sie unterschiedliche Blüten bevorzugen, wenngleich sie einige Blumenarten auch beide besuchen. Langrüsselige und kurzrüsselige Arten koexistieren anderswo in der Welt durchaus, etwa in Polen leben Dutzende von Arten glücklich und zufrieden nebeneinander. Außerdem schien uns die *dahlbomii* in einem viel zu hohen Tempo abzunehmen, als dass sich das rein durch Konkurrenz erklären ließe.

Wir diskutierten einen möglichen Krankheitsbefall. Über Hummelerkrankungen ist in den meisten Teilen der Welt nur wenig bekannt, aber wir wissen, dass sie an diversen Infektionen leiden können, die von Erregern wie Protozoen, Bakterien, Pilzen und Viren ausgelöst werden. Als die Spanier die Neue Welt eroberten, infizierten sie die indigenen Einwohner mit allen möglichen europäischen Krankheiten, gegen die sie kaum oder gar nicht resistent waren. Krankheiten wie die Masern, von denen Europäer normalerweise schnell und ohne Spätfolgen genesen, verliefen dort plötzlich tödlich. Die Auswirkungen waren katastrophal, vielleicht wurden bis zu 95 Prozent der Gesamtbevölkerung von Nord- und Südamerika innerhalb weniger Jahrzehnte ausgelöscht. Ganze Zivilisationen wie die der Azteken kollabierten und konnten dann von winzigen Streitkräften der europäischen Invasoren leicht überrannt werden. Neuere Forschungen belegen sogar, dass erhebliche Teile des Amazonasbeckens, die man lange für primären, unveränderten Urwald hielt, in Wirklichkeit große Zivilisationen und ausgedehntes Agrarland bargen, bis sie vor etwa 500 Jahren durch diese Krankheiten ausgelöscht wurden, die sich als Vorhut der Europäer selbst weit voraus ausbreiteten. Überwiegend funktionierte dieser Vorgang nur in einer Richtung, aber als kleine Rache für ihr trauriges Schicksal vermachten die amerikanischen Ureinwohner den Europäern immerhin die Syphilis.*

Ging es den Hummeln jetzt ähnlich? Mein Doktorand Pete Graystock hatte kürzlich mehrere raffinierte Experimente durchgeführt und nachgewiesen, dass Bienenkrankheiten zwischen Bienen verschiedener Arten übertragen werden können, ohne dass die einzelnen Tiere sich dabei tatsächlich begegnen müssen. Wenn eine infizierte Biene eine Blüte besucht, kontaminiert sie diese mit Parasitentröpfchen, vielleicht indem sie mit ihren Mundwerkzeugen den Nektar verunreinigt oder die Blütenblätter durch den Kontakt mit ihren Beinen und dem Körper. Die nächste Biene sammelt die Parasiten dann ahnungslos auf, schluckt sie entweder oder trägt sie nach Hause in ihre Kolonie. Pete prägte den präzisen Begriff der *florally transmitted diseases* (blütenübertragene Krankheiten), kurz FTD. Waren die Dunklen Erdhummeln Träger von irgendetwas, wogegen sie selbst weitgehend resistent waren, so konnte sich das leicht auf einheimische Hummeln übertragen. Allerdings ist diese Hypothese schwer zu überprüfen. Es sind praktisch keine *dahlbomii* mehr übrig, wir können sie also gar nicht untersuchen, um herauszufinden, woran sie sterben. Ginge einem mit viel Glück eine der seltenen Überlebenden ins Netz, so wäre es wahrscheinlich eine der wenigen, die der Krankheit aus dem

* Diese Tatsache ist leicht umstritten, manche behaupten, es habe die Syphilis in Europa bereits vor der Neuentdeckung Amerikas gegeben; der erste klare Beleg für die Krankheit in Europa ist freilich auf 1494 in Neapel datiert, was doch verdächtig nahe auf den Fersen der ersten europäischen Heimkehrer aus Amerika ist.

Weg gegangen waren, oder vielleicht eine von ganz wenigen Exemplaren mit natürlicher Resistenz. Durch eine Untersuchung der Invasoren lässt sich feststellen, welchen Krankheiten sie als Träger dienen – deswegen hatten wir ja auch Stichproben von den Dunklen Erdhummeln genommen –, aber welche Krankheit die Einheimischen umbringt, erfahren wir dadurch nicht, wenn es überhaupt eine Krankheit ist.

Marina hatte mit ihrer Arbeit bereits begonnen und festgestellt, dass viele Dunkle Erdhummeln in der Gegend von Bariloche mit *Apicystis bombi* infiziert waren, einer Krankheit, die wir von Hummeln in Europa und in Nordamerika kennen. In Europa wird diese Krankheit Hummeln manchmal zum Verhängnis, doch viele Individuen, die Träger des Pathogens sind, sind offenbar völlig symptomfrei. Diese Krankheit war in Südamerika zuvor noch nicht beobachtet worden, andererseits hatte auch noch kaum jemand danach gesucht, der Befund ist also schwer zu interpretieren. Es ist zwar relativ plausibel, dass die Krankheit mit den Dunklen Erdhummeln eingeschleppt wurde und die Ursache für den Niedergang der *dahlbomii* ist, aber sicher können wir das nicht sagen.

Bei unserer späteren Untersuchung der konservierten Erdhummeln aus Argentinien stellten wir fest, dass viele von ihnen auch mit einer zweiten Krankheit infiziert waren, *Crithidia bombi*. Es handelt sich dabei um Trypanosomen, verwandt mit dem Erreger der in Afrika von der Tsetsefliege übertragenen Schlafkrankheit, die bei Hummeln eine Darminfektion verursachen. Infizierte Hummeln weisen verschiedene Symptome auf – ihre Ovarien sind tendenziell kleiner, und sie sind anscheinend etwas dümmer, also weniger lernfähig. Sie können sich nicht so gut merken, welche Blumen sich am meisten lohnen. *Crithidia bombi* gab es in Südamerika bereits vor der Einführung der Erdhummel, aber die Invasoren trugen genetisch unterschiedliche Stämme, die sie wahrscheinlich aus Europa mitgebracht hatten. Vielleicht ist auch das die Ursache für den Kollaps der *dahlbomii*?

Eines ist jedenfalls klar: Es muss noch viel geforscht werden, um genau sagen zu können, was da los ist. Es sollte möglich sein, Museumsexemplare der *dahlbomii* zu nutzen, um festzustellen, an welchen Krankheiten sie schon litten, bevor die Dunklen Erdhummeln Einzug hielten. Vielleicht klingt es etwas verzwickt, herausfinden zu wollen, welchen Krankheitserregern eine schon lange tote Hummel aus dem Insektenkasten als Wirt diente, aber die moderne Gentechnik ist sehr messstark und sollte die DNA des Pathogens identifizieren können. Marina ist in dieser Richtung bereits tätig, und bisher hat sie an einer kleinen Stichprobe alter *dahlbomii* keine *Apicystis* detektiert; aber sie hatte nicht viele Exemplare zur Verfügung und konnte auch das negative Ergebnis nicht zweifelsfrei garantieren; vielleicht war auch ihre Methode fehlerhaft. Sie bräuchte eigentlich dringend alte Museumsexemplare von Hummeln, die nachweislich an *Apicystis* gelitten hatten, um sie als »Positivkontrolle« zu nutzen, aber solche Hummeln haben wir nicht.

Vielleicht geben ja auch die Feldhummeln einen Hinweis darauf, was eigentlich los ist. Feldhummeln in Argentinien wurden von der Ankunft der Dunklen Erdhummel offenbar fast genauso schlimm getroffen wie die *dahlbomii*. Überraschend ist das deshalb, weil die Feldhummeln ebenfalls aus Europa stammen, man könnte also erwarten, dass sie gegen europäische Krankheiten resistent sind. Andererseits kamen die Feldhummeln in Chile und Argentinien aus Neuseeland, wo sie seit ihrer ursprünglichen Einführung aus England etwa 100 Jahre gelebt hatten. Wenn sie 100 Generationen lang in Neuseeland einem bestimmten Krankheitserreger nicht ausgesetzt waren, könnten sie ihre Resistenz dagegen durchaus verloren haben. Damit muss die Grundursache, wenn es sich überhaupt um eine Krankheit handelt, etwas gewesen sein, was in Europa vorkommt, aber nicht nach Neuseeland verbracht wurde, als die Hummeln dort eingeführt wurden. Ein glücklicher Zufall wollte, dass ich einige Jahre zuvor in Neuseeland Stichproben von Feldhummeln gesammelt hatte; es ließe sich also relativ leicht feststellen, welche Krankheiten dort verbreitet sind – ich brauche nur noch Finanzspritzen, damit wir uns die Untersuchung leisten können.

Ich hoffe, wir können mit etwas zusätzlicher Detektivarbeit die Ursache für den Rückgang der *dahlbomii* diagnostizieren – aber was dann? Wir können ja nicht die übrigen Hummeln in Feuerland impfen, bevor sie ganz ausgestorben sind. Denkbar wäre, ein Zuchtprogramm zu starten, aber das wäre äußerst kompliziert, weil diese Spezies bisher noch nie in Gefangenschaft aufgezogen wurde; außerdem könnten wir sie wahrscheinlich nicht wieder auswildern, solange wir keine Technik entwickelt haben, die das Problem dauerhaft lösen würde. Einer der originelleren Vorschläge, der mir gemacht wurde, lautete, wir sollten eine *dahlbomii* aus Feuerland auf die Falklandinseln evakuieren, wo es überhaupt keine Hummeln gibt. Das dortige Klima ist dem argentinischen recht ähnlich, ich habe aber keine Ahnung, ob es geeignete Blumen gibt und ob die *dahlbomii* dort wirklich überleben würde. Vielleicht könnte ein britisch-argentinisches Hummelrettungsprojekt ja auch die erbärmlichen politischen Beziehungen zwischen unseren beiden Ländern aufbessern? Andererseits fragt sich, ob wir mit so einem Unternehmen nicht vielleicht mehr Schaden anrichten als Gutes tun. Mit Sicherheit gibt es auf den Falklandinseln irgendwelche heimischen Bestäuber, und die könnten unter der Konkurrenz mit einer neuen Hummel leiden oder sich sogar mit

Krankheiten infizieren, die bei der *dahlbomii* natürlich vorkommen. So reizvoll diese Idee auch klingt, insgesamt betrachtet denke ich, wir sollten uns nicht noch weiter in Dinge einmischen, die wir nur zum Teil verstehen, damit wir nicht am Ende alles noch viel schlimmer machen.

Möglicherweise hat die Einführung der Dunklen Erdhummel noch viel fatalere Folgen als den Niedergang der *dahlbomii*. Wir haben zum Beispiel keine Ahnung, wie die anderen südamerikanischen Hummelarten reagieren werden, wenn sie mit diesem neuen Invasor in Kontakt kommen. Falls die Krankheitshypothese stimmt, sind wahrscheinlich auch die anderen heimischen Spezies dafür anfällig. Die hübschen *opifex* waren 2012 nur ein kleines Stück nördlich von der Bugwelle der Dunklen Erdhummeln auf dem Weg nach Mendoza, und 2015, während ich das hier schreibe, sind die Populationen, die Jess und ich noch vorgefunden haben, mit einiger Wahrscheinlichkeit bereits überrannt worden. Werden auch sie verschwinden? Noch weiter nördlich gibt es noch viele weitere Hummeln. 24 Arten besitzt Südamerika insgesamt, viele von ihnen leben in den peruanischen und kolumbianischen Anden. Wie weit werden es die Erdhummeln schaffen? Wir wissen es nicht. Aus ihren bekannten Klimatoleranzen sollte sich eine Vorhersage ableiten lassen – in Europa erstreckt sich ihr Verbreitungsgebiet wie gesagt von Schottland bis Südspanien und auch bis Marokko, Teneriffa und östlich bis in die ariden Landschaften des Mittleren Ostens. Diese Tiere sind eindeutig höchst robust und anpassungsfähig, vielleicht weitaus mehr als jede andere Hummelart, und wenn sie der kühlen Gebirgskette der Anden nordwärts folgen, könnten sie Südamerika zu großen Teilen besiedeln. Wissen werden wir das aber nur mit der Zeit.

Ganz hoffnungslos ist die Lage nicht. Womöglich ist es in Feuerland zu kalt für die Dunkle Erdhummel, was ich allerdings bezweifle; aber falls doch, könnte es ein Zufluchtsort für die *dahlbomii* bleiben. Vielleicht gibt es unbekannte, entlegene Bergpopulationen der *dahlbomii* in Teilen der Anden, in die Dunkle Erdhummeln nicht gelangen können. Und die vielleicht größte Hoffnung sind die gelegentlichen Sichtungen der *dahlbomii* nahe Bariloche acht Jahre nach Ankunft der Dunklen Erdhummel. So wie einst ein kleiner Anteil der Indigenen in Amerika den Ansturm der Krankheiten überlebte, könnten vielleicht diese überlebenden *dahlbomii* in einem bestimmten Ausmaß resistent sein. Wenn genügend überlebt haben, könnte ihre Population sich vielleicht langsam erholen, denn das Habitat, in dem sie einst so gut gediehen, ist noch da und wartet nur auf sie.

Von Bariloche aus fuhren wir weiter in Richtung Osten. Ich wäre nur zu gern weiter nach Süden vorgestoßen, bis wir irgendwann doch ein paar *dahlbomii* zu Gesicht bekommen hätten, aber dazu hatten wir keine Zeit mehr; und wir wussten, was wir in dieser Richtung finden würden, weil Marina bereits dokumentiert hatte, wie weit die Dunkle Erdhummel sich von Bariloche aus südwärts ausgebreitet hatte. So fuhren wir also östlich von den Anden weg, um die Ausbreitung der Erdhummeln fertig zu beschreiben und um herauszufinden, ob es zwischen Bariloche und der Atlantikküste irgendwelche heimischen Hummeln gab. Schon bald lagen die üppigen Wälder hinter uns, und wir befanden uns wieder in einer ariden, ungastlichen Felslandschaft. Vorbei ging es an fantastischen Kalksteinformationen, Gesteinsschichten, die sich vor etwa 100 Millionen Jahren auf dem Meeresgrund abgelagert hatten und jetzt seitlich geneigt und durch Vulkanaktivität verformt worden waren. Zur Abwechslung von der Hummeljagd kletterten wir eine Zeit lang durch die Felsen und suchten nach Fossilien. Überall gab es Ammoniten, längst ausgestorbene Weichtiere aus dem einstigen Meer. In Patagonien wurden mehrere markante Fossilienfunde gemacht, darunter mehrere Dinosaurierarten – aber wir stießen auf längst nicht so Aufregendes.

Zwar fanden wir keine Dinosaurierfossilien, aber als wir am nächsten Tag um eine Kurve fuhren, erblickten wir einen echten Dinosaurier, der gerade einen Menschen verspeiste – zumindest sah es so aus. Aus unersichtlichen Gründen hatte irgendjemand eine lebensgroße Fiberglas-Replik von einem der größeren räuberischen Dinosaurier gebaut und hier mitten im Nichts aufgestellt. Ein Passant hatte genau unter den klaffenden Kiefern sein Auto geparkt, war auf das Dach geklettert und hatte sich dann mit einem Sprung an die Zähne gehängt – und das just, als wir angefahren kamen.

Auf unserer Fahrt an die ferne Ostküste durchsuchten wir jeden geeigneten Blumenbestand nach Hummeln, aber auf der restlichen Reise sollten wir nicht eine finden, egal, von welcher Spezies. Wir bekamen viel Überwältigendes zu sehen – zum Beispiel Nandus, riesige Laufvögel, die erstmals Charles Darwin während seiner Reise auf der Beagle ausführlich beschrieben hatte. Die meisten waren in Familienverbänden mit einem Dutzend oder mehr Jungvögeln unterwegs. Es gab Guanakos und Lamas, die in kleinen Gruppen durch die trockenen Ebenen hüpften – aber so intensiv wir auch suchten, wir fanden keine Bienen. Dunkle Erdhummeln sind offenbar in den Osten nicht weit vorgedrungen, was überrascht, wenn man bedenkt, wie weit sie sich nördlich und südlich ausgebreitet haben, zumal die vorherrschenden Winde sie ostwärts tragen würden. In der Tat liegt direkt östlich von Bariloche ein ausgedehntes, fast wüstenartiges Gebiet, aber das ist auch nicht schlimmer als die Gelände, die sie auf dem Weg nach Norden queren mussten. 300 Kilometer östlich fanden wir gut bewässerte, blumenreiche Gelände, die eigentlich einen guten Lebensraum für sie abgeben würden, und ich vermute, dass sie dort auch irgendwann ankommen werden.

Noch weiter östlich querten wir die Pampa, riesig ausgedehnte Grassteppen mit vereinzelt stehenden Akazien, die im Frühling viele Blüten tragen. Das sah eigentlich nach einem guten Ort für die eine oder andere Hummelart aus, aber wir fanden keine. Hier hüteten die Gauchos dann doch imposantere Tiere, denn diese Region beherbergt 50 Millionen Stück Vieh. Nach beinahe 6000 Kilometern holpriger, staubiger Straßen erreichten wir schließlich nahe der Stadt Bahía Blanca die Ostküste. Dort gab es einen schönen Sandstrand, und wir gingen uns gleich in dem herrlichen Wasser abkühlen; aber fast sofort stach mich eine ziemlich scheußliche Qualle, die mir den Spaß gründlich verdarb. Die Tentakel klebten mir an den Füßen und riefen rote Schwellungen hervor, die aussahen wie Striemen von Peitschenhieben.

Die Einführung europäischer Hummeln nach Südamerika ist eine dieser Sauereien in der langen Geschichte abzusehender menschengemachter Katastrophen. Als es dazu kam, hätten wir es schon längst besser wissen müssen. Wahrscheinlich hofften ein paar Landwirte auf besseren Profit, wenn sie auf ihren chilenischen Feldern Dunkle Erdhummeln einsetzten – und dafür bezahlt jetzt die Fauna eines gesamten Kontinents. Möglicherweise werden 24 Hummelarten durch diese eine Gedankenlosigkeit ausgelöscht. Bisher ist keine Lösung für das Problem in Sicht, und die Uhr lässt sich nicht zurückdrehen. Hoffentlich wird der tatsächliche Grund für den Niedergang der *dahlbomii* ausfindig gemacht, und vielleicht dient das künftig wenigstens als fundierter Informationsinput, wenn anderswo über die Einführung gebietsfremder Hummeln nachgedacht wird. Vielleicht haben die im nördlichen Südamerika heimischen Hummeln ja auch eine der Syphilis vergleichbare

Hummelkrankheit in petto, die die Ausbreitung der Dunklen Erdhummel stoppen könnte.

Die neuesten Nachrichten aus Südamerika lauten im Januar 2016, dass die Dunkle Erdhummel die Nordküste der Magellanstraße erreicht hat. An den schmalsten Stellen ist diese Meerenge nur zehn Kilometer breit, das wird sie also kaum lange aufhalten. Der chilenische Entomologe José Montalva startete mit Erfolg eine Kampagne, um die *dahlbomii* bekannt zu machen und die Bevölkerung aufzurufen, Belege für Sichtungen sowohl der heimischen als auch der eingeschleppten Arten einzusenden. Weiterhin werden in den Invasionsgebieten noch einige *dahlbomii* gesichtet, man kann also hoffen, dass diese Individuen womöglich gegen die europäischen Krankheiten resistent sind. Es wird spannend sein, zu beobachten, wie es weitergeht; aber wir können jetzt wirklich nichts weiter tun, als die Daumen zu drücken und das Beste zu hoffen. Und ich hoffe auch, dass ich eines Tages eine goldene Riesenhummel zu Gesicht bekomme, eine lebendige Hummel in ihren heimischen Wäldern; aber wenn ich nicht ziemlich bald einen dringenden Grund für eine Reise nach Feuerland finde, stehen die Chancen wohl eher schlecht.

Kalifornien und die Franklin-Hummel

> Biologische Vielfalt ist chaotisch. Sie läuft, krabbelt, schwimmt, schwirrt und surrt. Das Artensterben dagegen ist stumm, es hat keine andere Stimme als unsere. *Paul Hawken*

Im Frühjahr 2013 wurde ich an einen Standort der University of California nach Davis eingeladen, um ein paar Vorträge über meine Hummelforschung zu halten und das Forscherteam um Neal Williams zu treffen. Neal ist Bienenbiologe, ein schlaksiger, lockerer und außerordentlich sympathischer Kerl, dem ich schon mehrmals auf Konferenzen begegnet war; ich wusste, dass er in hochinteressanten Projekten der Frage nachging, wie sich Bestäuberpopulationen auf dem kalifornischen Agrarland am besten unterstützen ließen. Ich war also gespannt, was ich dort über diese Vorhaben erfahren würde. Ein zusätzlicher Anreiz meiner Reise bestand außerdem darin, dass Davis in unschlagbarer Nähe zu den letzten bekannten Verbreitungsgebieten der Franklin-Hummel liegt.

Die Geschichte der Franklin-Hummel ist leider traurig. Ohne die Arbeit eines einzelnen Menschen, Robbin Thorp, wüssten wir über diese Spezies fast gar nichts. Robbin ist ebenfalls in Davis ansässig, wo er seine gesamte lange Karriere verbracht hat. Über Jahre konzentrierte er sich vor allem auf Honigbienen und die Bestäubung von Nutzpflanzen, doch mit zunehmendem Alter interessierte er sich immer mehr für Wildbienen und damit auch für die beiden Hummel- und die vielen Solitärbienenarten in Kalifornien. Als er vor inzwischen 20 Jahren emeritiert wurde, konnte er tun und lassen, was er wollte, und beschäftigte sich gezielter mit Hummeln; regelmäßig unternahm er dazu Feldstudien in den gesamten USA und anderswo. Das meiste, was wir über die Franklin-Hummel wissen, hat Robbin zusammengetragen.

Die Franklin-Hummel ist eine gut aussehende, mittelgroße Hummel, fast vollständig samtschwarz mit einem schicken, breiten gelben Kragen, der sie geradezu soldatisch wirken lässt. Benannt wurde sie 1921 nach Henry J. Franklin, der 1913 die erste Monografie über die Hummeln Nord- und Südamerikas verfasste und die Spezies als Erster beschrieb. Aus Franklins Arbeit und den Museumsexemplaren ist zu erschließen, dass die Franklin-Hummel immer auf eine relativ kleine geografische Fläche an der Grenze von Kalifornien und Oregon beschränkt war; damit hat sie von allen Hummeln das kleinste bekannte natürliche Verbreitungsgebiet. Wie so oft haben wir keine Ahnung, warum sie sich ausgerechnet dieses Gebiet aussuchte – wir können nicht feststellen, dass sie in irgendeiner Weise besonders wählerisch wäre, aber irgendetwas band sie fest an genau diesen Standort. Sie ernährte sich von relativ verbreiteten Pflanzen, unter vielen anderen von Lupinen, kalifornischem Mohn und Agastachen. Über ihre Nistplätze wissen wir nicht viel, aber wahrscheinlich nutzte sie wie viele andere Hummeln verlassene Nagerbauten. Bis etwa 1994 fand man sie relativ häufig, wenn man wusste, wo man suchen musste; und das wusste Robbin.

Unglücklicherweise ereignete sich Mitte der 1990er-Jahre in Nordamerika eine Katastrophe. In nur wenigen Jahren verschwand praktisch auf einen Schlag eine ganze Gruppe Hummeln vom gesamten Kontinent. Die betroffenen Hummeln waren alle eng verwandt als Angehörige der Untergattung *Bombus* (zur Klärung: Alle Hummeln gehören zur Gattung *Bombus*, die sich aber in zahlreiche Untergattungen unterteilt, und eine davon heißt verwirrenderweise ebenfalls *Bombus*). Darunter waren auch einige der verbreitetsten Hummeln Nordamerikas; die Rostbraungefleckte, die Gelbgestreifte und die Westliche Hummel. Von heute auf morgen waren diese Spezies nicht mehr allgegenwärtig, sondern selten oder unauffindbar. Aus großen Abschnitten ihres Verbreitungsgebiets verschwanden sie ganz. Zum Glück blieben von den meisten von ihnen irgendwo welche übrig; so findet man zum Beispiel immer noch Rostbraungefleckte Hummeln an wenigen Standorten in Illinois und Iowa, also im Nordwesten ihres ursprünglich sehr ausgedehnten Verbreitungsgebiets im gesamten östlichen Nordamerika. Der Gelbgestreiften Hummel geht es offenbar in Teilen von Maine und Vermont noch ganz gut, und die Westliche Hummel ist in Alaska noch einigermaßen verbreitet, während sie aus etwa drei Vierteln ihres Verbreitungsgebiets verschwunden ist. Leider bildet die Franklin-Hummel hier eine Ausnahme. Sie gehört zwar zur selben Untergattung, aber anders als die anderen war sie auch vorher schon nur lokal vertreten mit einem vergleichsweise winzigen Verbreitungsgebiet von etwa 300 mal 100 Kilometern. 1995 fiel Robbin auf, dass es weniger von ihnen gab als sonst, und dann reduzierte sich die Population von Jahr zu Jahr. 2006 waren sie verschwunden. Seitdem war Robbin noch oft in ihrer früheren Heimat an der Grenze von Kalifornien und Oregon, aber gefunden hat er nie wieder welche.

Was also ist da passiert? Am ehesten tippen wir auf etwas Ähnliches wie die Tragödie in Südamerika, obwohl diesmal nicht mutwillig gebietsfremde Hummeln eingeschleppt wurden. Die Ursache für den Niedergang der ganzen Gruppe wurzelt vielleicht in der Kommerzialisierung der Hummelzucht in den 1980er-Jahren in Belgien. Der Veterinär und Bienenliebhaber Dr. Roland De Jonghe entdeckte, dass Hummeln äußerst effizient Tomaten bestäuben – Honigbienen sind für diesen Job ziemlich hoffnungslose Kandidaten –, und er fing an, Dunkle Erdhummeln zum Verkauf zu züchten. Zuvor hatten bereits Wissenschaftler zu Forschungszwecken kleine Mengen von Nestern gezüchtet, aber niemand hatte versucht, den Prozess für die Massenproduktion aufzurüsten. Die Nachfrage nach De Jonghes Nestern war gigantisch,* und das nicht nur in Belgien, sondern auch im Ausland, und 1990 waren in Belgien und den Niederlanden bereits mehrere Fabriken entstanden, mit denen rivalisierende Unternehmen die globale Nachfrage nach Hummelnestern zu befriedigen versuchten.

Auch nordamerikanische Tomatenzüchter wollten jetzt Zugang zu dieser neuen Technologie, aber anders als in Chile war der Import gebietsfremder Arten dort gesetzlich verboten. Techniken zur Massenzucht nordamerikanischer Arten standen damals noch nicht zur Verfügung; und wie genau man dabei vorging, hielten die europäischen Hummelzüchter streng geheim. Ich durfte – ein seltenes Privileg – die drei größten europäischen Fabriken besichtigen, aber für jedes der Unternehmen musste ich eine Vertraulichkeitserklärung unterschreiben, damit ich keine Geheimnisse verrate. Interessanterweise hatten die Fabriken recht unterschiedliche Zuchtmethoden entwickelt, aber da sie ihr Wissen nicht mit ihren Konkurrenten austauschen, können sie den Prozess nicht weiter optimieren. Leider kann ich nichts Genaueres berichten, wenn ich mich nicht vor Gericht wiederfinden möchte.

* Weltweit produzieren wir jährlich irrsinnige drei Billionen Tomaten, von denen die meisten durch Hummeln bestäubt werden.

Natürlich konnten bei dieser Geheimniskrämerei die Amerikaner nicht einfach anfragen, wie sie am besten ihre eigenen Hummelzuchtfabriken aufbauten. Wie genau die Sache dann vor sich ging, ist etwas unklar, aber angeblich wurden Königinnen von einigen nordamerikanischen Arten in die europäischen Fabriken geschickt; dort wollte man sehen, ob sie Geschlechtspartner dazu bringen konnten, mit ihnen Kolonien zu gründen. Diese Nester wurden dann nach Nordamerika zurückgesandt. Das klingt auch einigermaßen plausibel, die Suche nach stichfesten Belegen erweist sich aber als schwierig; und die Bienenzuchtbetriebe hüten sich, ihre Beteiligung an diesem Prozess einzuräumen; warum, werden wir gleich sehen.

Leider scheint es bislang offenbar unmöglich, in Massenproduktion Hummelnester zu züchten, die garantiert frei von Krankheitserregern sind. In der Natur ziehen sich Hummeln die verschiedensten Krankheiten zu, verursacht durch Viren, Bakterien und Pilze, und diese geraten unweigerlich auch in die Zuchtbetriebe, wenn dort mit wilden Königinnen neue Kulturen begonnen werden. Außerdem müssen die Hummelnester mit Pollen ernährt werden, der den Stöcken von Honigbienen entnommen wird, weil sich die benötigten Tonnen von Pollen anders nicht kosteneffizient auftreiben lassen (versuchen Sie einmal selbst, Pollen von Blüten zu sammeln; Sie werden bald feststellen, dass Bienen das sehr viel besser können als Menschen). Hummeln und Honigbienen haben viele Krankheiten gemeinsam; dieser Pollen ist also ein weiteres Eingangstor für die versehentliche Einschleppung von Bienenkrankheiten in die Fabriken. Die bemühen sich zwar redlich, Krankheiten auszumerzen, weil sie natürlich das Geschäft schädigen, doch eine neuere irische Studie wies 2012 nach, dass die Nester aus allen europäischen Fabriken häufig mit einer ganzen Reihe unschöner Krankheitserreger kontaminiert sind.*

Mit großer Wahrscheinlichkeit hatten die nordamerikanischen Hummelnester, die aus Europa zurückkamen, sich eine oder mehrere europäische Krankheiten eingefangen, die dann in die wilden Hummelpopulationen Nordamerikas entkamen. Anders als in Patagonien wird die Krankheit also nicht durch eine invasive Hummelart verbreitet, sondern vermutlich durch die heimischen Arten selbst. Robbin vermutet einen virulenten Stamm der Pilzerkrankung durch *Nosema bombi,* die eine Art Hummeldurchfall auslöst. Wenn es wirklich eine Krankheit war, wissen wir trotzdem noch nicht, warum sie sich derart heftig auf eine Untergattung ausgewirkt hat und nicht auf die übrigen nordamerikanischen Arten; allerdings mag es von Bedeutung sein, dass in den europäischen Fabriken vor allem die Dunkle Erdhummel gezüchtet wurde, die ebenfalls der Untergattung *Bombus bombus* angehört. Vielleicht sind außerdem die Hummelarten, die nicht erkrankt sind, manchmal doch Träger des Erregers, ohne aber Symptome zu entwickeln.

Abschließende Belege für diese Erklärung sind freilich auffällig inexistent. Genau wie bei der *dahlbomii* verlief der Kollaps dieser nordamerikanischen Hummelpopulationen in einem solchen Tempo, dass er die Forscher auf dem falschen Fuß erwischte, und bis jemand gemerkt hatte, was da gerade vor sich ging, war schon praktisch alles vorbei. Niemand konnte mehr tote Hummeln ausfindig machen und feststellen, woran sie gestorben waren. Die überlebenden Populationen waren vermut-

* Der Leiter dieser Studie, Tom Murray, bekam nach der Veröffentlichung von den kommerziellen Hummelzüchtern gerichtliche Konsequenzen angedroht, wenn er seine Veröffentlichung nicht zurückzöge; doch glücklicherweise tat er das nicht, was am Ende dann auch folgenlos blieb.

lich die, die über eine gewisse natürliche Resistenz verfügten: Selbst wenn das Pathogen identifiziert und sie im Experiment damit in Berührung gebracht würden, würden sie vielleicht gerade nicht sterben.

Ein kluger Ansatz, das Rätsel zu lösen, besteht in genau dem, was Marina in Argentinien tut – an Museumsexemplaren, in diesem Fall von vor 1990, mit bestimmten Gentechniken die DNA von Pathogenen zu vermehren und diese dann zu identifizieren. Dieses Material lässt sich daraufhin mit den Pathogenen vergleichen, die heute in Nordamerika bei Wildbeständen präsent sind; alles, was mit kommerziellen Hummeln eingeschleppt wurde, dürfte es vor 1990 noch nicht gegeben haben. An der University of Illinois läuft im Labor von Sydney Cameron derzeit so ein Projekt, hoffentlich wissen wir in einem oder zwei Jahren also mehr darüber; allerdings verschafft uns das natürlich keine Lösung für das eigentliche Problem. Wenn eine nicht heimische Art – egal, ob Hummel, Krankheit oder Aga-Kröte – einmal eingeschleppt wurde, lässt sie sich selten wieder ausrotten, und bei einem mikroskopischen Parasiten würde das sogar unweigerlich scheitern.

Nun flog ich also Ende April nach Kalifornien; es war eine unendlich lange Zickzackreise, von Glasgow nach Amsterdam, nach Portland (Oregon) und schließlich südlich nach Sacramento. An einem schönen Frühlingsnachmittag waren wir auf dem letzten Abschnitt der Reise, und trotz meiner Müdigkeit drückte ich mir am Fenster die Nase platt. Portland sah nach einer angenehmen, grünen Stadt aus, entzweigeschnitten vom Columbia River und umgeben von Seen und Wäldern. Richtung Süden ließen wir die Zivilisation schnell hinter uns und überflogen wildes, abgelegenes Bergland, dichte Wälder, aus denen unter uns spitze, schneebedeckte Gipfel aufragten. Noch jetzt, Ende April, waren die höher gelegenen Seen gefroren und mit Schnee bedeckt, weiße Flecken zwischen den endlosen schwarzen Wäldern, in denen ich mir jede Menge Bären, Elche und Wapitis vorstellte. Weiter südlich fiel das Land ab und war etwas weniger zerklüftet, mit mehr Siedlungen und mehr blassgrünen Weideflächen, auf denen die Wälder gerodet worden waren. Hier, genau unter mir, lag das Herz des Franklin-Landes, rund um die ländliche Stadt Ashland im südlichen Oregon. Vielleicht überlegten sich irgendwo in den Myriaden grüner Täler und bewaldeter Berge unter mir gerade ein paar verbliebene Franklin-Königinnen, ob sie sich allmählich aus ihrem Überwinterungsversteck ausgraben und der Frühlingssonne entgegenfliegen sollten.

Nach Ashland ging es über wildere, dicht bewaldete Berge und über den 4300 Meter hohen, verschneiten Vulkangipfel des Mount Shasta in Nordkalifornien. Südlich davon fiel das Land allmählich ab – die Wälder wurden zunehmend lichter, zwischen den Bäumen verteilt sah man Wohnhäuser und vereinzelte Wiesen so wie vorhin nahe Ashland. Dann plötzlich war Schluss mit dem Wald, und wir überflogen eine schier endlose Fläche gleichmäßig ebenes Agrarland – das Central Valley oder Kalifornische Längstal, ein 800 Kilometer langer flacher, fruchtbarer Landstreifen, der eingeklemmt zwischen den Rocky Mountains im Osten und dem Kalifornischen Küstengebirge im Westen in Nord-Süd-Richtung verläuft. Hier wird eine der intensivsten Landwirtschaften der Erde betrieben; die Felder unter mir sahen aus wie ein grün-braunes Schachbrett, die meisten waren perfekte Quadrate mit präzise nord-südlich und ost-westlich ausgerichteten Grenzen, an denen nur hauchdünne Drahtzäune standen. Als das Flugzeug in den Sinkflug ging, sah ich, dass einige dieser riesigen Felder mit regelmäßigen Reihen perfekt auf Abstand gehaltener Obstbäume bepflanzt waren, aber abgesehen davon schien es praktisch keine Bäume zu geben und auch sonst kaum etwas, was der natürlichen Fauna einen Lebensraum bieten könnte – es sah öde und deprimierend aus.

Davis liegt am Nordende des Central Valley, ein paar Kilometer westlich von Sacramento. Trotz meines eher unangenehmen ersten Eindrucks bei der Landung erwies sich Davis als charmant – eine verschlafene Universitätsstadt, eine Welt aus Sonne, Flipflops, schattigen Alleen, blauem Himmel, Straßencafés und Frisbeespielern im Park. Als ich am nächsten Morgen zu Fuß auf Entdeckungstour ging, fühlte ich mich Millionen Meilen entfernt von England. Die breiten, baumgesäumten Straßen in Davis sind nach dem üblichen Schachbrettmuster angelegt, aber anders als in den meisten anderen amerikanischen Städten gab es kaum Autos; fast jeder schien per Fahrrad unterwegs zu sein. Die wenigen Autos auf den Straßen fuhren sehr langsam, und in Davis dürfen Fußgänger jederzeit die Straße frei überqueren. Die Folge war, dass ich die Erkundung der Stadt als Fußgänger etwas anstrengend fand; jedes Mal, wenn ich stehen blieb, um mich zu orientieren, hielten die Autos, weil sie dachten, ich wollte über die Straße. Wenn ich zögerte, winkten sie mir aufmunternd lächelnd zu, und ich fühlte mich genötigt, hinüberzugehen. Ich habe viel von meiner Zeit damit verbracht, aus lauter Höflichkeit im Zickzack die ruhigen, laubgrünen Straßen zu überqueren.

Die nächsten paar Tage blieb ich in Davis, hielt meine Vorträge, unterhielt mich mit Neals Studenten und erfuhr mehr über ihre Arbeit. Neals Forschungsschwerpunkt ist die Frage, wie unterschiedliche Bienen die Landschaft nutzen – wo sie nisten, wie nahe diese Nistplätze an den Nutzpflanzen liegen müssen, damit sie sie erreichen und bestäuben, und welche Blüten außer denen der Nutzpflanzen sie noch brauchen, um sich ausreichend zu ernähren. In vielerlei Hinsicht ähnelt diese

Arbeit also stark der meines eigenen Forscherteams, nur vollzieht sie sich in einem angenehmeren Klima und an anderen Bienenarten. Im Central Valley gibt es eine immense Vielfalt von Nutzpflanzen, die bestäubt werden müssen – Melonen, Äpfel, Erdbeeren, Pfirsiche, Nektarinen, Mandeln und so weiter. Allerdings ist die Gegend für Bienen wirklich sehr ungastlich, denn die ursprüngliche Vegetation wurde praktisch vollständig verdrängt, es gibt also wenige Nistgelegenheiten und wenige Wildblumen, an deren Nektar sie sich laben können. Dem begegnen viele Landwirte damit, dass sie massenweise Bienenstöcke aufstellen, wenn eine Pflanzenart blüht – so machen es etwa die Mandelbauern –, aber ideal ist das nicht. Bienenstöcke zu mieten ist sehr teuer, außerdem sind sie auch zunehmend schwer zu bekommen, weil in Honigbienenkolonien seit ein paar Jahren ein ungewöhnliches Massensterben grassiert. Würde aus irgendeinem Grund das Angebot an Honigbienen wegfallen, etwa aufgrund einer Bienenepidemie, dann wäre das für die Bauern eine Katastrophe. Außerdem lassen sich manche Nutzpflanzen durch Honigbienen ohnehin nicht besonders gut bestäuben, etwa Tomaten und Erdbeeren; sich ganz auf domestizierte Honigbienen zu verlassen ist also eindeutig die falsche Lösung.

Wegen der hohen Nachfrage nach Bestäubern einerseits und dem Bienenmangel in dieser verarmten Landschaft andererseits entwickelte sich Kalifornien zu einer Art Brutstätte der Bienenforschung. Ganz wie in Robbin Thorps persönlicher Karriere konzentrierte sich diese Arbeit über Jahre hinweg ausschließlich auf Honigbienen – man suchte nach den besten Aufzuchtmethoden, um sie immer zur Verfügung zu haben, wo immer in Kalifornien sie gebraucht wurden. In letzter Zeit aber interessiert man sich auch zunehmend für den Nutzen wilder Bestäuber, weil allmählich die Erkenntnis durchsickert, dass viele der anderen etwa 4000 Bienenarten in Kalifornien auf diesem Gebiet ebenfalls nützliche Arbeit leisten. In früheren Studien mit Claire Kremen von der University of California in Berkeley hatte Neal nachgewiesen, dass Agrarbetriebe in der Nähe von natürlichen Habitaten – das heißt also vor allem Betriebe am Rand des Central Valley – von wilden Bestäubern profitierten, die aus der natürlichen Vegetation heraus ihre Nutzpflanzen besuchten und bestäubten. Betreiber von ökologischem Landbau am Rand des Tals brauchten überhaupt keine Honigbienen zuzukaufen, während Betriebe, die Pestizide einsetzten oder im Zentrum des Tals ansässig waren, Honigbienen mieten mussten, damit ihre Erträge nicht litten. Außerdem konnten Betriebe in der Nähe von naturbelassenen Habitaten über die Jahre hinweg auf eine zuverlässigere Bestäubung zählen – sich auf einen einzigen Bestäuber zu verlassen ist insofern riskant, als der ja auch einmal ein schlechtes Jahr haben kann; bei vielen verschiedenen Bestäubern ist mit großer Wahrscheinlichkeit jedes Jahr mindestens einer voll einsatzbereit.

Natürlich können die Landwirte in der Mitte des Central Valley nicht einfach ihre Farmen einpacken und an den Rand umziehen, aber sicher beneiden sie ihre randständigen Nachbarn um deren Bienenreichtum. Eine naheliegende Lösung wäre es da doch, zusätzliche Blüten und Nistplätze für Wildbienen in die Betriebe selbst zu bringen, damit sie nicht mehr auf Naturlandschaften in der Umgebung angewiesen sind. Genau das unternahm Neals Team – sie säten Streifen mit Blumenmischungen an Feldrändern oder mitten durch die Felder und pflanzten Hecken, die Nistplätze bieten können. Die Blumenstreifen sehen hübsch aus – lauter Gelb- und Orangetöne von Sonnenblumen, Lupinen und Kalifornischem Mohn, dazwischen das Lila der Phacelien; und die bisherigen Ergebnisse deuten erwartungsgemäß darauf hin, dass diese Streifen tatsächlich die Wildbienenpopulation stützen und die Pflanzenbestäubung fördern. Zudem können sich Vorteile ergeben, die über die Bienenstärkung weit hinausgehen. Laut einer neueren Feldstudie des Forscherteams um Richard Pywell am britischen Centre for Ecology & Hydrology führten die Stilllegung von acht Prozent der Anbaufläche und ihre Umnutzung für Blumenmischungen und andere natürliche Lebensräume nicht nur zu einer Steigerung der Bienenzahlen, sondern auch zu einer Zunahme von Räubern wie Laufkäfer, Marienkäfer und Schwebfliegen, die Pflanzenschädlinge dezimieren. Noch überzeugender ist, dass in den Gebieten mit diesem zusätzlich geschaffenen natürlichen Habitat im fünfjährigen Untersuchungszeitraum die Erträge unterschiedlicher Nutzpflanzen stetig zunahmen, sodass die Landwirte trotz acht Prozent weniger Nutzfläche keine Erträge einbüßten. Natürlich sollte man nicht voreilig von Buckinghamshire auf Kalifornien schließen, trotzdem sprechen solche Studien stark dafür, dass in der Landwirtschaft weniger mehr sein kann. Dass ein Landwirt höhere Erträge erhält, wenn er größere Flächen bepflanzt, ist eindeutig keine Selbstverständlichkeit. Stellen wir uns nur vor, wir könnten mithilfe dieser und ähnlicher Studien weltweit Landwirte überzeugen, in ihre Anbauflächen signifikante Anteile naturfreundlicher Habitate zu integrieren und damit zugleich ihren Pestizideinsatz zu reduzieren. Vielleicht würden die riesigen Monokulturen im Central Valley und die endlosen Sojafelder in Argentinien ganz genauso viel Nahrung produzieren, wenn es quer durch die Ebenen Streifen mit Wildblumen und natürlichen Lebensräumen gäbe.

Während meines Aufenthalts in Davis hatte ich lange Gespräche mit Robbin Thorp, und er führte mich durch die großen Bienenforschungsanlagen in Davis, die großartig betitelte

»Harry H. Laidlaw Jr.* Honey Bee Research Facility«, die – das ist kein Witz! – am Ende der »Bee Biology Road« am Stadtrand von Davis liegen. Robbin ist ein imposanter Mann, der irgendwie an Darwin erinnert – er muss deutlich über 70 sein, groß, mit einem dichten weißen Bart, wenn auch nicht ganz so üppig wie beim älteren Darwin. Das halbe Gebäude dient immer noch der Bienenzucht und -forschung, in den Laboren stehen Indoor-Bienenstöcke, die aber über Plastikschläuche mit der Außenwelt verbunden sind; darin herrschte ein reger Verkehr von Arbeiterinnen. Das übrige Gebäude summte von eifrigen Studenten, die entweder genadelte Wildbienenexemplare zu identifizieren versuchten oder mit der verzwickten und zeitraubenden Aufzucht von Vosnesenskii-Hummeln beschäftigt waren, die später für Experimente genutzt werden sollten. Die Nester dieser in Kalifornien weit verbreiteten Hummelart sollten später in Felder mit oder ohne Wildblumenstreifen ausgesetzt werden, um zu messen, inwieweit die Blumen Überleben und eventuell Fortpflanzung der Kolonien fördern.

Draußen zeigte Robbin mir ganz stolz den institutseigenen, von Häagen-Dazs gesponserten »Bienenhimmel«, einen Garten voller überwiegend kalifornischer Blumen rund um eine riesige Keramikbiene auf einem Sockel. Überall auf den Blüten wimmelte und surrte es von echten Bienen in verblüffender Vielfalt. Robbin sprühte mit dem Wissen aus seiner jahrzehntelangen Felderfahrung, die meisten Bienen konnte er mit einem Blick bestimmen, während ich mich immer noch schwer

* Harry H. Laidlaw Jr. ist für die klar umgrenzte, aber wichtige Leistung berühmt, dass er als Erster herausfand, wie sich Honigbienen künstlich befruchten lassen – eine ziemlich kniffelige Angelegenheit, wie Sie sich denken können, aber zugleich äußerst nützlich, wenn man Honigbienen um bestimmter Merkmale willen züchten möchte.

damit tat, auch nur die verbreitetsten nordamerikanischen Hummeln auseinanderzuhalten. Es gab Schwarzendhummeln, Vosnesenskii-Hummeln, Van-Dyke-Hummeln, massive lila-schwarz schillernde Holzbienen und viele kleinere Sand- und Blattschneiderbienen – in Kalifornien wurden bisher über 1000 Bienenarten erfasst, und meinem Gefühl nach waren die meisten davon hier vertreten. Als wäre es mit Bienen noch nicht genug, sausten mit spitzem Gepfeife auch noch Kolibris durch das Gebüsch. Leider gab es natürlich keine Franklin-Hummeln. Stolz zeigte Robbin mir ein Schwarzendhummelnest in einer Holzbox an einem Baum, die aussah wie ein Meisenkasten. Diese Art ist eng mit unserer Wiesenhummel verwandt und tatsächlich genauso zahm, denn die Tiere ließen sich kaum stören, als wir den Deckel anhoben und kurz ins Nest spähten.

Als ich meine Pflichten in Davis erledigt hatte, war es Zeit für ein Abenteuer. Nordkalifornien im Frühling ist für Naturkundler das reinste Paradies; nach dem Winterregen sprießen dort überall Blumen und saftiges Grün, während man von April bis Oktober täglichen Sonnenschein beinahe garantieren kann, mit Ausnahme der höchsten Berge. Die Region besitzt eine außergewöhnliche geologische und klimatische Vielfalt. Wegen des Kontrasts zwischen eiskaltem Ozean und warmer Luft liegen die Berge an der Westküste in Dunst und Nebel; dort wachsen spektakuläre Mammutbaumwälder, die ich schon früher einmal besichtigen durfte. Weiter landeinwärts, also östlich, weichen diese Wälder allmählich einer mediterranen Hartlaubvegetation, dann den Agrarflächen des Central Valley, und schließlich kommen die mächtigen Rocky Mountains.

Obwohl die Heimat der Franklin-Hummel von Davis aus genau nördlich gelegen ist, beschloss ich, zunächst nordwestlich in das Küstengebirge zu fahren, wo die University of

Davis über ihr eigenes ansehnliches Naturreservat verfügt. Das McLaughlin-Reservat umfasst knapp 30 Quadratkilometer ursprüngliches kalifornisches Grasland und Chaparral, Habitatformen, die anderswo fast vollständig verloren sind. Parkwächter Paul war so freundlich, mir eine Führung anzubieten. Das McLaughlin-Reservat war früher eine Goldmine, aber als das Gold ausging, wurde das Land der University of California vermacht – vielleicht weil sonst kaum etwas damit anzufangen war. Stellenweise ist das Gelände von den Minenarbeiten schwer kontaminiert. Die Goldgräberei richtet unter allen Industrieaktivitäten mit die schwersten Umweltschäden an, für 8,5 Gramm Gold – das reicht gerade für einen Ring – werden etwa 20 Tonnen mit Quecksilber und Zyanid kontaminierter Giftmüll produziert. Angeblich bemühte sich das Unternehmen, das in McLaughlin grub, überdurchschnittlich stark um die Minimierung der Umweltschäden, und das Reservat ist in großen Teilen einigermaßen verschont geblieben. Trotzdem ist das McLaughlin-Reservat ungewöhnlich, denn es liegt auf Serpentinit-Gestein, das einen von Natur aus hohen Gehalt an toxischen Metallen aufweist. Die Böden enthalten also hohe Konzentrationen von Magnesium und Eisen, sodass die meisten Pflanzen dort nicht gedeihen. Anderswo in Kalifornien ging das ursprüngliche Grasland zum allergrößten Teil an die Landwirtschaft verloren, und wo es nicht direkt in Agrarflächen umgewandelt wurde, litt es schwer unter der Invasion europäischer Gräser, die sich offenbar im kalifornischen Klima wohlfühlen und im Wettbewerb fast immer dominieren. Die Serpentinit-Böden in McLaughlin aber stellen gegen diese Invasoren einen gewissen Schutz dar. Über die Jahrtausende hat sich eine hübsche Auswahl heimischer Blumen an diese Böden angepasst, und diese Pflanzengemeinschaften wurden weniger von europäischen Unkräutern bedrängt, weil die Invasoren mit dem hohen Metallgehalt in den Böden nicht zurechtkommen. Manche tun das aber doch, und jetzt adaptieren sich langsam die invasiven Arten selbst an die lokalen Umweltbedingungen; gegen diese aggressiven Unkräuter führt Paul einen unendlichen erbitterten Krieg.

Auf 30 Quadratkilometern kann man das Jäten per Hand natürlich vergessen, weshalb er zur Bekämpfung der Eindringlinge, wenn auch äußerst ungern, auf Graminizide zurückgreift, das sind speziell auf Gräser abzielende Herbizide. Für ein Naturreservat ist das nicht ideal, aber bei der minimalen Arbeitskraft, die ihm zur Verfügung steht, ist für eine Alternative, die bei dieser Geländegröße funktionieren würde, guter Rat teuer. Zum Glück weisen die heimischen Gräser gegen diese Herbizide offenbar eine gewisse Resistenz auf, sie werden zwar in ihrem Wachstum gehemmt, sterben aber nicht ganz ab. Was immer man unter moralischen Gesichtspunkten davon hält, in Naturreservaten Pestizide einzusetzen, es scheint jedenfalls zu funktionieren. Paul zeigte mir unbehandelte Stellen, wo es wenige Blumen gab und wuchernde, trockene Gräser dominierten, während ganz in der Nähe die renaturierten, mit Pestiziden behandelten Wiesen ein großartiger Anblick waren; es gab nicht weniger als vier verschiedene Lupinenarten, blau, gelb und cremefarben, dazu die mächtigen blauen Kerzen von wildem Rittersporn, die alle aus einem Teppich von zartem heimischem, gelb blühendem Klee aufragten.

Wir verbrachten einen sehr angenehmen Tag, begutachteten den Zustand der invasiven Unkräuter und die renaturierten Stellen und krochen durch seichte Wasserläufe auf der Suche nach Rotbeinfröschen, eine landesweit gefährdete Art, für die es im McLaughlin-Reservat unbestätigte Sichtungen gab, die Paul dringend überprüfen wollte. Ich fing und bestimmte natürlich wie besessen jede Hummel, die ich finden konnte, und sah mich schon ganz optimistisch eine bisher nicht entdeckte Population Franklin-Hummeln auftun. Wir scheiterten beide, fanden weder Franklin-Hummeln noch Rotbeinfrösche, aber ich tat doch ein Nest kalifornischer Hummeln auf; die Arbeiterinnen schwärmten aus einem Spalt im ausgetrockneten Boden, der wohl in einen alten Nagetierbau hinunterführte. Diese Art war im Reservat bisher noch nicht dokumentiert worden, und damit hatte ich das Gefühl, dass dieser faule Tag, an dem ich einfach nur herumgeschlendert war und erfolglos nach Fröschen und Bienen Ausschau gehalten hatte, doch nicht völlig verschwendet gewesen war.

Von McLaughlin aus fuhr ich weiter nach Norden – jetzt wollte ich die angestammte Heimat der Franklin-Hummel besuchen. Meine Route führte mich auf der Interstate 5 mitten durch das Central Valley entlang an endlosen ebenen Feldern mit Nutzpflanzen in ordentlichen Reihen und an Tausenden Hektar Mandelbäumen. Dabei ist dies noch gar nicht die größte Mandelregion in Kalifornien – die liegt etwas weiter südlich, näher bei San Francisco –, aber auch hier hatte der Mandelanbau unglaubliche Ausmaße. Die britische Landwirtschaft, selbst noch die in den fruchtbaren Niederungen in East Anglia, wirkt wie im Puppenhausmaßstab, wenn man sie mit dieser industriellen Nahrungsmittelproduktion vergleicht. Nennen wir ein paar Zahlen – in Kalifornien gibt es 3200 Quadratkilometer Mandelplantagen, die 80 Prozent der weltweiten Mandelproduktion liefern, das sind ungefähr 700 Milliarden einzelne Mandelkerne im Wert von etwa fünf Milliarden Dollar. Wir reden hier also keinesfalls von Peanuts.

Wie im Agrargürtel westlich von Buenos Aires ist es fraglich, ob diese Art der Nahrungsproduktion langfristig wünschenswert oder nachhaltig ist. In Kalifornien belastet das intensive Agrarsystem die Umwelt schwer, und der Boden, auf den es sich gründet, zeigt buchstäblich die ersten Risse. Jede einzelne Mandel braucht zum Wachsen etwa fünf Liter Wasser, die Mandelbauern verbrauchen für ihre Plantagen derzeit also jährlich 3,5 Milliarden Kubikmeter Wasser. Natürlich müssen auch die meisten anderen Nutzpflanzen stark bewässert werden – ich fuhr an riesigen gefluteten Feldern entlang, ausladenden quadratischen, seichten Seen; so wurde der Boden durchfeuchtet, damit darauf Melonen, Mais, Tomaten, Paprika und Kartoffeln gesät werden konnten. Außerdem verbrauchen wir Menschen noch große Wassermengen im Haus, im Garten und für unsere Golfplätze, und da es in Kalifornien in den letzten Jahren nicht viel geregnet hat, reicht das Wasser einfach nicht mehr aus. Manche Mandelbauern besitzen Wasserrechte, über die sie den schwindenden Wasservorrat der Flüsse anzapfen dürfen, andere haben dieses Recht nicht und sind dazu übergegangen, tief gelegene Grundwasserschichten anzubohren und das Wasser nach oben zu pumpen. Brunnenbohrer sind gefragt wie nie, über ein Jahr muss man inzwischen auf der Warteliste ausharren, wenn man sie anheuern möchte. Wo sie zuvor vielleicht 150 Meter tief bohren mussten, um auf Wasser zu treffen, müssen sie jetzt häufig schon doppelt so tief vordringen, was natürlich sowohl das Bohren als auch das Pumpen teurer macht. Besorgniserregend ist aber allein schon, dass der Grundwasserspiegel derart abgesunken ist – Tausende oder Millionen Jahre alte Aquifere werden jetzt einfach abgepumpt. Reguliert oder auch nur überwacht werden weder die gepumpten Mengen noch die Anzahl der Brunnen; die Tage für diesen neuen kalifornischen Goldrausch sind also gezählt. Und dieses Problem gibt es nicht nur in Kalifornien – USA-weit werden jährlich gigantische 25 Kubikkilometer Wasser aus dem Boden geschöpft.

Abgesehen von der nicht zu leugnenden Tatsache, dass das

Grundwasser irgendwann einfach ausgehen wird, ist diese Nutzung auch in anderer Hinsicht problematisch. Dieses unterirdische Wasser enthält viele gelöste Salze, die über die Jahrtausende aus dem umliegenden Gestein absorbiert wurden. Da Kalifornien insgesamt warm und sonnig ist, verdunstet das Wasser schnell vom Boden oder von den Blättern der Pflanzen; das zurückbleibende Salz reichert sich im Boden an, was die Pflanzen belastet und irgendwann abtötet. Viele Bauern wissen, dass ihre Mandelbäume die ersten Anzeichen der Übersalzung aufweisen, etwa kümmerliche, blasse Blätter mit zu wenig Chlorophyll und braunen Blatträndern. Loswerden lässt sich das Salz nicht so einfach – nur von starken Regenfällen wird es langsam ausgewaschen, aber die waren in den letzten Jahren eben ausgesprochen selten.

Als wäre das alles noch nicht aufrüttelnd genug, verursacht das Anzapfen der Grundwasserschichten derzeit ein Absinken des Central Valley. Einem NASA-Bericht von 2015 zufolge fällt das Land an manchen Stellen um jährlich fünf Zentimeter ab, insgesamt liegt der Boden stellenweise schon bis zu zwei Meter tiefer – die Folge sind Schäden an Häusern, Straßen, Bewässerungskanälen und Brücken.

Außer Wasser haben die riesigen Plantagen natürlich noch andere Bedürfnisse. Wie gesagt mieten die Mandelbauern im Februar und März zur Bestäubung ihrer Pflanzen Honigbienen an. Etwa 85 Prozent aller kommerziellen Honigbienenstöcke in den USA sind dazu nötig – 1,7 Millionen Stöcke oder etwa 80 Milliarden einzelne Bienen, die aus den gesamten USA eingeflogen werden, um die 2,5 Billionen Mandelblüten zu bestäuben. Für die meisten Bienen ist das nur einer der Zwischenhalte auf ihrer langen Jahresreise. Nach den Mandeln werden sie vielleicht nördlich zu den Apfel- und Kirschplantagen im Staat Washington verbracht, dann östlich, wenn auf den Alfalfa- und

Sonnenblumenfeldern in Nord- und Süddakota der Sommer kommt, im August weiter auf die Kürbisfelder in Pennsylvania und für den Winter schließlich nach Florida. Andere reisen auf anderen Strecken, befruchten Kürbisse in Texas, Cranberrys in Wisconsin und Blaubeeren in Michigan oder Maine. Manche dieser Bienenstöcke legen im Jahr 20 000 Kilometer zurück, doch die Mandelplantagen sind für die Bienenzüchter mit Abstand am lukrativsten. Immerhin handelt es sich um den weltweit größten kommerziellen Bestäubungsvorgang, und Bienenzüchter können für die zwei oder drei Wochen Bestäubung bis zu 200 Dollar pro Bienenstock in Rechnung stellen. Im gleichen Tempo, in dem die Grundwasserbestände gesunken sind, sind die Mietpreise für Honigbienen gestiegen, vor zehn Jahren lagen sie noch bei 75 Dollar. Die Teuerung ist auf zwei Faktoren zurückzuführen: die räumliche Ausdehnung der Mandelplantagen, die die Nachfrage angekurbelt hat, und die Probleme mit dem Bienensterben, die das Angebot der kommerziellen Bienenzüchter verkleinert haben. Die armen Honigbienen stehen von allen Seiten unter Druck. Sie müssen mit den zig Pestiziden fertigwerden, die auf all diesen unterschiedlichen Nutzpflanzen eingesetzt werden, müssen fremde Krankheiten und Parasiten verkraften und sich dazu noch mit einer seltsamen, eintönigen Ernährung zufriedengeben, die einen Monat lang vollständig aus Mandeln besteht, dann einen Monat lang aus Kirschen und danach aus Sonnenblumen. Und dazwischen werden sie obendrein noch wiederholt ganze Tage in ihren Stöcken eingesperrt und rumpeln auf einem Lkw durch die Gegend, was mit Sicherheit auch verwirrend und belastend ist. Kein Wunder, dass Bienenzüchter in den USA Mühe haben, genügend gesunde Stöcke durchzubringen, um die Nachfrage nach Mandelbestäubung zu befriedigen – die Bienenforscher in Davis schätzen, dass die durchschnittliche Bienenzahl pro

Stock in den Mandelplantagen von etwa 19 000 vor wenigen Jahren auf heute 12 000 gesunken ist. Bienenzüchter teilen ihre Völker öfter auf, um die abgestorbenen Stöcke zu kompensieren, doch am Ende bewirken sie damit, dass die Völker noch kleiner und schwächer werden.

Es ist völlig klar, dass dieses System kurz vor dem Kollaps steht. Wenn die Dürre anhält oder die Probleme mit den Honigbienen sich weiter zuspitzen, gerät die kalifornische Landwirtschaft, und an erster Stelle der Mandelanbau, in eine schwere Krise. Ein Beitrag zu ihrer Entschärfung wäre natürlich die Förderung von Wildbienen in den Mandelplantagen. Neals Team konzentrierte sich bisher überwiegend auf den Feldbau, aber die Ansiedelung von Wildblumen oder natürlicher Vegetation zwischen den Mandelplantagen, die Nahrung und Nistplätze für heimische Bienen liefern würden, klingt nach einem vernünftigen Vorschlag.

Obwohl Mandeln bekannterweise durch Honigbienen bestäubt werden, arbeiten diese nachweislich effizienter, wenn auch Wildbienen präsent sind. Claire Brittain, die als Postdoc mit Neal Williams und Claire Kremen forscht, wies kürzlich nach, dass Honigbienen tatsächlich ihr Verhalten verändern, wenn in den Plantagen auch andere Bienenarten vorhanden sind. In Mandelplantagen ohne natürliche Vegetation in der näheren Umgebung, wo es also keine anderen Bienen gibt, legen die Honigbienen zwischen den Blüten in der Regel nur sehr kurze Distanzen zurück. Liegen die Plantagen näher am Rand des Central Valley, wo Sandbienen und andere heimische Arten häufig sind, bewegen sich Honigbienen durchschnittlich weiter und wechseln zwischen den Bäumen häufiger die Reihen. Vielleicht gehen die Honigbienen damit der Konkurrenz aus dem Weg und machen sich, wenn sie eine heimische Biene riechen, ein Stück weit »aus dem Staub« (das ist aber nur meine

Vermutung). Falls Sie sich fragen, ob es nicht egal ist, wie weite Wege die Honigbienen zurücklegen – das hängt mit der Anordnung der Bäume auf den Plantagen zusammen. Die Bauern pflanzen in der Regel alternierende Reihen mit unterschiedlichen Mandelsorten an, aber wie bei Äpfeln können die einzelnen Sorten sich nicht selbst befruchten; sie brauchen Pollen von einer anderen Sorte, um eine Frucht zu bilden. Nur wenn die Bienen sich von Reihe zu Reihe bewegen, wird ihre Bestäubung effizient. Claires Schätzungen zufolge steigt durch die Präsenz von Wildbienen der Ertrag um fünf Prozent oder mehr – das ist nicht die Welt, aber bei einem Marktwert von fünf Milliarden Dollar sicher nicht zu verachten. Und sollte den Honigbienen irgendetwas Schlimmeres zustoßen, so wären diese heimischen Bienen natürlich mit einem Schlag auch deutlich mehr wert. Wäre ich ein Mandelbauer, dann würde ich ihnen durchaus ein bisschen Lebensraum zur Verfügung stellen.

Durch die eintönige Landschaft fuhr ich immer weiter nordwärts; einen Zwischenhalt machte ich nur für einen schnellen Kaffee in einer Raststätte mit dem ungewöhnlichen Alleinstellungsmerkmal eines ausgestopften Grizzlybären, der sich in der Ecke mechanisch auf die Hinterbeine stellte. Irgendwann wurde das Central Valley schmaler, von beiden Seiten schlossen sich die Berge allmählich immer enger um mich. Von da an stieg die Straße langsam an, und aus der Interstate 5 wurde der »Cascade Wonderland Highway«. Es war auch wirklich hübsch hier, auf beiden Seiten endlos hügelige Nadelwälder, und in der Ferne vor mir der schneebedeckte Gipfel des Mount Shasta, den ich noch wenige Tage zuvor aus der Luft gesehen hatte. Auf der Fahrt zu diesem Berg folgt die Straße lange dem Sacramento River, dessen Wasser geschäftig Richtung Süden sprudelt, um all diese Mandeln im Central Valley zu bewässern. Etwas südlich des großen Vulkans biegt die Straße nach Westen ab, um den Berg zu umrunden, und führt durch die entlegene Stadt Weed (der ungewöhnliche Name bedeutet Unkraut), wo ich zum Mittagessen hielt. Der Erinnerung wert fand ich an dieser Stadt lediglich das Schild »Weed like to welcome you« am Ortseingang, aber trotzdem bestürzte es mich, als ich erfuhr, dass ganze Straßenzüge 2014 in einem Waldbrand niedergebrannt waren. Hinter Weed schlängelte sich die Straße weitere 100 Kilometer durch die Wälder, bis ich an die Grenze zu Oregon kam; von dort waren es nur noch etwa 15 Kilometer hinunter bis nach Ashland.

Das Stammland der Franklin-Hummel erwies sich als altmodisches Landstädtchen voller mit Holzschindeln verschalter Häuser im historischen Zentrum, geduckt zwischen blühenden Blumenwiesen gelegen, während im Osten die schneebedeckten Berge thronten. Zu meinem Pech wurde im örtlichen Freilufttheater gerade Shakespeare aufgeführt, sodass die Hotels in der Stadt alle ausgebucht waren. Ashland hat eine Art Kunst- oder Hippieszene, als hätte jemand ein Stück aus San Francisco herausgeschnitten und es im ländlichen Oregon fallen lassen. Ich fand schließlich Unterkunft in einem Motel am Stadtrand, dessen mangelnder Charme durch den großartigen Ausblick auf die umliegenden Berge mehr als wettgemacht wurde. Die nächsten paar Tage verbrachte ich mit Wanderungen durch das Umland, das Netz im Anschlag und immer optimistisch auf der Suche nach Franklin-Hummeln.

Ich hatte mit ein paar mehr Risiken zu kämpfen, als ich es von meinen Hummeljagden zu Hause gewohnt war. Den Insekten einfach quer durchs Unterholz zu folgen ist in dieser Gegend nicht ratsam, denn wie sich zeigte, war hier die Gifteiche relativ verbreitet. Zum Glück hatte Paul im McLaughlin-Reservat mir gezeigt, wie sie aussieht, und mich gewarnt, dass der Kontakt mit den glänzend grünen, eichenähnlich gelappten Blättern dieses Strauchs auf der Haut blasige Wunden aufwerfen kann, die erst nach Wochen abheilen; also hielt ich tunlichst Abstand davon und hatte am Ende nur ganz wenige kleinere Stiche davongetragen. Noch furchteinflößender für einen Briten waren die, wie sich herausstellte, an den felsigen Wanderwegen recht häufigen Klapperschlangen. Die erste, der ich begegnete, hörte ich, bevor ich sie sah – es war ein trockenes Rattern, das ich törichterweise für eine Singzikade hielt, weshalb ich mich durch das Gebüsch schlug, um nachzusehen. Wahrscheinlich tat ich gut daran, mich wegen der Gifteiche nur langsam voranzutasten, denn so sah ich die dicke braune Schlange, bevor ich ihr wirklich zu nahe kam. Sie beäugte mich mit dem starren, herausfordernden Blick, der für Klapperschlangen typisch ist, und rasselte mir warnend mit dem Schwanz entgegen. Zu dieser Jahreszeit erwachten die Schlangen gerade erst aus der Winterruhe und waren meist noch recht träge – die meisten Exemplare, die ich danach sah, reckten nur den dreieckigen Kopf aus ihrem Bau, und ich bemerkte sie erst, wenn sie sich mit einem Ruck nach innen verzogen.

Es war wundervoll, diese Gegend zu erforschen, während gerade der pralle Frühling erwachte, und ich fühlte mich wieder wie ein Kind, während ich umherlief, das Netz in einer Hand und den Fotoapparat in der anderen, und die besten Blicke und Geräusche einsog. Am frühen Morgen gab es viele Virginiawachteln – reizende, schnell trippelnde kleine Vögel mit seltsam wackeligem Kamm, sie sahen aus, als gehörten sie zu einer New-Romantic-Band aus den 80ern. Immer wieder schossen sie, wenn ich herankam, aus dem Gebüsch und flitzten wie ein Aufziehspielzeug über den Wanderweg davon. Gemächlicher hoppelten Eselhasen herum, die sichtlich von ihren lächerlich überdimensionierten Ohren gebremst wurden. Die Bäume waren voller zeternder Tiere, vielleicht steckten sie ihre Sommerreviere ab, oder vielleicht erlagen sie nur den aufkommenden Frühlingshormonen, jedenfalls war der Wald erfüllt von ihrem wilden Gekreisch. Westliche Buschhäher und Grauhörnchen schienen einander den Krieg erklärt zu haben und lieferten sich Jagdkämpfe in den Baumwipfeln, vermutlich machten sie sich gemeinsame Futterquellen streitig; soweit ich sehen konnte, verfügte freilich keine der Seiten über das nötige Arsenal, um einen entscheidenden Sieg davonzutragen. Unterdessen hackten rivalisierende Banden von Eichelspechten wild aufeinander ein – diese außergewöhnlichen Vögel leben in Familiengruppen mit Arbeitsteilung, versorgen ein gemeinsames Nest und lagern für den Winter Tausende Eicheln in einem »Kornspeicher«, für den sie in einen Baum unzählige eichelgroße Löcher bohren. Da die Eicheln mit der Zeit trocknen und schrumpfen, verbringen die Vögel die langen Wintermonate damit, ständig die Eicheln in passendere, genau richtig große Löcher umzulagern. Die Kämpfe drehten sich wahrscheinlich um die letzten Wintervorräte – einmal fielen zwei Spechte, im Kampf ineinander verkeilt, von einem Baum und plumpsten keine zwei Schritte vor mir auf den Waldboden. Ihre Beine waren ineinander verhakt, und offenbar versuchten sie, jeweils dem anderen die Augen auszuhacken, sodass ich erleichtert war, als sie mich endlich bemerkten und anscheinend mehr oder weniger unbeschadet in unterschiedliche Richtungen auseinanderstoben.

Auch Hummeln gab es zuhauf. Die meisten gehörten zu den Arten, die ich schon mit Robbin gesehen hatte, auch einige, die ich noch nicht kannte, etwa *Bombus mixtus*, deren köstlicher englischer Name etwa mit »Flaumhornhummel« zu übersetzen wäre; allerdings waren bei der nur schütter behaarten kleinen Hummel keine Hörner erkennbar. Natürlich fand ich nicht eine Franklin-Hummel, obwohl ich Hunderte verschiedene Hummeln fing und inspizierte, darunter viele Königinnen, die gerade frisch aus der Winterruhe kamen. Nachdem ich schon in Argentinien keine *Bombus dahlbomii* hatte finden können, hätte ich mich eigentlich nicht zu wundern brauchen, denn natürlich war es von Anfang an ziemlich aussichtslos, eine Hummel jagen zu wollen, die die einheimischen Experten seit sechs Jahren nicht hatten auftreiben können. Einmal geriet ich ganz kurz in Erregung, stellte aber bald fest, dass ich eine hübsche Königin der recht ähnlichen *Bombus caliginosus* im Netz hatte.

Nach ein paar Tagen war es Zeit, meine Wanderstiefel einzupacken und wieder in den Süden zu fahren, um nach Hause zu fliegen. Diesmal nahm ich die Panoramastraße, die östlich in die Cascades (Kaskadenkette) führte und dann südlich durch die Sierra Nevada. Dabei kam ich durch einige wirklich atemberaubende Panoramen, für die ich aber leider kaum Zeit hatte. An meinem letzten Abend in Kalifornien mietete ich mich in einem schäbigen kleinen Motel am Südufer des Lake Tahoe ein, ein malerischer, 2000 Meter hoch gelegener smaragdgrüner See in der Sierra, östlich von Sacramento an der Grenze zu Nevada. Die reichen Kalifornier kommen hier zum Feiern hinauf; das Ufer ist ein bisschen verunstaltet von den Kasinos, in einem davon sang gelegentlich Frank Sinatra. Angeblich hatten JFK und Marilyn Monroe in einer Hütte im Wald eine Affäre, wobei ich mir die Vermutung erlauben würde, dass es eine etwas hübschere Hütte war als die, in der ich untergekommen war. Ich saß unter den hohen Tannen auf einer grob behauenen Bank und hielt ein Festmahl mit Roggenbrot, Tomaten und einem herrlich kräftigen lokalen Ziegenkäse namens Humboldt Fog, obwohl ich mich der dreisten Avancen einer Bande Streifenhörnchen erwehren musste, die es auf mein Essen abgesehen hatten. Langsam schleppten sich ein paar Schildkröten auf die Felsen am Seeufer, um die letzten Sonnenstrahlen zu genießen.

Jenseits des Sees sah ich im Norden und Osten die endlos dichten Reihen schneebedeckter Gipfel und bewaldeter Täler, bis sie im fernen Dunst verschwammen. Die Rocky Mountains nehmen eine immense Fläche ein, ein Großteil davon ist völlig unzugänglich, und sehr viele Entomologen sind nicht in der Lage, eine Franklin-Hummel zu erkennen, falls sie mit viel Glück einmal einer begegnen würden. Vielleicht gibt es die Franklin-Hummel heute nur noch in Robbins Erinnerung und in Form von wenigen genadelten Exemplaren in seinem Büro in Davis.* Vielleicht aber auch nicht. Es könnten auch noch welche übrig sein, irgendwo da draußen in einem Tal, in das die Krankheit nie vorgedrungen ist. Oder es gibt Nachkommen von ein paar Individuen, die aus purem Zufall eine geringe natürliche Resistenz besaßen. Ich bin sicher, dass Robbin weiterhin mit aller Sorgfalt ihre alte Heimat durchforsten wird, bis er selbst seinen persönlichen Kampf gegen das Aussterben verliert. Es wäre großartig, wenn er auch nur ein weiteres Exemplar zu Gesicht bekäme.

* 2010 richteten Robbin und die Xerces Society for Invertebrate Conservation eine Petition an den Fish and Wildlife Service, um die Franklin-Hummel als gefährdete Art einstufen zu lassen. Doch diese US-Behörde versinkt derart in Rechtsstreitigkeiten und Petitionen, dass sie auch fünf Jahre später noch keine Zeit gefunden hat, den Fall zu behandeln; damit ist die Franklin-Hummel bis heute nicht formal als gefährdete Art anerkannt, geschweige denn als ausgestorben.

Ecuador und die Kampfhummeln

Mögen deine Wege krumm, gewunden,
einsam und gefährlich sein
und zur unglaublichsten Aussicht führen.
Mögen deine Berge sich in
und über die Wolken erheben.
Edward Abbey

Warum eigentlich sind Studenten so langsam? Diese Frage verfolgt mich seit vielen Jahren. Jedes Universitätsgebäude, in dem ich bisher gearbeitet habe, hatte lange Flure, die während des Semesters mit Horden von ziellos herumbummelnden Studenten verstopft sind. Ja, einige sind ein bisschen übergewichtig, das muss sie wohl schwerfällig machen, und wieder andere sind mit Freunden auf FaceTime unterwegs oder chatten schnurlos auf ihrem iPhone, was sie vermutlich von dem komplexen Vorgang ablenkt, einen Fuß vor den anderen zu setzen. Doch selbst die, die sich nicht im Internet herumtreiben oder nicht an der einen oder anderen Überdosis McDonald's leiden, scheinen häufig in einem fast unmerklichen Tempo vorwärtszukriechen. Vielleicht haben sie einfach zu viel Zeit, und wir Dozenten sind schuld, weil wir ihnen nicht mehr zu arbeiten geben. Aber egal, warum, ich habe regelmäßig Probleme mit »Bummelstudenten«, weil ich selbst fast immer in Eile bin und sie mir jedes Mal wieder einen Hindernislauf aufzwingen. Es klingt vielleicht komisch, aber ich renne oft von Ort zu Ort, sogar in den Unifluren,

…ner, wenn ich über den Campus gehe. Besonders …e ich Treppen hinauf, wann immer ich die Gelegenheit …e, und ich finde es ausgesprochen frustrierend, wenn ich dann plötzlich hinter einer Phalanx von Mitzwanzigern lande, die die Treppe blockieren. Das Leben ist zu kurz für so ein Getrödel.

Angesichts meiner von Ungeduld geprägten und vielleicht etwas abseitigen Einstellung zur fußgängigen Fortbewegung war es für meinen idiotischen Macho-Stolz demütigend, mich im September 2014 auf einem steilen, matschigen Weg in den Anden plötzlich in der Nachhut zu finden und nur mit Mühe einer Gruppe Studenten hinterherzuhecheln. Der Bus hatte uns, so nah es ging, an unserem Bestimmungsort abgesetzt, etwa sechs Kilometer Dschungelpiste lagen vor uns, und nun schleppten sich die 13 Studierenden, zwei andere Betreuer und ich den glitschigen Weg entlang. Vier Maultiere trugen unsere Ausrüstung und die Rucksäcke, die den Tieren in unglaublich riesigen Bündeln auf den kräftigen Rücken gepackt worden waren. Vielleicht war es das Alter oder die Höhe oder der Jetlag, aber keine der vielen Entschuldigungen, die mir einfielen, war Balsam für meinen verletzten Stolz, als der letzte Student über mir im dunstigen Wald verschwand und mich, schnaufend und schwitzend, abgeschlagen zurückließ, während der Weg sich in die Wolken hinaufwand. Wie sich später herausstellte, kämpfte ich bereits mit den Vorboten einer Lebensmittelvergiftung, wahrscheinlich die Folge einer am Vortag verspeisten, ausladenden Fleischpastete von einem Straßenstand in Quito; die nächsten paar Tage lag ich völlig flach.

Wir waren für eine zweiwöchige Feldexkursion der University of Sussex hier, in der die Studierenden die wunderbare Biodiversität und Ökologie des Nebelwaldes kennenlernen sollten, in Hochlagen von 1500 bis 4000 Metern gelegenen Regenwäldern auf den steilen Hängen der Anden. Diese Wälder sind berühmt für ihre riesige Vielfalt an Vögeln, Orchideen, Schmetterlingen und vielem mehr. Ecuador, das nordsüdlich vom Kamm der Anden durchschnitten wird, ist einer der größten Biodiversität-Hotspots der Welt. Östlich der Berge umfasst Ecuador einen Teil des dunstigen Amazonasbeckens, und zwar einen von der Entwaldung bisher relativ verschonten Teil. Der Westen ist dichter besiedelt, Fragmente tropischer Wälder liegen zwischen Ackerland, und palmenbestandene Strände locken Touristen, die eine Alternative zur Karibik suchen. Die Galapagosinseln weit vor der Pazifikküste gehören ebenfalls zu Ecuador. Die Anden selbst stellen immens diverse Lebensräume, von kahlen, aschebedeckten aktiven Vulkanen mit ewigem Eis bis zu den üppig grünen Hochlandwäldern und dem kühlen Grasland des Páramo. Obwohl Ecuador nicht viel größer ist als Großbritannien, birgt es etwa zehn Prozent aller bekannten Tier- und Pflanzenarten der Erde. Die Zahlen lassen einem den Kopf schwirren – 317 Säugetierarten, 460 Amphibien und 410 Reptilien (für Großbritannien lauten die entsprechenden Zahlen 101, sieben und sechs). Natürlich hat kein Mensch eine Ahnung, wie viele Insektenarten es in Ecuador geben mag, doch die Schmetterlingsliste beläuft sich bisher auf etwa 4500 Arten (in Großbritannien ungefähr 70).

Keuchend setzte ich mich an den Wegesrand, um ein bisschen zu verschnaufen, der Schweiß perlte mir den Rücken hinunter. Geisterhaft huschten *Ithomiini*-Schmetterlinge in den Schatten unter dem Blätterdach; ihre Flügelflächen sind zu großen Teilen frei von farbigen Schuppen, sodass sie bis auf ein zartes Netz dunkler Rahmen und Streben weitgehend durchsichtig sind. Ein langflügeliger *Heliconius**, schwarz mit gold-

* Diese eleganten Tiere nutzen einen Trick, der sie zu den langlebigsten Schmetterlingen werden lässt; die adulten Tiere können drei Monate oder mehr auf den Flügeln sein. Die meisten Schmetterlinge ernähren sich nur von

gelben Streifen, schwebte ohne Mühe über den Weg und flatterte um mich herum, vielleicht fragte er sich kurz, ob mein rotes T-Shirt vielleicht eine neue exotische Blume war. An der Wegböschung fiel mir ein großes, netzbewehrtes Loch auf, aus dem vorne zwei behaarte Beine einer beträchtlichen Vogelspinne herausragten. Bei großen Spinnen wird mir seit jeher mulmig, weshalb ich beschloss, dass ich jetzt besser weitergehen sollte.

Irgendwann ließ ich die Nebelwolke unter mir und erreichte unser Ziel, ein Holzhaus auf einer Lichtung am Gipfel eines etwa 1800 Meter hohen Bergs. Die Aussicht war atemberaubend; dicht bewaldete Gipfel erhoben sich aus einer wattigen Decke weißer Wolken, die die Täler weit unten einhüllten. Durch das hübsche Gebüsch rund um die Hütte schwirrten Kolibris, aus dem umliegenden Wald hörte man exotische Vogelrufe, und in den Aufwinden schwebten bunte Schmetterlinge.

Das Waldreservat Santa Lucía ist ein Gemeinschaftsprojekt, gegründet von etwa einem Dutzend einheimischen Familien, die mit ihren kleinen Landwirtschaftsbetrieben nicht mehr über die Runden kamen und sich für einen neuen Ansatz entschieden. Sie legten ihren Landbesitz zusammen und schufen damit ein großes Naturreservat, das heute 735 Hektar geschützten Wald umfasst. Um sich zu finanzieren, bauten sie das Gästehaus – alles, was sie dazu brauchten, schleppten sie irgendwie mit Mauleseln oder auf dem eigenen Buckel herauf; wie das mit dem Fensterglas funktioniert haben soll, konnte ich mir einfach

Nektar, die *Heliconius*-Arten aber sammeln auf ihrem Rüssel auch Pollen, die sie mithilfe eigens ausgeschiedener Enzyme verdauen und dann als proteinreiche Soße aufsaugen. Bei manchen *Heliconius*-Faltern identifizieren die Männchen bereits weibliche Puppen und paaren sich mit ihnen, bevor sie zur Imago geschlüpft sind – in moralischer Hinsicht eine doch eher fragwürdige Taktik.

nicht vorstellen. Eine Zeit lang kam die Sache nicht recht in Gang, es kamen nur wenige Besucher, bis eines Tages Mika Peck auftauchte. Mika ist Naturschutzbiologe an der University of Sussex, ein jungenhafter Mittvierziger mit ansteckend kindlichem Humor, der sich in mehreren Projekten zum Regenwaldschutz in Ecuador und Papua-Neuguinea engagiert. Finanziert von der Organisation Earthwatch, stellte er eine Gruppe Freiwilliger auf die Beine, die in Santa Lucía Flora und Fauna erforschten. Die Freiwilligen mussten für dieses Privileg freilich einen erklecklichen Beitrag bezahlen, und ein guter Batzen davon ging an die Einheimischen in Santa Lucía – ein willkommener Geldsegen für ihr noch in den Kinderschuhen steckendes Unternehmen. Mika und das Team von Earthwatch kamen vier Jahre lang regelmäßig wieder, und das Geld wurde in den Ausbau des Hauses investiert, in den Bau von ein paar komfortableren Unterkünften in separaten Hütten und in die Schaffung eines Warmwassersystems (was auf einem abgelegenen Berggipfel keine geringe Herausforderung ist). Dann bot Mika für Studierende der University of Sussex eine Feldexkursion nach Santa Lucía an, ein paar weitere Universitäten folgten und taten damit eine weitere verlässliche Einkommensquelle auf. Die Zukunft ist noch lange nicht gewiss, aber im Augenblick scheint es ganz gut zu laufen. Faszinierend an dieser Einrichtung ist unter anderem die Tatsache, dass sie als Kooperative und ohne Direktion betrieben wird. Die zahlreichen Mitbesitzer und ihre Familien beteiligen sich alle, machen Klempnerarbeiten, bieten geführte Wanderungen an, putzen die Klos – was eben alles anfällt, und das offensichtlich immer mit einem freundlichen Lächeln.

Die Wälder von Santa Lucía beherbergen beeindruckend viele gefährdete Säugetiere, darunter eine ordentliche Population von Brillenbären – die Art, der wahrscheinlich Paddington angehört (obwohl er aus dem benachbarten Peru stammt). Die Bären hatten in den letzten Jahrzehnten viel zu leiden, an Habitatverlust sowie an Wilderei – groteskerweise gehen ihre Pfoten für 20 Dollar über den Ladentisch, während ihre Gallenblasen in der traditionellen chinesischen Medizin äußerst wertvoll sind (so wie eine scheinbar zufällige Auswahl von Körperteilen anderer schwerstgefährdeter Tiere) und bis zu 150 Dollar einbringen können. Angesichts eines durchschnittlichen Monatseinkommens von nur 30 Dollar in Ecuador ist leicht zu verstehen, warum ein skrupelloser Waffenbesitzer sich versucht fühlen könnte, einen Brillenbären abzuknallen.

Außerdem gibt es in den Wäldern von Santa Lucía noch Säugetiere wie Jaguarundi, Ozelot, Oncilla, Margay, Tayra und Wickelbär sowie den potenziell gefährlichen Puma, die größte Großkatze (leider wurden Jaguare in dieser Region vor Jahren ausgerottet, doch die Besitzer von Santa Lucía träumen davon, dass sie eines Tages zurückkommen könnten).

Man kann sich leicht vorstellen, dass die Studenten besonders von der Aussicht begeistert waren, eine derart exotische Tierwelt zu Gesicht zu bekommen, vielleicht sogar einen Puma oder einen Bären. Die meisten waren bisher noch nie in den Tropen gewesen. Ich dagegen hatte noch einen weiteren Grund, hier zu sein. Mein Kollege Jeremy Field, der schon häufig in Santa Lucía gewesen war, hatte mir erzählt, dass es hier Hummeln gab. Jeremy ist kein ausgesprochener Hummelexperte – er untersucht »primitiv-soziale« Wespen und Bienen, die auf der Schwelle zwischen solitärer und sozialer Lebensweise stehen* – aber wenn er eine sieht, erkennt er auch eine Hummel.

* Alle Bienen, Ameisen und Wespen haben einen gemeinsamen solitären Vorfahren, der vor etwa 240 Millionen Jahren lebte. Seither hat sich die volle Sozialität, bei der eine oder mehrere Königinnen von sterilen Arbeiterinnen unterstützt werden, mindestens elfmal unabhängig voneinander durch Evolu-

Von Ökologie oder Verhalten der Hummeln im tropischen Südamerika wissen wir praktisch gar nichts; die meisten Arten kennen wir lediglich von ein paar genadelten Exemplaren in Museen. Jeremy hatte auch erwähnt, dass es Prachtbienen zu sehen gab, eine Gruppe spektakulärer, großer und farbenprächtiger Bienen, die nur in der Neotropis vorkommen. Die Aussicht, derart unbekannte Tiere sehen und untersuchen zu können und dabei auch noch meine Arbeit zu tun – Studenten zu unterrichten –, war einfach unwiderstehlich gewesen.

Als wir am späten Nachmittag in der Station ankamen, bekamen wir die köstlichste dickflüssige heiße Schokolade serviert, deren Kakaobohnen direkt unten im Tal angebaut worden waren. Es war einfach wunderschön hier, schlicht und doch komfortabel. Kurz nach unserer Ankunft begann es, dunkel zu werden, in den Tropen ist der Übergang vom Tag zur Nacht ja sehr abrupt, die Sonne scheint wie ein Stein vom Himmel zu fallen. Wir saßen in der Dämmerung auf dem Balkon, hörten, wie die nächtlichen Waldtiere erwachten und anfingen, einander ihre Serenaden vorzutragen oder lautstark Anspruch auf ihr Revier anzumelden. Wir konnten nur spekulieren, von wem die vielen verschiedenen Geräusche stammten, manche Rufe waren schön, unheimlich und schwermütig, zu hören war aber auch ein hartnäckiges, unaufhörliches Summen und Rasseln. Waren das Grillen, Singzikaden, Frösche, Nachtvögel wie Nachtschwalben oder Tagschläfer oder irgendwelche anderen Tiere, die wir nicht kannten? Zwischen den Bäumen begannen

tion herausgebildet, nämlich bei Honigbienen, Hummeln, Ameisen, gemeinen Wespen und so weiter. Wie und warum das ausgerechnet in dieser einen Gruppe verwandter Insekten so häufig ist, bleibt weiterhin ein Rätsel, und die Erforschung derjenigen Bienen und Wespen, die sich auf halbem Weg zwischen den beiden Stadien befinden, könnte dazu ein paar wichtige Hinweise liefern.

Leuchtkäfer zu schwärmen, und aus ihren Schlafplätzen unter den Dachvorsprüngen warfen sich Fledermäuse herunter. Mein letzter Besuch in den Tropen lag mehr als zehn Jahre zurück, und es war wie ein Zauber, wieder hier zu sein.

Strom gab es hier oben nicht, wir aßen also bei Kerzenlicht. Das Essen war schlicht, Reis mit Bohnen, aber einfach köstlich, vor allem nach dem langen, anstrengenden Anstieg durch den Wald. Ich hätte leicht doppelt so viel essen können, auch zu einem Käsegang hätte ich nicht Nein gesagt, die Übelkeit hatte noch nicht eingesetzt. Wie sich herausstellte, wurden die meisten Zutaten für unser Essen in einem ökologisch bewirtschafteten Garten gleich neben dem Haus angebaut; der Rest wurde in etwa acht Kilometern Entfernung auf dem nächsten Dorfmarkt gekauft und musste mit Maultieren heraufgeschleppt werden. Es war sauberes, saisonales und regionales Essen – zum nächsten Supermarkt war es gefühlt so weit wie zum Mond. Wir gingen früh schlafen, so erschöpft waren wir, aber höchst gespannt auf alles, was uns der nächste Tag wohl bringen würde.

Am nächsten Morgen erwachte ich vom Surren eines Kolibris, der an den blühenden Sträuchern vor meinem Fenster Nektar saugte. Die Wolken in den Tälern hatten sich verzogen, und im Osten blinzelte gerade die Sonne über die Berge. Nach einem schnellen Frühstück mit Obst und Joghurt, dazu jeder Menge Kaffee (das alles sollte ich später an diesem Vormittag noch einmal zu sehen bekommen), starteten wir zu einer Wanderung durch den Wald, um uns erst einmal zu orientieren. Mika kennt diese Wälder wie seine Westentasche, also ging er auf einem schmalen, gewundenen Dschungelpfad voraus – ich folgte ganz am Ende, damit ich stehen bleiben und anschauen konnte, was immer mir auffiel. Über uns türmten sich riesige Bäume mit Brettwurzeln, und daran hingen wie Girlanden die Epiphyten – Pflanzen, die nicht im Boden wurzeln, sondern auf anderen Pflanzen wachsen. Die Äste der Bäume waren beladen mit den verschiedensten Orchideen, Bromelien und Farnen; allein von den Orchideen gibt es in Ecuador über 2500 Arten. Da der Wald regelmäßig in Wolken gehüllt ist, können diese Epiphyten Wasser direkt durch die Luft aufnehmen. Bromelien wenden außerdem noch einen Trick an – ihre Blätter bilden Trichter, die das Regenwasser auffangen und es in einen zentralen Wasserspeicher leiten; jede Pflanze hat also ihre eigene kleine Zisterne. Diese winzigen schwebenden Teiche wiederum sind Lebensraum für die verschiedensten Pflanzen und Tiere von Schwebfliegenlarven bis hin zu Kaulquappen.

In Nullkommanichts sichtete ich meine erste Hummel, ein Männchen. Aufmerksam machte mich ein vertrautes Summen, eine tiefere Tonlage als bei den meisten anderen Insekten im Nebelwald. Mit meiner Bewegung hatte ich es von seinem Platz nahe dem Pfad aufgeschreckt; ich erstarrte also, um zu sehen, was es jetzt tun würde. Bald setzte es sich wieder, und zwar auf die Spitze eines herzförmigen Blatts an einer niedrig wachsenden Waldpflanze etwa 30 Zentimeter über dem Boden im scheckigen Sonnenlicht am Wegrand. Die meisten Hummeln, die ich später noch fand, saßen an ähnlichen Orten. Dieses Exemplar sah gar nicht sehr anders aus als die vertrauten britischen Arten – etwa genauso groß und gleich geformt, schwarz mit zwei gelben Streifen und weißem Ende. Würde man die vordere Hälfte einer Gartenhummel abtrennen und an die hintere Hälfte einer Baumhummel kleben, wäre das eine ziemlich gute Imitation (wenngleich die meisten Leute damit wahrscheinlich herzlich wenig anfangen könnten). Damals wusste ich es noch nicht, aber spätere Erkundungen – in anderen Worten: eine Frage an den Hummeltaxonomie-Guru Paul Williams am Londoner Natural History Museum – erwiesen sie als Angehörige der Art *Bombus hortulanus*.

Diese Hummel verhielt sich komplett anders als alles, was ich bisher erlebt hatte. Das Tier hockte mit nach vorn gerichteten Fühlern und pulsierendem Hinterleib da, es war eine wachsame, aggressive Haltung, ganz anders als das insgesamt entspannte Verhalten, das man sonst mit Hummeln assoziiert. Dieser Knabe hier war ruhelos, veränderte fiebrig alle paar Sekunden seine Stellung auf dem Blatt und stürzte los, sobald irgendetwas vorbeiflog. Bald stellte ich fest, dass er nicht allein war – ganz nah, nur etwa einen Meter weiter, hockten zwei weitere Männchen. Alle verjagten sie jedes andere fliegende Insekt, das in ihre Nähe kam, und wenn sie bei ihrem Ausflug zu nah an eines der anderen Männchen herangerieten, wurde dieses angegriffen; dann wirbelten die beiden Tiere ein paar Sekunden lang in einem besessenen Luftkampf umeinander, bevor jeder wieder auf seinen Sitzplatz zurückkehrte. Sie saßen nicht immer an genau derselben Stelle – jeder schien ein paar Lieblingsblätter zu haben, die alle nahe beieinanderlagen, und saß abwechselnd mal hier, mal da.

Ich merkte plötzlich, dass die restliche Gruppe längst weitergegangen war; daher knotete ich zur Markierung rasch ein farbiges Band um einen Zweig und lief ihnen nach, während mir allmählich leicht übel wurde. Ich überlegte, was ich da wohl gerade beobachtet hatte – vermutlich war es ein Verhalten, das irgendwie mit der Partnersuche zusammenhing. Das Paarungsverhalten der Hummeln ist einigermaßen rätselhaft. Als einer der Ersten untersuchte es Darwin in seinem Garten im Down House in Kent. Bei vielen Arten, auch bei den Gartenhummeln, die Darwin studierte, markieren die Männchen mit Pheromonen etwa 200 Meter lange Duftbahnen, auf denen dann ganze Schwärme von Männchen in derselben Richtung ihre Runden drehen wie lauter kleine Rennautos mit heulenden Motoren; vermutlich hoffen sie, damit ein Weibchen zu beeindrucken.

Seltsamerweise zeigen Jungköniginnen selten bis nie irgendeine Art von Interesse an diesen Mantafahrerkapriolen. Bei anderen Arten, etwa der Baumhummel, gehen die Männchen sehr viel direkter vor; sie hängen in hitzigen Trauben vor den Nestern, in denen neue Königinnen ausgebrütet werden, und versuchen, sich einfach eine zu schnappen, wenn sie ausfliegen. Bei ein paar Hummelspezies sammeln sich die Männchen auch auf Hügelkuppen und warten auf Jungköniginnen, obwohl wieder niemand je tatsächlich eine ankommende Jungkönigin hat beobachten können. All diese Verhaltensformen waren mir zuvor schon ganz oft begegnet – doch die Männchen in Ecuador taten eindeutig etwas völlig anderes.

Ich erinnerte mich, dass es noch eine vierte Verhaltensform gibt, die für eine Handvoll nordamerikanischer und asiatischer Hummelarten beschrieben wurde, etwa die Nevada-Hummel *(Bombus nevadensis)*; hier zeigen die Männchen ein klares Territorialverhalten. Männchen dieser Art haben demnach weit auseinanderliegende, übergroße Augen, mit denen sie jede Königin orten können, die in ihr Sichtfeld gerät. Diese glupschäugigen Tiere machen sich exponierte Sitzplätze streitig und nutzen sie als Wachtposten, von denen aus sie ihre möglichen Geschlechtspartnerinnen sichten und zugleich ihre Rivalen im Blick behalten können. Sehen sie eine Jungkönigin einfliegen, so werfen sie sich hinaus, fangen sie mitten in der Luft ab wie überstürzte Kampfpiloten, reißen sie zu Boden und setzen ohne weitere Umschweife zur Zwangskopulation an. Verfolgten diese Hummeln eine ähnlich uncharmante Strategie? Glupschaugen hatten sie jedenfalls nicht, und auf exponierten Sitzplätzen schienen sie sich auch nicht aufzuhalten, sonst aber wirkte das Verhalten ziemlich ähnlich.

In den nächsten Tagen hatten Jeremy und ich viel damit zu tun, den Studierenden die Bestimmung von Insekten beizubringen, und ich rannte außerdem alle fünf Minuten aufs Klo (Komposttoiletten mögen für die Umwelt großartig sein, aber in der tropischen Hitze mag man eigentlich nicht gerne so oft dorthin müssen, zumal, wenn einem ohnehin schon schlecht ist); ich hatte also nur wenig Zeit für weitere Untersuchungen des Hummelverhaltens. Mit den Studenten durchstreiften wir die Wälder, bewaffnet mit Schmetterlingsnetzen und Wiesenkeschern (wie der Name sagt, dienen Erstere zum Fangen fliegender Insekten und Letztere dazu, im Unterholz ruhende Insekten aufzustöbern). Wie bei den Grundschulkindern in Dunblane machte es Spaß, den Studierenden beizubringen, wie man diese Netze einsetzt – allzu leicht passiert es nämlich, dass man vor Aufregung nur damit herumwedelt und nichts anderes erreicht, als alle Insekten zu verscheuchen. Wir erklärten den Studierenden, wie sich die verschiedenen Insektentypen unterscheiden lassen, etwa Heuschrecken, Käfer, Wespen oder Gottesanbeterinnen. Diese groben Kategorien umfassen jeweils Unmengen von Arten, aber eine genauere Identifizierung der Insekten war meist ausgeschlossen. In Großbritannien sind wir nur so überschüttet mit Führern und Bestimmungsschlüsseln, mit denen wir die Spezies jedes beliebigen Insekts identifizieren können. Unsere Fauna ist bis ins Detail beschrieben und untersucht, und wahrscheinlich werden nur noch sehr wenige neue Arten entdeckt. In den Tropen dagegen fängt man wahrscheinlich mit jedem Netzschwung neue Arten, die nie formal wissenschaftlich beschrieben wurden. Schätzungen zufolge haben wir bisher erst grob ein Fünftel aller Arten auf der Erde benannt, und unter den übrigen vier Fünfteln sind wahrscheinlich sehr viele Insekten aus tropischen Wäldern. Neue Arten zu fangen ist ganz einfach, doch zu bestimmen, welche der Insekten in einem Netz die neuen sind, ist außerordentlich schwierig. Leider gibt es nur eine kleine und immer weiter schwin-

dende Anzahl von auf Insekten spezialisierten Taxonom
über das breite Wissen verfügen, um etwas Neues von den
unterscheiden, was wir bereits kennen. Und offenbar will diese
Arbeit heute keiner mehr finanzieren.

Abgesehen von den andauernden Auswirkungen der Pastete aus Quito war es unglaublich spannend, auf der Suche nach Insekten durch den Wald zu hüpfen. Jeremy war wirklich ausgesprochen lustig; in der Uni ist er eher ein stiller, freundlicher und bescheidener Typ, ein respektierter Professor und Experte für die Evolution des Sozialverhaltens bei Insekten. Im Feld sprühte er nur so vor Begeisterung, rannte enthusiastisch mit seinem Schmetterlingsnetz herum wie ein Zehnjähriger – er war eindeutig noch nicht aus seiner Käferphase heraus. Einen weiteren Vorteil verschaffte ihm seine Größe, mit der er sich auch Insekten hoch aus der Luft schnappen konnte, an die ich einfach nicht herankam; ich musste also alle Register ziehen, um mit ihm mithalten zu können in unserem heimlichen Wettrennen um die interessantesten Exemplare. Auf der Suche nach dem Meisterfang hüpften und jagten wir, hoben Holzscheite und Steine an, siebten Dung und wateten durch Bäche. Zusammengenommen fanden wir alle möglichen kuriosen, extravaganten Geschöpfe; ich fing eine seltene, riesige, primitiv aussehende Fliege aus der Familie der Schlammfliegen, Verwandte der Florfliegen, mit ausladenden, aber dabei ziemlich schwachen Kiefern. Jeremy konterte mit einem Zuckerkäfer, einem großen, schwarz schimmernden und zirpenden Tier – offenbar kommunizieren sie auf diese Weise mit ihren Larven. Ich übertrumpfte ihn mit einem prächtigen Bananenfalter, so groß wie ein kleiner Vogel und mit riesigen Augenflecken, die ihn wie die lebensechte Replik eines Eulengesichts wirken ließen. Jeremy legte noch eins drauf und fing eine erschreckend große Wegwespe, ein mehr als daumengroßes schwarz-samtenes Tier,

men mit gelähmten Vogelspinnen ernährt
ogar noch, wie ein solcher »Tarantulafalke«
Beute, eine eher hübsche bläuliche Vogel-
u schleppte).* Und so ging es immer weiter,
rtiges Insektenspektrum, darunter schlanke
stachelige, gut getarnte Laubheuschrecken,
Nachtfalter, die hübsch gelblich verfärbte Blätter imitierten, wimmelnde Schaben, Raupen mit absonderlichen Stacheln und Wölbungen und vieles, vieles mehr.

Am aufregendsten waren für mich, abgesehen natürlich von den Hummeln, wohl die Prachtbienen. Es gab davon zwei Sorten: zunächst die Arten der Gattung *Euglossa,* glänzend, grün schillernd, etwas kleiner als eine Hummel. Wie Mini-Kolibris schweben sie, ohne zu landen, vor den Blüten und bohren mit ihrem langen Rüssel nach Nektar. In ihrem pfeilschnellen Flug flitzen sie umher, bleiben immer wieder in der Luft stehen und sondieren die Umgebung, der Körper völlig regungslos, nur die

* Der amerikanische Entomologe Justin O. Schmidt ließ sich – ob man es als Heldentat oder als Irrsinn bezeichnen mag, hängt vom Standpunkt ab – absichtlich von 78 Insektenarten stechen, um den dadurch hervorgerufenen Schmerz beschreiben und ranken zu können. Gemeinsam mit der 24-Stunden-Ameise kam der »Tarantulafalke« auf Platz eins dieser Skala. Eindrucksvoll beschreibt Schmidt den Schmerz als »sofortigen, entsetzlichen Schmerz, der einen ganz einfach zu allem unfähig macht, außer vielleicht zum Schreien. Mentale Disziplin funktioniert in solchen Situationen einfach nicht«. Den Stich der 24-Stunden-Ameise, eine ebenfalls in Südamerika heimische riesige Ameisenart, beschrieb er so: »Reiner, intensiver, glasklarer Schmerz. Als liefe man mit einem sieben Zentimeter langen Rostnagel in der Ferse über glühende Kohlen.« Beiden Insekten sollte man also besser aus dem Weg gehen. Schmidts Arbeit wurde 1990 publiziert und inspirierte seinen Entomologie-Kollegen Michael L. Smith, sich absichtlich an 25 Körperteilen von Honigbienen stechen zu lassen, um herauszufinden, wo sein Körper am empfindlichsten war. Demnach sind die schmerzempfindlichsten Körperteile der Nasenflügel, die Oberlippe und der Penis. Für ihre so großartig selbstlosen, wenn auch überflüssigen Leistungen erhielten Schmidt und Smith 2015 gemeinschaftlich den satirischen Ig-Nobelpreis.

Flügel undeutlich verschwommen. Interessanterweise hat eine lokale Fliegenart eine Mimese entwickelt, die sowohl die metallische Farbe als auch das Flugmuster imitiert, vermutlich um Vögeln vorzutäuschen, sie hätten ebenfalls einen Stachel.

Die zweite Sorte Prachtbienen war viel größer und besaß einen dichten Pelz mit orangenen, schwarzen und gelben Streifen – Jeremy zufolge gehörte die Art der Gattung *Eulaema* an. Bei meiner ersten Sichtung hielt ich sie aufgrund ihrer Größe und ihres Pelzes zunächst für eine Hummelkönigin, aber als ich sie genauer ansah, war gleich klar, dass es keine Hummel sein konnte – an den Hinterbeinen war jeweils der Unterschenkel stark verbreitert, und das ist ein Merkmal aller Prachtbienenmännchen. Diese überdimensionierten Beine sind hohl mit einem kleinen Loch als Zugang, und sie werden zur Lagerung von volatilen Duftstoffen verwendet; nur mit diesen Düften können die Männchen ein Weibchen anlocken und erfolgreich umwerben. Bei den meisten Prachtbienenarten sammeln die Männchen diese chemischen Duftstoffe von einer einzigen Orchideenart, und die Orchidee ist inzwischen zur Bestäubung auf genau diese Biene angewiesen. In der Parfümindustrie setzt man zum Einfangen flüchtiger Duftstoffe aus Blüten die sogenannte Enfleurage-Technik ein, bei der die Duftessenzen durch Fett absorbiert werden. Bei Prachtbienenmännchen funktioniert der Prozess genauso; sie sekretieren aus Drüsen an ihrem Kopf einen Tropfen fetthaltige Flüssigkeit auf die Orchideenblüte; sobald die Duftstoffe der Blüte darin absorbiert sind, nehmen sie ihn wieder auf und lagern ihn in ihren Beinen ein. Die Fette (ohne den Blütenduft) werden sodann vom Körper resorbiert und zum Einsatz bei der nächsten Blüte recycelt, die Blumendüfte in der Beintasche werden damit nach und nach immer konzentrierter. Gelegentlich wurden schon Männchen beobachtet, die einander überfielen und die Duftstoffe stahlen, indem sie einen Rivalen zu Boden drückten und ihm das fettige Parfüm von den Beinen saugten, statt sich selbst die Mühe zu machen, die vielen Blüten zu besuchen, die nötig sind, um einen eigenen beinfüllenden Duftvorrat anzulegen. Die Nester der Prachtbienen sind in diesen Tropenwäldern ausnehmend schwer aufzufinden, aber ihr soziales Leben liegt angeblich irgendwo zwischen dem solitärer und sozialer Bienen. Man nimmt an, dass sie in kleinen Gruppen von gleichberechtigten Weibchen leben, die alle Eier legen – das käme jedenfalls Jeremy sehr gelegen, denn so bekämen wir vielleicht einen kleinen Einblick in ein frühes Evolutionsstadium sehr viel komplizierterer Insektengesellschaften wie denen von Honigbienen oder Ameisen – wenn doch nur jemand die Nester finden würde!

Während ich mich also so für die Prachtbienen begeisterte, waren Jeremys bestdotierte Funde zwei Nester der winzigen Wespenart *Microstigmus*. Diese kleinen Geschöpfe sehen nicht besonders spannend aus, sie sind nur drei oder vier Millimeter lang; doch sie haben völlig unabhängig von anderen Gruppen sozialer Wespen oder Bienen eine soziale Lebensweise entwickelt. Sie ernähren sich von Springschwänzen und Fransenflüglern und leben in walnussgroßen Seidennestern, die an geschützten Stellen auf der Brettwurzel eines Baumstamms oder unter einem großen Blatt an einem Seidenfaden hängen. Jeremy hatte im atlantischen Regenwald Brasiliens bereits eine andere *Microstigmus*-Art untersucht und herausgefunden, dass die Männchen aktiv an der Verteidigung des Nests beteiligt sind, was bei Bienen und Wespen sonst extrem ungewöhnlich ist (Männchen sind dort normalerweise Faulenzer mit einem einzigen Lebenszweck: der Paarung). So wollte er also unbedingt mehr über die Lebensweise dieser ecuadorianischen Spezies herausfinden.

Sosehr wir uns beim Insektenfang auch anstrengten, mit

Mika konnten wir einfach nicht mithalten, wenn es darum ging, die Studierenden zu beeindrucken. Er hatte Kamerafallen aufgestellt, um Säugetiere im Wald zu fotografieren, und in kürzester Zeit hatte er Bilder von Brillenbären, Ozelots und sogar einem besonders großen männlichen Puma, Letzterer nur wenige Hundert Meter von unserem Haus entfernt. Der Autor George Monbiot erklärt in seinem hervorragenden Buch *Feral*, wir Bewohner von Ländern, in denen es heute keine gefährlichen wilden Tiere mehr gibt, würden den Schauer der Erregung vermissen, der von ihnen ausgeht, und ich neige zu der Auffassung, dass da etwas dran sein könnte. Mit Sicherheit war für uns in Ecuador alles deutlich spannender, seit wir wussten, dass rund um uns solche erhabenen Geschöpfe lebten, besonders wenn wir nachts mit Taschenlampen über die Dschungelpfade zogen. Plötzlich verwandelte unsere Fantasie jedes Rascheln einer Maus in das Schnauben eines Bären* oder in das Knacken eines zum Sprung ansetzenden Pumas.

Jeden Abend hängte ich am Waldrand in der Nähe des Hauses ein weißes Laken auf und bestrahlte es mit UV-Licht. Für unsere Augen glimmen diese Lampen in einem seltsamen Lilaton, aber das meiste Licht, das sie abgeben, können wir gar nicht sehen. Für Insekten ist dieses Licht dagegen außerordentlich hell, denn ihre Augen nehmen ultraviolette Strahlung wahr, die für uns unsichtbar ist. Sekunden, nachdem ich das Licht anschaltete, kamen Nachtfalter in verblüffender Vielfalt. Manche waren klein und unauffällig, mit feinen Farbmus-

* Brillenbären sind in Wirklichkeit die zahmsten Bären überhaupt und ernähren sich von Natur aus ganz überwiegend vegetarisch von Bromelien, Palmherzen und Beeren. Es ist nur ein einziger Fall dokumentiert, in dem ein Brillenbär einen Menschen getötet hat – das Opfer war ein Jäger, der soeben einen auf einem Baum sitzenden Bär erschossen hatte. Im Sterben stürzte der Bär auf den Jäger und erschlug ihn. Gelegentlich folgt die Gerechtigkeit im Leben (und im Tod) eben auf dem Fuße.

tern in Braunschattierungen, manchmal mit gezähnten Flügelrändern, die sie auf Rinde oder totem Laub tarnen sollten. Manche hatten kräftige Flecken in Cremetönen, Gelb, Orange oder Rot, die auf dem weißen Laken sehr auffällig wirkten, ihnen aber wahrscheinlich eine Tarnung verschafften, wenn sie auf Baumblättern saßen, die selbst von Pilzen gefleckt waren oder von den geschnörkelten Fraßgängen von Schmetterlings- und Käferlarven. Manche waren riesig: Pfauenspinner mit gefiederten Fühlern, mit denen sie kilometerweit Weibchen wittern können; schnell fliegende Schwärmer mit kräftigen, stromlinienförmigen Körpern und langen, grün, braun und gelb gestreiften Flügeln mit scharfen Spitzen, die in ihrem erregt-verwirrten Wirbeln um das Licht häufig mit den anderen Insekten kollidierten. Dazu gesellten sich noch ganz andere Insekten – lärmende Singzikaden, die von den Stämmen der Waldbäume gelockt wurden, wo sie normalerweise hocken und zirpen; riesige kastanienbraune Blatthornkäfer, deren Flug haargenau so elegant und anmutig war wie der von Backsteinen, krachten mit klappernden Flügeln auf das Laken und stürzten dann zu Boden, wo sie ihre Flügel einfalteten und in sichtlicher Erschöpfung von ihrer Reise hocken blieben. Schnellkäfer, Wespen, Fliegen, Schnabelkerfe und so weiter kamen daher, manche setzten sich ganz ruhig auf das Tuch, andere surrten in chaotischen Kreisen weiter herum. Es war eine großartige Demonstration der Vielfalt der Natur, und das alles ausgestellt auf einem einzigen weißen Bettlaken. Die Studenten waren begeistert, sie versammelten sich mitten im Insektensturm rund um das Laken, streckten mit lautem Ah und Oh die Finger aus, wenn die verrücktesten oder besonders schönen Insekten angeflogen kamen, und es war ihnen völlig egal, dass die Falter auch auf ihren Haaren landeten und manchmal sogar in ihre T-Shirts fielen.

Neben den Tieren lernten die Studierenden auch die Bestimmung der heimischen Pflanzen, und zwar von Anna, einer freundlichen Ecuadorianerin mit geradezu enzyklopädischem Wissen über die Bergflora. Die Pflanzen in Ecuador waren mir alle völlig fremd, die meisten gehörten Familien an, die in Europa gar nicht vorkommen, weshalb ich mir auf unseren Wanderungen ein bisschen Grundwissen von ihr anzueignen versuchte. Es war schwer, auch nur irgendwelche Ähnlichkeiten zu den Gänseblümchen und Löwenzähnen in meiner Gartenwiese zu sehen. Anna erklärte, dass sehr viele heimische Pflanzen an die Bestäubung durch Kolibris adaptiert sind und tiefe, röhrenförmige, häufig rote Blüten besitzen, die sich in Koevolution mit den lang gezogenen Schnäbeln der Vögel entwickelt haben. Diese spektakulären Vögel waren im Wald überall, das Surren ihrer Flügel und ihr Zwitschern waren ein praktisch ständiger Begleiter, obwohl sie zwischen dem dichten Laub häufig schwer klar auszumachen waren.

Jeden Tag in der Morgendämmerung führte Mauricio, einer der vielen einheimischen Gemeinschaftsbesitzer, eine Vogelwanderung durch den dunstigen Wald an. Im Morgengrauen sind die Vögel am aktivsten, dann rufen sie etwa eine Stunde lang wie wild durcheinander, bevor sie sich wieder in das dichte Blätterdach zurückziehen. Doch selbst dann sind sie so hoch oben in den Bäumen häufig sehr schwer ausfindig zu machen. Mauricio aber konnte die verschiedensten Vogelstimmen unheimlich genau nachahmen und antwortete so auf ihre Rufe. Viele waren dann so neugierig auf den neuen Rivalen oder potenziellen Geschlechtspartner, dass sie von den Baumwipfeln herunterkamen, um nachzusehen. Die plastischen Namen einiger der vielen Spezies, die wir zu Gesicht bekamen, sprechen für sich selbst; Rotstirntangare, Goldkopftrogon, Dunenkopfpapagei, Maskentrogon, Tukan-Bartvogel, Leistenschnabeltukan und so weiter. Mein Lieblingsvogel unter diesen umwerfend schönen Tieren war der Goldkopftrogon. Vor mehr als 20 Jahren hatte ich viele Stunden lang in den Wäldern von Belize gehockt und ohne Erfolg welche zu sehen versucht, obwohl wir sie in der Ferne rufen hörten. Hier waren die Trogons sogar relativ zahm, und auch langes Warten lohnte sich, wenn man sie dann vor sich sah. Die plumpen, taubengroßen Vögel tragen ein smaragdgrünes Federkleid mit rotem Bauch, und im Sonnenlicht blitzt ihr grüner Kopf schillernd golden auf. Ein männlicher Goldkopftrogon war besonders forsch und besuchte uns häufig in unserem Haus, wo er am Gartenrand auf einem Baum saß und zu uns hinunterspähte, den schillernden Kopf auf die Seite gelegt.

Wenn wir von dem Morgenspaziergang zurückkamen, machten wir Halt bei den Kolibritränken, die vor dem Haus hingen. Die darin enthaltene Zuckerlösung lockte Dutzende der winzigen Vögel aus dem Wald zu einem billigen Frühstück. Da sie an Menschen gewöhnt waren, konnten wir wenige Meter daneben stehen, während Mauricio uns ihre Namen herunterratterte. Kolibris kann man unmöglich nicht mögen – diese pausenlos aktiven, winzigen fliegende Juwelen mit ihrem schillernden Gefieder in Grün- und Blautönen und dazu einem Aufblitzen von Rot, Lila oder Bronze, je nach Art auf Oberkopf, Kehle oder Schwanz. Ich jedenfalls habe automatisch ein Lächeln im Gesicht, sobald ich einen Kolibri zu sehen bekomme. Die verschiedenen Arten waren sehr unterschiedlich; das Männchen der Landschwanzsylphe trug Schwanzfedern, die länger waren als sein übriger Körper. Die Flaggensylphe hatte flaumige weiße Höschen und zwei lange Schwanzfedern mit langen dünnen Schäften, die am Ende zu ovalen Flaggen verbreitert waren. Manche Arten hatten gedrungene Schnäbel, andere lange, gerade und spitz zulaufende Schnäbel, während der

Schnabel des Orangebauch-Schattenkolibris gebogen war wie ein Krummschwert. Ganz selten zeigte sich auch eine Hummelelfe, eine der kleinsten Vogelarten der Welt, kaum größer als eine Hummel und mit frenetischen 70 Flügelschlägen pro Sekunde. Das hier war Nahbereichsvogelbeobachtung und absolut idiotensicher – ein extremer Gegensatz zu dem, was ich in Großbritannien als Vogelbeobachtung kannte, nämlich durch ein Fernglas auf ferne kleine braune Tupfer zu starren.* Mit Mauricios Hilfe lernten wir, sie schnell alle zu bestimmen. Insgesamt sahen wir während unseres Aufenthalts bei diesen Tränken nicht weniger als 17 Kolibriarten, und sie tranken dort von morgens bis abends; wann immer ich also einen Moment freihatte, stellte ich mir einen Stuhl daneben, setzte mein idiotisches Grinsen auf und betrachtete sie.

Am fünften Tag teilten sich die Studierenden in kleine Gruppen auf und gingen unter zurückhaltender Anleitung der Betreuer ihre eigenen Forschungsprojekte an. Mir fiel die Aufsicht über zwei Projekte zu, einmal eine Gruppe von drei Studentinnen, die das Verhalten der Kolibris untersuchen wollten, und noch einmal zwei junge Frauen, die die Anzahl von Schmetterlingen und Nachtfaltern im primären Wald mit der in gerodeten oder sekundären, geschädigten Wäldern vergleichen wollten. Als die Studenten sich organisiert hatten und mit der Erfassung ihrer Daten begannen, konnte ich meine Aufmerk-

* Ich sollte zu den britischen Vögeln nicht zu gemein sein – viele sind wirklich hübsch und alle faszinierend –, aber für mich als Jungen verlor die Vogelbeobachtung schnell ihren Zauber, weil ich nie wirklich sicher war, welchen kleinen Waldsänger, welche Lerche oder welchen Finken ich da gerade gesehen hatte, und mein Gehör reichte nie aus, um ihre Stimmen zu unterscheiden. Wenn Sie es einmal mit der Vogelbeobachtung versuchen wollen, empfehle ich Ihnen dringend, sich einen Experten zu Hilfe zu holen, sonst könnte es eine ziemlich frustrierende Erfahrung werden. Eine Alternative wäre ein Ausflug nach Ecuador.

samkeit wieder den Hummeln zuwenden. Ich suchte an allen Pfaden, die von der Hütte aus sternförmig in den Wald hineinführten. Die Fortbewegung war zermürbend anstrengend, weil das Gelände extrem zerklüftet war; die Wege waren alle steil, häufig wanden sich ganz enge Pfade an schwindelerregenden Abgründen entlang. Dort im Matsch auszurutschen wäre keine gute Idee gewesen. Manche Pfade gingen aufwärts zu einem nahen 2500-Meter-Gipfel, während andere in Schluchten auf etwa 1300 Metern hinunterführten, wo Bergbäche über riesige rund geschliffene Steinblöcke sprudelten und farbenfrohe Schmetterlinge sich an den Salzen auf dem feuchten Ufersand ernährten. Zum Glück war ich inzwischen über die Darmgrippe hinweg, und meine Beine trugen mich wieder etwas besser. Es war aufregend, in diesen entlegenen Wäldern ganz allein unterwegs zu sein und nach Hummeln zu jagen, aber immer zu wissen, dass ich mich hinter der nächsten Ecke plötzlich Auge in Auge mit einem Bären, einem Puma oder einer Greifschwanz-Lanzenotter finden könnte.*

Ich fand ziemlich viele Hummeln, lauter männliche *Bombus hortulanus,* und alle taten sie mehr oder weniger dasselbe wie die, die ich zuerst gesichtet hatte: Sie hockten auf einem Blatt, zuckten und pulsierten erregt wie kleine Energiebomben. Viele bildeten Gruppen von zwei bis fünf Einzeltieren, manche schie-

* Natürlich kam es nie wirklich dazu. Die Chancen, so einem Tier wirklich zu begegnen, stehen äußerst schlecht, und hätte ich das Glück gehabt, wirklich eines von ihnen kurz zu sehen, dann wäre es mit Sicherheit lieber schnell wieder im Gebüsch verschwunden, statt mich anzugreifen. In Wirklichkeit ist ein Spaziergang durch eine beliebige Stadt sehr viel gefährlicher als die Erforschung des Regenwalds, nur sind wir eben so an Autos und Straßendiebe gewöhnt, dass wir diese sehr viel realistischeren Gefahren gern übersehen. Aber falls Sie sich fragen: Die Greifschwanz-Lanzenotter ist eine kleine gelbe, giftige Baumschlange mit großartigen Augenbrauen im Stil von Larry Hagman alias J.R.

nen aber auch ganz allein zu sein und verteidigten erbittert ihr auserwähltes Stück Waldboden, auch wenn offenbar gar niemand es haben wollte. Für mich hatten die Stellen, die sie als Sitzplatz ausgesucht hatten, nichts Besonderes, sie waren weder überdurchschnittlich sonnig noch schattig und ohne Blüten – soweit ich es überblicken konnte, sahen Millionen andere Stellen genauso aus.

Diese Hummeln waren auf den ansteigenden Wegen bis 2500 Meter Höhe ziemlich verbreitet, also so hoch, wie man hier zu Fuß gelangen konnte; wenn ich bergab ging, dünnten sie dagegen ziemlich schnell deutlich aus; unter 1600 Metern fand ich gar keine mehr. Jede Position markierte ich mit einem roten Band am Stiel ihres liebsten Sitzplatzes, damit ich sie in den nächsten Tagen leicht wiederfand.

Wann immer ich Zeit hatte, ging ich wieder nach ihnen sehen, und das war ziemlich oft, weil meine beiden Studentengruppen gut allein zurechtkamen. Die Kolibrimädels untersuchten unter anderem, ob die verschiedenen Arten sich in ihrer Risikobereitschaft unterschieden, und hatten herausgefunden, dass einige Kolibris in der Tat ziemlich draufgängerisch waren; Kupferschattenkolibris und Landschwanzsylphen kamen sogar zum Fressen auf ihre Hand. Meine Hummeln waren sehr viel schreckhafter, und ich musste mich immer vorsichtig an sie heranpirschen. Zum Glück behielten sie üblicherweise von Tag zu Tag ihre Position bei, mit der Zeit wusste ich also, wann ich bremsen und in die Hocke gehen musste, um sie zu betrachten. Manchmal war eine Hummel nicht an ihrem Platz, wenn ich kam, aber wenn ich ganz still sitzen blieb und eine Zeit lang wartete, kam sie normalerweise irgendwann wieder. Ein paar Mal sah ich, wie die Männchen etwas auf ihre Sitzplätze wischten – ich tippte auf Pheromone. Drohnen tragen im Gesicht Haarbüschel wie Schnurrbärte, und manche Arten – auch die,

die Darwin damals in seinem Garten beobachtete – setzen sie wie Pinsel ein, um entlang ihrer Rennwege Blätter und Zweige mit einer beißenden Flüssigkeit zu markieren, die sie aus ihren Kopfdrüsen ausscheiden. Vermutlich markierten meine Männchen ihr Revier, entweder um Weibchen anzulocken oder um männliche Rivalen abzuwehren.

Wenn es regnete oder sehr trüb wurde, waren sämtliche Hummeln plötzlich weg – wahrscheinlich stellten sie sich irgendwo unter –, doch sobald die Sonne zurück war, kamen sie wieder. Ab und zu verschwand eine für eine halbe Stunde, vielleicht um Nektar zu trinken, obwohl ich sie nur selten auf Blüten sah – ich vermute stark, dass sie sich überwiegend von den Blüten irgendeines Regenwaldbaums hoch über meinem Kopf ernähren. Das gilt wahrscheinlich auch für die Arbeiterinnen der *hortulanus;* ich habe nicht eine von ihnen gesehen, aber angesichts der vielen Männchen musste es ja irgendwo in der Nähe auch jede Menge Arbeiterinnen geben. Eine der großen Herausforderungen der Tropenbiologie in Wäldern wie diesen besteht darin, dass so vieles in der unzugänglichen Kronenschicht abläuft.

Nur ein einziges Mal sah ich ein *Hortulanus*-Männchen, das an den Blüten eines *Rubiaceae*-Buschs Nektar saugte. Auch bei dieser Pflanzenfamilie sind die Arten in Südamerika nicht wiederzuerkennen; in Europa sind die bekanntesten Spezies niedrigwüchsige Kletterpflanzen in Wiesen und Hecken, zum Beispiel Echtes Labkraut oder Klettenlabkraut. In Südamerika dagegen erscheinen viele Mitglieder dieser Familie als große Büsche oder Bäume, zum Beispiel Kaffee – und so fragte ich mich, ob Andenhummeln in Ecuador womöglich zur Kaffeebestäubung beitrugen; ich bekam aber keine Gelegenheit, das zu überprüfen.

In den Gruppen von Männchen wurden faszinierende Luftkämpfe ausgetragen. Manchmal zogen sie sich über Minuten hin – häufig flogen zwei Drohnen geradewegs aufeinander zu wie jugendliche Raser bei einer Mutprobe, wichen im allerletzten Moment aus und legten eine Wende hin, um wieder aufeinander zuzurasen, sodass sie liegende Achten in die Luft malten. Manchmal war noch eine dritte Hummel beteiligt, dann wurden die Flugmuster völlig chaotisch, wenn sie wie wild herumwirbelten und manchmal auch mitten in der Luft ineinanderkrachten. Es kam auch vor, dass sie sich in einem Gewirr von Beinen, Pelz und Flügeln ineinander verhedderten und zu Boden stürzten, wo sie kurz liegen blieben, bevor sie den fliegenden Hahnenkampf wieder aufnahmen. Einmal dauerte eine solche Schlacht, deren Zeuge ich wurde, beinahe vier Minuten – mich erschöpfte schon allein das Zusehen. Vielleicht war das ein Ausdauertest? Irgendwann setzte sich immer eine der Hummeln erledigt hin, und wenn sie auf ihren Sitzplatz zurückkehrte, wurde sie von dem Artgenossen angegriffen, der noch in der Luft war; der stieß auf sie herab und zwang sie zurück in den Ring. Normalerweise zogen sich am Ende alle Männchen auf ihre Sitzplätze zurück, aber manchmal wurde offenbar auch eines vertrieben; vielleicht konnte es nicht mehr Schritt halten, oder vielleicht musste es seinen Energietank mit etwas Nektar auffüllen. In so einem Fall wurde stets sein Sitzplatz gestohlen.

Ich experimentierte ein bisschen herum, indem ich einzelne Tiere fing und sie eine Zeit lang in einem Glas festhielt. Stammten sie aus so einer Hummelgruppe, so dauerte es normalerweise nicht lange, bis ein Konkurrent kam und ihren Platz okkupierte. Wahrscheinlich anthropomorphisiere ich jetzt zu stark, aber es sah immer aus, als wäre der Eindringling besonders zufrieden mit sich, wenn auch immer noch nervös in der Erwartung, jeden Moment für seine Waghalsigkeit zur

Rechenschaft gezogen zu werden, dass er einem anderen den Lieblingsplatz geklaut hatte. Manche Plätze schienen besonders begehrt zu sein – nahm ich dort ein zweites Männchen weg, so kam bald schon ein drittes daher und übernahm ihn. Was also trieben diese Hummeln da?

Interessanterweise besteht eine direkte Parallele zu einem anderen Tier in denselben Wäldern. Der Andenklippenvogel ist ein bizarrer, auffällig hellroter und schwarzer Vogel mit einem extravaganten Federkamm, der aussieht wie der Federbusch eines römischen Kriegshelms – er ist das Wappentier des Reservats von Santa Lucía. Immer im September zur Balzzeit kommen die Männchen morgens in einer Balzarena, die man auch Lek nennt, zusammen, und die Weibchen wählen sich dort ihren Partner aus; diesen Vorgang nennt man Lek-Paarung. In Santa Lucía liegt die Balzarena einen zweistündigen strammen Fußmarsch vom Gästehaus entfernt, tief im Waldesinneren in einem Tal mit steilen Hängen. Die Lek-Paarung findet kurz nach Sonnenaufgang statt und dauert etwa eine halbe Stunde; um sie zu beobachten, muss man also um vier Uhr morgens aufstehen und bei Taschenlampenlicht die zwei Stunden durchmarschieren. Ich konnte nicht widerstehen; und der merkwürdige, faszinierende Anblick war die Anstrengung wirklich wert; fünf Männchen führten da mit wackelnden Köpfen einen Tanz auf, flatterten dazu mit den Flügeln und stießen heisere, kehlige Laute aus. Manchmal können angeblich 20 oder mehr Vögel zusammenkommen, ich hatte also einen ruhigen Tag erwischt. Hinter der Veranstaltung steht der Gedanke, dass ein Weibchen auf Partnersuche nur vorbeikommen und zuschauen muss – alle verfügbaren Männchen aus der Gegend sind hier versammelt und zeigen, was sie draufhaben, und sie kann sich den attraktivsten als Partner auswählen. Damit werden ihre Söhne hoffentlich dieselben sexy Eigenschaften erben und attraktive Geschlechtspartner werden, was die Nachkommenschaft nachhaltig sichern würde. Allerdings tragen die Männchen zur Aufzucht der Nachkommen nicht das Geringste bei, sondern kehren nach einer schnellen Begattung an den Balzplatz zurück. Wer besonders attraktiv ist, kann sich so möglicherweise mehrfach paaren, die weniger beeindruckenden Rivalen dagegen womöglich gar nicht. Während ich da war, sah ich keine Weibchen auf Partnersuche; ich vermute, sie kommen nur sehr selten, an den meisten Tagen ist das Gehabe der Männchen also völlig vergebens.

Die Lek-Paarung ist keine Eigenheit der Andenklippenvögel; in Großbritannien praktizieren sie etwa die Birkhühner, auch die Großtrappen in der Salisbury Plain. Die Schwärme schwarzer Fliegen, die man im Sommer häufig an geschützten Stellen in der Nähe von größeren Gewässern sieht, veranstalten wahrscheinlich etwas Ähnliches. Auch ein paar Arten von Antilopen, Wespen und Fischen paaren sich so. Der Nutzen für die Weibchen springt ins Auge, schließlich können sie sich die Crème de la Crème aussuchen; auch für die bestaussehenden Männchen ist das System ideal; nur für die weniger glücklichen Männchen muss es eine frustrierende Angelegenheit sein, weil sie zu einem völlig aussichtslosen Wettkampf gezwungen werden.

Vermutlich taten meine Hummeln etwas Ähnliches, nur weniger im Pulk und aggressiver als die Klippenvögel – statt zu Dutzenden in einer Balzarena fanden sie sich in kleinen Trauben zusammen, manchmal auch ganz allein, und statt sich einfach nur zur Schau zu stellen, führten die Männchen Luftkämpfe auf. Soweit wir wissen, haben Hummeldrohnen im Leben wirklich nur eine einzige Funktion – die Paarung –, und daher dürfte ihr Verhalten immer irgendwie in Bezug zur Partnersuche stehen. Etwas anderes wäre sehr schwer vorstellbar.

Ich vermute, dass gelegentlich Weibchen vorbeikommen müssen wie die weiblichen Klippenvögel, angelockt möglicherweise durch Pheromone oder vielleicht durch dieselben mysteriösen Merkmale, die die Männchen an ihren Sitzplätzen so schätzen. Angenommen, sie findet ein einzelnes Männchen auf einsamem Posten: Würde sie sich dann mit ihm paaren, oder würde sie ihn verschmähen als traurigen Loser, der nicht einmal einen Sitzplatz an einer der Top-Locations ergattern kann, wo sich mehrere Männchen zusammenfinden? Würde sie weiterfliegen und nach einer Gruppe von Männchen suchen, um sie zu vergleichen und den mit dem größten Sex-Appeal herauszupicken? Wenn ja, dann verschwenden die einsamen Männchen bloß ihre Zeit, besser sollten sie versuchen, sich einer größeren Gruppe anzuschließen wie ein Klippenvogelmännchen. Mit der Zeit wird es vielleicht auch so kommen. Vielleicht entstehen hier gerade Balzarenen, und in ein paar Tausend Jahren versammeln sich die Männchen sogar in noch größeren Gruppen. Oder vielleicht sind die Weibchen gar nicht so wählerisch, oder sie brauchen zur Partnerwahl gar nicht mehrere Bewerber direkt miteinander zu vergleichen, sodass solitäre Männchen am Ende doch ihr Glück finden?

Auf keine dieser Fragen kennen wir die Antwort. Wenn ich kann, möchte ich gerne noch einmal dorthin und versuchen, mehr über diese Hummeln herauszufinden. Ich habe keine einzige Königin gesehen, aber wahrscheinlich tauchen gelegentlich doch Jungköniginnen auf. Vielleicht könnte ich die Drohnengruppen filmen und damit meine Chancen steigern, einen Königinnenbesuch einzufangen. Ich könnte es damit versuchen, massenhaft Pheromone auf Blätter zu verteilen und zu beobachten, ob das Königinnen anzieht, aber dazu müsste ich zuerst die Pheromone aus den Köpfen der Männchen extrahieren, was ihnen höchstwahrscheinlich keinen großen Spaß machen würde. Ich könnte die Männchen vermessen, um herauszufinden, ob die Gruppentiere größer oder stärker sind als die an den einsamen Sitzplätzen. Ich könnte genetische Fingerabdrücke der Männchen erstellen, um zu erfahren, ob die Gruppen aus Brüdern oder aus nicht verwandten Männchen bestehen, und ich könnte überprüfen, ob die Männchengruppen sich jedes Jahr ungefähr an denselben Stellen versammeln. Es gibt so viele mögliche Ansätze.

Das scheint vielleicht alles ziemlich trivial – wen interessiert es schon, was diese Hummeln da treiben? Aber dann hätte man auch Darwins Studien als trivial abtun können, wäre da nicht die Tatsache, dass er am Ende die vielleicht wichtigste Theorie vorlegte, die die Naturwissenschaft je formuliert hat. Während seine Zeitgenossen sich mit praktischen Herausforderungen herumschlugen wie der Entwicklung neuartiger Dampfmaschinen und der Begründung der industriellen Chemie, verwandte Darwin Jahrzehnte auf die Beobachtung von Würmern, das Studium von Rankenfußkrebsen, ließ seine Kinder Hummeln jagen und verglich die Schnabelformen von Galapagos-Finken. Was für ein Firlefanz! Wer konnte schon ahnen, dass das zu etwas derart Grundlegendem führen würde wie der Theorie von der Evolution durch natürliche Selektion? Natürlich werde ich ganz bestimmt nie etwas entdecken, was auch nur ein billionstel Mal so wichtig ist, aber wir sollten das Bestreben, unsere Umwelt zu verstehen, nicht als sinnlos abtun, denn wer weiß, was sie uns noch zu enthüllen hat.

An unserem letzten Tag in Santa Lucía ging ich noch einmal die Gruppe Hummeldrohnen besichtigen, die am nächsten an unserem Haus lag. Nach zwei Wochen unermüdlicher Anstrengung und begrenzter Nahrungszufuhr war ich endlich durch und durch fit und hatte nur unglaubliche Lust auf einen riesigen, von Bratensaft triefenden Meat Pie. Die Hummeln waren zappelig und rastlos wie je und beäugten einander von ihren Sitzplätzen aus. Unwillkürlich wurde mir etwas mulmig. 3000 Kilometer weiter südlich, in den argentinischen Flusstälern über Mendoza, sind wahrscheinlich die europäischen Dunklen Erdhummeln weiter auf dem Vormarsch Richtung Norden. Werden sie es bis hier in diese schönen, ursprünglichen Wälder schaffen? Die Nebelwälder in Ecuador strotzen von Blumen, und wegen ihrer hohen Lage ist es dort nicht zu heiß; es würde mich nicht wundern, wenn Erdhummeln hier überleben könnten – und ihre europäischen Krankheitserreger mit ihnen. Wir müssen hoffen, dass die Dunklen Erdhummeln es *nicht* schaffen, oder wenn, dass *B. hortulanus* sich als widerstandfähiger erweist als *B. dahlbomii.* Und dabei ist das gar nicht die einzige Bedrohung. Von der Stelle, an der ich saß, konnte ich durch einen Schlitz im Wald südlich durch die Bäume hindurch auf das Dorf unten im Tal sehen. Das Tal ist im Vergleich zum Wald auf den Berghängen hellgrün. Es wurde als Anbaufläche für Zuckerrohr oder als Weideland gerodet, und manche dieser hellgrünen Flächen ziehen sich auch schon auf die Berghänge, wo die Bauern in dem Bestreben, ihr Einkommen zu verbessern, auch mit der Rodung begonnen haben. Santa Lucía ist momentan geschützt, zumindest solange das Reservat sich finanziell über Wasser halten kann, aber überall rundum ist die Entwaldung auf dem Vormarsch. Mikas Schätzungen aus Satellitendaten zufolge gehen jährlich 0,7 Prozent der umliegenden Wälder verloren. Das klingt vielleicht nicht nach wahnsinnig viel, aber es bedeutet eben jedes Jahr ein bisschen weniger Platz für Pumas, Schmetterlinge und Nasenbären, und wenn es lange genug so weitergeht, dann bleibt am Ende nichts mehr übrig. Großsäugetiere verschwinden normalerweise als Erste, weil sie riesige Verbreitungsgebiete brauchen, und wenn Menschen auftauchen und Landwirtschaft betreiben wollen, geraten sie zwangsläufig in Konflikt mit ihnen. Auch die Jägerei ist immer noch verbreitet, und selbst Jaguars werden trotz ihres gesetzlichen Schutzes immer noch häufig erlegt.

Es ist eine riesige Herausforderung, diese Tendenzen umzukehren, die Bedürfnisse der Menschen und der natürlichen Umwelt miteinander in Einklang zu bringen, aber irgendwie müssen wir es schaffen. Santa Lucía ist ein mögliches Modell – Schutz der Wälder durch Ökotourismus und die Einrichtung von wissenschaftlichen Forschungsanlagen –, aber das genügt nicht. Ein Kollege in Sussex, Jörn Scharlemann, hat kürzlich berechnet, wie viel es kosten würde, ein Netz von Reservaten einzurichten, die weltweit alle gefährdeten Vogelarten schützen würden. So ein Netzwerk wäre natürlich auch für die meisten anderen gefährdeten Arten der Welt ein Schutzraum. Der Betrag – 76 Milliarden Dollar jährlich – klingt astronomisch hoch, aber Scharlemann weist gleichzeitig darauf hin, dass das lediglich 20 Prozent der Summe entspricht, die jährlich für Sprudel und Limonaden ausgegeben werden, oder weniger als der Hälfte der Boni, die jährlich an die Investmentbanker der Wall Street ausgezahlt werden. So gesehen ist es doch gar nicht so viel verlangt. Natürlich ist diese Summe gemessen daran, was wir für Kriege ausgeben, geradezu mikroskopisch. Wir könnten es uns leicht leisten, Klippenvögel und Schaben zu schützen, Kolibris und Totenkopfschwärmer, Bären und Hummeln – wenn wir uns nur dazu entschließen würden. Jede fünfte Cola-Dose – das ist wirklich nicht zu viel, um die Welt zu retten.

Regenwälder im Mündungstrichter der Themse

> Das Feld – sie nennen es Brachland –,
> nur von Sonne und Regen getränkt,
> ist zwischen den wildgrünen Gräsern
> wieder fleckig von Gelb dicht besprengt.
>
> *Lindsay Laurie, aus* Dandelion

Wahrscheinlich haben Sie inzwischen mitbekommen, dass ich von klein auf ein Naturfreak war. Seit ich etwa sieben Jahre alt war, verbrachte ich meine Wochenenden und Sommerferien, indem ich in unserem Dorfkanal Molche und Schwimmkäfer fing, in ehemaligen Steinbrüchen nach seltenen Orchideen suchte, in einer verlassenen Mühle herumkletterte, um Vogelnester aufzuspüren, oder im Brachland rund um nahe gelegene Kiesgruben Schmetterlinge jagte. Das alles geschah in Shropshire, der Wiege der industriellen Revolution, und die Orte, an denen meine Freunde und ich nach allem möglichen Getier jagten, waren einsame Relikte dieser industriellen Vergangenheit. Damals dachte ich nie darüber nach, aber im Ackerland gingen meine Freunde und ich praktisch nie auf Schmetterlingsjagd, denn wir wussten schon lange, dass auf den hellgrünen Weidelgraswiesen oder in den ausladenden Weizenmonokulturen nur selten etwas Interessantes zu finden war.

Vielleicht wundern Sie sich, dass ausgerechnet diese Industriebrachen immer wieder mit so großem Artenreichtum aufwarten können. Manchmal liegt die Antwort auf der Hand: Ein

Kanal mag vielleicht vor 150 Jahren für den Transport von Kohle oder Eisenerz gebaut worden sein, aber letzten Endes ist er auch nur ein länglicher, sehr schmaler See, und wenn sich die Verschmutzung in Grenzen hält, muss er geradezu von Taumelkäfern, Libellen, Wasserkäfern, Rotbrustfischern und sonstigem Getier besiedelt werden. Viele der Teiche, die einst zu jeder Landwirtschaft gehörten, wurden inzwischen trockengelegt, Kanäle dagegen blieben häufig bestehen (obwohl leider auch viele entwässert und zugeschüttet wurden). Wo es noch Kanäle gibt, wimmelt darin das Leben, und glücklicherweise werden die meisten, die nicht zerstört wurden, heute instandgehalten und dienen als beliebte Angelstellen, auf den Treidelpfaden wird Fahrrad gefahren, es kommen Vogelbeobachter oder einfach Spaziergänger vorbei, mit dem Bedürfnis nach etwas Frieden und Ruhe, weit weg von den verstopften Straßen und dem Tumult des modernen Lebens. Aber Steinbrüche, aufgelassene Fabriken, Abraumhalden und so weiter – wie im Leben konnten sie wertvolle Refugien für wilde Tier- und Pflanzenarten werden? Nun, zum einen ganz einfach, weil sie stillgelegt wurden; der Mensch verursacht dort keine Störungen mehr, es werden keine Pestizide eingesetzt, sie werden weder gepflügt noch bebaut. Noch an die unwirtlichsten Orte kehrt meistens die Natur zurück, wenn sie auch nur die Andeutung einer Chance erhält. Bestes Beispiel dafür ist das McLaughlin-Reservat, das ich in Kalifornien besucht habe; die einstige Goldmine ist heute eine Zuflucht für seltene Hummeln, Klapperschlangen und Rotbeinfrösche.

Ein Merkmal, das viele Industriebrachen gemeinsam haben, sind die nährstoffarmen Böden, wenn überhaupt Mutterboden vorhanden ist. Vielleicht klingt es paradox, aber sehr viele unserer Wildpflanzen sind an nährstoffarme Böden angepasst; der verbreitete Einsatz billiger Düngemittel hat das meiste

Ackerland so fruchtbar gemacht, dass sie dort nicht mehr wachsen können. Wenn Sie das nächste Mal am Feldrand an einer Hecke entlanggehen, schauen Sie mal, was für Pflanzenspezies Sie dort finden. Selten werden das Orchideen, Witwenblumen, Glockenblumen oder Echte Schlüsselblumen sein – sondern wahrscheinlich üppige Brennnesseln, Ampfer und Wiesenkerbel, die wie Unkraut wuchern, denn sie gehören zu den wenigen Spezies, die in stark nitrathaltigen Böden wachsen können. Zwischen dem zerborstenen Beton, den Abraumhalden, dem Kies und den Fundamenten ehemaliger Industrieanlagen gibt es normalerweise nur wenige Nährstoffe. Hier haben viele Pflanzen- und Insektenarten einen passenden Lebensraum gefunden, in dem sie in Frieden gedeihen können.

Das Durcheinander auf stillgelegten Industriegeländen bietet denn auch viele unterschiedliche Nischen, die Pflanzen und Tiere besetzen können. In einem Steinbruch gibt es wahrscheinlich sonnige Plätzchen, also nach Süden ausgerichtete, geschützte Ecken, in denen sich wärmeliebende Insekten und Spinnen wohlfühlen, und auch feuchte, schattige Ecken, die von der Sonne nie erreicht werden, für Leber- und Laubmoose. Es gibt Felsvorsprünge, auf denen Vögel sicher nisten können, und Spalten, in denen sich Landnelken und Fetthennen ansiedeln können. Auf dem Boden des Steinbruchs sammelt sich vielleicht Wasser in seichten Pfützen und Morast: Dort können Amphibien brüten und womöglich nasse Standorte bevorzugende Orchideen keimen. Nichts davon war von den Arbeitern geplant, die vor etlichen Jahren ein Loch in den Boden sprengten oder schlugen – damals meinte man wohl eher, sie fügten der Landschaft furchtbaren Schaden zu, und die Anwohner beklagten sich vielleicht über Staub und Lärm. Das Loch, in dem die Steinbrucharbeiten stattfanden, wurde normalerweise irgendwann aufgegeben, weil es ganz einfach nicht mehr nutzbar war und es sich nicht ohne großen Aufwand verfüllen ließ; und genau damit wurden rein zufällig Refugien für das wilde Leben geschaffen.

Leider werden ehemalige Industriegebiete häufig als »Industriebrachen« bezeichnet. Schon der Name klingt abstoßend – man denkt an Dreck und assoziiert Bilder von einem Schandfleck; schmutzige, rostende Fabrikanlagen und Schlackehaufen, Geschwüre, die dringend saniert und neu erschlossen werden müssten. Außerdem liegen Industriebrachen häufig in oder in der Nähe von Städten, wo die Grundstücke ein Vermögen wert und die Investoren ständig auf der Suche nach neuem Bauland sind, um unsere permanente Nachfrage nach neuem Wohnraum,* neuen suburbanen Einkaufszentren und so weiter zu befriedigen. Auf den ersten Blick ist die Erschließung von Industriebrachen absolut sinnvoll, wenn man überhaupt davon ausgeht, dass wir neue Flächen brauchen. Die Alternative wäre schließlich zunächst einmal die Erschließung der »grünen Wiese«, und das will natürlich niemand. Die sprichwörtliche »grüne Wiese« gilt in der Regel als unantastbar – die ach so schöne britische Landschaft –, und Politiker sichern uns immer wieder zu, sie schützen zu wollen (obwohl natürlich Jahr für Jahr jede Menge Flächen auf der grünen Wiese bebaut werden). Doch denken wir über dieses Paradigma einmal etwas ausführlicher nach.

Die grüne Wiese ist normalerweise landwirtschaftlich genutzt – als Weizen- oder Rapsfelder oder aufgebesserte, hell-

* Argumentiert wird normalerweise damit, dass wir Tausende neue Wohnungen brauchen, um die Immobilienpreise zu senken, damit junge Leute sich ihr Wohneigentum leisten können; aber glaubt irgendjemand wirklich, 100 000 neue Häuser würden tatsächlich die Immobilienpreise senken? Nach meinem Verdacht lautet das wahre Argument eher, dass riesige Bauförderungsprogramme massive Profite für die mächtigen Unternehmen der Baubranche (Hoch- und Tiefbau) versprechen.

grüne Wiesen. Auf diesen Feldern gibt es in der Regel praktisch keine wilde Fauna und Flora – sie sind nahezu vollkommene Monokulturen ohne Unkraut, Insekten oder Vögel. Stellen Sie sich einmal im Hochsommer auf ein Weizenfeld: Sie werden wahrscheinlich nichts als Weizen sehen und nichts hören außer den Wind. Kein Gesumme von Insekten und wahrscheinlich kein Trällern einer hoch in der Luft flatternden Feldlerche. Gäbe es viele dichte Hecken, breite Ackerrandstreifen und unbestellte Ecken, dann könnte dort eine beträchtliche Anzahl heimischer Pflanzen, Vögel, Insekten und so weiter leben; insgesamt aber sind die meisten Agrarflächen ökologische Wüsten. Ironischerweise dürfte die Bebauung von Agrarland die Anzahl vieler wild lebender Arten am Ende erhöhen – Hummelpopulationen zum Beispiel sind in Gärten deutlich stärker als auf Agrarland. Als wir einmal junge Hummelnester in Gärten und auf Agrarland aussetzten und ihr Wachstum überwachten, waren die Ergebnisse sonnenklar: In den Gärten ging es ihnen sehr viel besser. Imker erzielen häufig in urbanen Gebieten sehr viel höhere Erträge, und das führt dazu, dass sogar im Londoner Stadtzentrum die Bienenzucht enorm zunimmt und dass heute auf Bürotürmen und Hotels viele Hundert Bienenstöcke stehen. Städter denken häufig, die wilde Natur gebe es auf dem Land, aber so befremdend es klingt: Heute findet sich davon in der Stadt oft viel mehr. Natürlich ist das ein Armutszeugnis für die moderne Landwirtschaft, aber es zeigt auch, welches Potenzial Gärten als urbane Naturreservate haben; und aus dieser Chance sollten wir mehr machen, wenn die Vorstädte sich weiter so ausdehnen (und davon ist auszugehen).

Selbstverständlich sprechen andere Gründe gegen die bauliche Erschließung von Agrarland, nicht zuletzt die ziemlich einleuchtende Tatsache, dass wir uns schließlich ernähren müssen. Häufig reden Regierungen davon, für wie wünschenswert sie eine höhere Autarkie in der Nahrungsproduktion halten, damit wir nicht so viele Lebensmittel importieren müssen; aber dann segnen sie den Bau ganzer neuer Städte in ländlichen Gebieten ab, und das in der Regel auf produktivem Ackerland. Was ich sagen will: Die Erschließung von Industriebrachen ist nicht automatisch sinnvoller als die Bebauung der grünen Wiese. Für jedes Gelände müssen die Verhältnisse genau geprüft werden, und mit dem andauernden Bevölkerungswachstum lastet auf dem Land Druck aus vielen gegensätzlichen Richtungen.

Vermutlich denkt jetzt der eine oder andere Leser, diesmal läge ich aber wirklich völlig daneben, wenn ich vorschlage, dass manchmal Häuser lieber auf offenem Agrarland gebaut werden sollten als auf einer schäbigen Industriebrache. Wir sehen uns dazu gleich ein Beispiel an. Zuerst aber will ich eine Frage stellen: Was meinen Sie, welcher Standort in Großbritannien die meisten Arten besitzt, also die höchste »Biodiversität«? Sie werden nie darauf kommen – es ist der Windsor Great Park, ein riesiges, 14 Quadratkilometer großes Gelände mit uralten Eichenbeständen, Seen und Wiesen. Da es so nahe an London gelegen ist, wird es seit Jahrhunderten von Biologen jeglicher Couleur unter die Lupe genommen. Die Liste bekannter Arten im Windsor Great Park dürfte wahrscheinlich annähernd vollständig sein oder zumindest weltweit eine der vollständigsten. Allein über 2000 Käferarten wurden dort gefunden, eine ziemlich verblüffende Zahl – wer hätte geahnt, dass es in Großbritannien überhaupt so viele Käfer gibt, geschweige denn an einem einzigen Standort? Kommen wir zur zweiten Frage: Welcher Standort in Großbritannien besitzt die höchste Artendichte, also die meisten Arten pro Quadratmeter? Eigentlich lässt sich das natürlich nicht mit Sicherheit sagen, da an vielen Stellen gar keine vollständige Zählung stattgefunden hat, aber zu den Favoriten gehört ein Ort, der nicht unterschiedlicher sein könnte als der Windsor Great Park, obwohl auch er nahe an London liegt. Ich hatte schon viel davon gehört, nicht zuletzt weil die britischen Umweltschützer dort einen ihrer jüngsten Kämpfe austragen und dafür das Schlagwort »Großbritanniens Regenwald« geprägt haben, um auf die außerordentliche Biodiversität aufmerksam zu machen, die dort herrscht. Außerdem interessierte ich mich dafür, weil dort angeblich eine der seltensten Hummeln Großbritanniens lebte. Im Juli 2015 beschloss ich endlich, dass es Zeit war, hinzufahren.

Mein Ausflug begann einigermaßen glücklos. Ich hatte mir sagen lassen, ich sollte zur St Clement's Church in West Thurrock fahren, östlich von London am Nordufer der Themse. Meilenweit um diese Kirche herum erstreckt sich ein einziges ausgedehntes Industriegebiet, Straßen, Kreisverkehre, Lagerhallen mit graffitibedeckten Wänden, überall Müll. Ähnliche Gelände finden sich überall in großen Teilen der modernen Welt, besonders am Rand unserer größeren Städte, und für mich verkörpern sie, wie abartig wir mit der Welt umspringen. Hier und da gab es Büschel von Vegetation, Sommerflieder, Disteln und Wegwarten auf den wenigen erdigen Stellen, aber weniger vielversprechend hätte es gar nicht aussehen können.

Mein billiges Navi war leider überfordert mit der Aufgabe, mich durch das Gewirr von Straßen und Kreisverkehren zu lotsen, und ich musste eine halbe Stunde lang durch diese deprimierende Gegend kurven, bis ich endlich am Ziel war. Wie sich herausstellte, war St Clemens eine hübsche Kirche mit Feuersteinfassade im typischen ostenglischen Stil; einst hatte sie im ländlichen Essex gelegen, war aber längst von der wuchernden Großstadt verschluckt worden. Heute kauert sie wie deplatziert im Schatten irgendeiner Chemiefabrik mit massiven, hellrot gestrichenen Stahlhallen, einem Gewirr von Stahlrohren und silbernen, qualmenden Kaminen.

Einigermaßen deprimiert und bedrückt von der industriellen Umgebung parkte ich und ging von der Kirche aus zu Fuß über einen müllbedeckten, überwucherten Weg durch Brombeer- und Sommerfliedergestrüpp, das das Meer von Abfällen einigermaßen zu verstecken versuchte. Es war ein schwüler Tag, auf dem engen Pfad war es erstickend heiß, und daher war ich erleichtert, als ich nach etwa einem halben Kilometer auf dem Betondamm landete und den schlammigen Mündungstrichter der Themse übersah. In West-Ost-Richtung führte ein Weg am Ufer entlang. Aus den Unmengen von Hundehaufen, Graffiti, weggeworfenen Bierdosen und zerborstenen Flaschen zu schließen, war er beliebt bei Hundebesitzern und bei Teenagern, die sonst keinen Platz zum Abhängen hatten. Von der Uferbank flog ein einsamer Brachvogel auf, sein gespenstischer Ruf schien in diesem urbanen Chaos beinahe fehl am Platz.

Ich wandte mich nach rechts und ging auf dem Damm Richtung Westen. Wenn meine Wegbeschreibung stimmte, sollte nach etwa einem Kilometer auf der rechten Seite mein Ziel auftauchen. Ich suchte die West Thurrock Lagoons, ein zwölf Hektar großes Landdreieck, das sich auf Google Earth hellgrün vom Betongewucher abgehoben hatte. Bis Anfang der 1990er-Jahre war das Gelände Teil des alten Kohlekraftwerks West Thurrock gewesen und als Deponie für die riesigen Mengen Flugasche genutzt worden, die das Kraftwerk produzierte. Das Kraftwerk selbst wurde inzwischen rückgebaut, doch die Aschehalde war an die 20 Jahre lang sich selbst überlassen geblieben – und dieses Stück nicht gerade vielversprechendes Land sollte angeblich ein Hotspot für natürliches Leben geworden sein.

Ich ging westlich auf die Queen Elizabeth II Bridge zu, die in Dartford die Themse überspannt, man sah den dichten Verkehr auf der Fahrbahn. Ich war so weit weg, dass die Motorengeräusche fast nicht zu hören waren, und es war überraschend friedlich hier. Himmelblaue Wegwarten-Blüten säumten den Weg, und daran sammelten Steinhummeln fleißig Nektar. Dazwischen gab es auch einige weibliche *Dasypoda hirtipes*, eine unserer eher spektakulären Solitärbienen. Mit Trivialnamen heißt die Art Hosenbiene, weil die Weibchen aussehen, als trügen sie riesige goldene Hosen, auf die auch ein Gaucho stolz sein könnte. In Wirklichkeit sind ihre Hinterbeine mit Büscheln von langen goldenen Haaren besetzt, die sie zum Pollensammeln einsetzen. Bienen haben alle möglichen verschiedenen Methoden entwickelt, Pollen zu transportieren. Am verbreitetsten sind die »Körbchen«, wie Hummeln und Honigbienen sie benutzen; sie bestehen aus einem glatten, verbreiterten Segment des Hinterbeins, an dessen Rand eine Reihe lange, gebogene Haare stehen. Der Pollen wird mit ein bisschen klebrigem Nektar zu ordentlichen Paketen geformt und seitlich an das Bein gelagert. Hosenbienen verwenden ebenfalls die Hinterbeine, doch sie packen einfach trockenen Pollen zwischen die vielen Haare, statt ein klebriges Paket zu formen. Maskenbienen transportieren den Pollen im Kropf und würgen ihn im Nest wieder hervor, während Blattschneiderbienen ihn in einer haarigen Bauchbürste verstauen.

Der Anblick, wie die Hosenbienen ihre Hosen mit Pollen bepackten, besserte meine Laune etwas. Immerhin kam jetzt die Sonne durch, und es gab hier jede Menge Blumen und Bienen. Büschel von Jakobsgreiskraut waren völlig bedeckt mit Insekten, winzige schwarze Käferchen, kräftig gefärbte Grüne Scheinbockkäfer mit breiten Oberschenkeln, kleine Dickkopffalter und Rotbraune Ochsenaugen, dazu haarige Raupenfliegen. Mannshohe Kardenkerzen lieferten Nahrung für Garten- und Ackerhummeln. Ein Stück weiter ragte zu meiner Rechten plötzlich ein relativ neuer, robuster Zaun auf, etwa zweieinhalb Meter hoch und oben mit fies aussehenden Stacheln gespickt. Alle zehn Meter standen Drohschilder – »Betreten streng verboten«, »Zuwiderhandlungen werden bestraft« und »Achtung: Wachhunde« mit Bildern wirklich grimmig dreinschauender Hunde. Hinter dem Zaun sah ich lediglich junge Birkenwälder, manche Bäume waren vielleicht zehn Meter hoch und schirmten sehr effizient alles ab, was dahinter lag, sogar von der leicht erhöhten Krone des Damms aus. Hier mussten die West Thurrock Lagoons sein, aber es sah nicht gerade so aus, als würde es ein sehr produktiver Ausflug werden. Ich hatte keine Genehmigung angefragt, das Gelände betreten zu dürfen, denn ich hatte gehofft, einfach zu Fuß hineinspazieren zu können – aber das schien nun recht unwahrscheinlich.

Ich lief an dem Zaun entlang und hielt Ausschau nach einem Eingang; dabei stieß ich auf einen breiten Streifen Vogelwicke, eine hübsche Kletterpflanze mit Trauben von lila röhrenförmigen Blüten, die bei langrüsseligen Hummeln sehr beliebt sind. Und da summten doch geschäftig nicht weniger als drei Arbeiterinnen der Veränderlichen Hummel zwischen den Blüten herum, hübsche, strohgelbe Insekten mit kräftigen rostroten Binden auf dem Hinterleib. Die Veränderliche Hummel ist die verbreitetste von den seltenen britischen Hummeln, wenn man das so sagen kann – jedenfalls ist sie selten genug, dass ihr Anblick mich verzückte. Wie viele unserer selteneren Hummeln lebt sie heute überwiegend in Küstennähe, hält sich in Dünen, Salzmarschen, auf Klippen und an anderen Stellen auf, die für die Landwirtschaft nicht nutzbar sind. Einer der ganz wenigen Orte, an denen man sie im Binnenland findet, ist die Salisbury Plain. Eine totale Überraschung war es nicht, sie hier zu finden, denn der Mündungstrichter der Themse ist eine der letzten Hochburgen der Veränderlichen

Hummel und von noch zwei viel selteneren Arten, der Wald- und der Grashummel. Leider bedeutet das, dass diese gefährdeten Tiere direkt von der schleichenden Urbanisierung der Region bedroht sind, da London sich unaufhaltsam an der Themse entlang ostwärts ausdehnt.

Etwa eine halbe Stunde verbrachte ich mit dem Versuch, gute Fotos von Veränderlichen Hummeln zu schießen, dann ging ich weiter an dem Zaun entlang. An der westlichsten Ecke, wo der Zaun rechtwinklig vom Ufer abbog, war jemand so freundlich gewesen, ein ansehnliches Loch in den Zaun zu reißen. In der Lücke steckte ein ausgebranntes Yamaha-Offroad-Motorrad – es sah fast so aus, als hätte jemand seine Maschine als Rammbock verwendet, was allerdings eine ziemlich selbstmörderische Strategie gewesen wäre. Aber egal, wie es dazu gekommen war, ich war dankbar und kletterte hindurch, stieg durch einen matschigen Graben voller glänzender, tanzender Langbeinfliegen und arbeitete mich durch ein Röhricht in den Birkenbruchwald dahinter. Da ich hier eigentlich absolut nicht sein durfte und es nicht ganz auszuschließen war, dass mich gleich eine Horde geifernde Wachhunde anfallen würde, fühlte ich mich fast wie in einem Abenteuerfilm.

Ehrlich gesagt war es nicht wirklich so, wie ich erwartet hatte. Durch die Bäume führte eine ausgefahrene Motocross-Piste, offensichtlich rasten hier regelmäßig Biker herum, wahrscheinlich ebenfalls ohne Genehmigung. Ihre Räder hatten tiefe Spurrillen in den weichen Boden gegraben und einen dunkelgrauen Sand freigelegt; das musste wohl die Flugasche sein. Neben der Piste stieß ich auf ein bizarres Denkmal, ein hübsch geschnitztes Holzkreuz mit der Aufschrift »Andrew Darvill, rest in peace«, umringt von mehreren Hundert ordentlich aufgereihten Dosen Foster-Bier. Ein ungewöhnlicher Grabplatz – vielleicht wurde hier an das Ableben des Bikers erinnert, der seine Yamaha in den Zaun gerammt hatte?* Ich folgte dem Weg durch den Wald Richtung Norden – es war ziemlich angenehm, wenngleich ich die Bezeichnung »Englands Regenwald« um ehrlich zu sein ein klein bisschen weit hergeholt fand. Ich konnte erkennen, dass rechts von mir zur Mitte des eingezäunten Geländes hin eine große offene Fläche lag, aber jedes Mal, wenn ich versuchte, mich durch das Gebüsch dorthin durchzuschlagen, stand ich irgendwann am Ufer eines langen, mit Schilf zugewachsenen Wasserbeckens, das ich nicht einfach so durchqueren konnte.

Nach etwa einem halben Kilometer kam ich anscheinend ans Nordende des Geländes, denn nicht weit entfernt hörte ich das Brummen von schwerem Gerät und sah durch die Bäume Ausschnitte von rostigen Frachtcontainern. Noch einmal bog ich rechts ab und stellte fest, dass das Wasserbecken hier seicht und recht schmal war. Also arbeitete ich mich durch das Schilf und kletterte über eine alte Planke, die schlauerweise dort herumlag, und plötzlich stand ich in einem hüfthohen Blumenmeer. Ich war auf ein etwa vier Hektar großes offenes Gelände gelangt, auf dem das schäumende Rosa und Weiß der Geißraute dominierte, ein krautiger Hülsenfrüchtler, der in der grauen Asche sichtlich gedieh. Dazwischen standen chromgelbe Flecken von Echtem Johanniskraut, die tiefvioletten hängenden Kerzen von Sommerflieder und dichte blasslila Bestände von Ackerkratzdisteln. Botanisch war das keine besonders große Vielfalt, und viele der Pflanzen, zum Beispiel die Geißraute, sind hier eigentlich nicht heimisch, aber die Pflanzen tischten ein großartiges Bankett für Massen von Bienen, Schwebfliegen

* Später sollte ich erfahren, dass hier mehrere Jahre lang eine Familie gewohnt hatte, und zwar in einem Unterschlupf aus Wellblech, das sie von den umliegenden Fabriken abgestaubt hatten. Allerdings weiß ich immer noch nicht, ob hier wirklich ein Mensch begraben ist.

und anderen Insekten auf. Ich freute mich über mehrere Hornissenschwebfliegen, die größten britischen Schwebfliegen, die die Tatsache, dass sie ein großer, schmackhafter und wehrloser Leckerbissen für Vögel sind, dadurch wettzumachen versuchen, per Mimikry das Aussehen der weitaus weniger harmlosen heimischen Hornisse zu imitieren.

Das ganze Landstück summte von Insekten – allein um die 1000 Hummeln –, und den restlichen Nachmittag watete ich durch die Blumen, fotografierte alles, was mir irgendwie bemerkenswert vorkam, und versuchte, ein paar der ganz seltenen Arten aufzuspüren, die hier leben. Liebend gerne hätte ich die Springspinne *Sitticus distinguendus* gesehen, aber sosehr ich mich auch bemühte, sie mochte sich einfach nicht zeigen. Sie gilt als eine der Spezialitäten der West Thurrock Lagoons – in ganz Großbritannien kennt man diese Art nur an zwei Standorten, der andere ist die Halbinsel bei Swanscombe (Kent) auf der gegenüberliegenden Themse-Seite. Beides sind Industriebrachen, allerdings wird in Swanscombe demnächst ein riesiger Paramount-Freizeitpark gebaut, der mit dem Pariser Disneyland um den Status als größte europäische Touristenattraktion konkurrieren soll; das ist natürlich nicht so gut für die Spinnen, die mit den künstlichen Wasserflächen und den Achterbahnen wahrscheinlich weniger werden anfangen können. Die Spinnen sind sehr hübsch, pelzig und mit einem zarten Muster in Grautönen, dazu zwei Paar übergroße, nach vorne weisende schwarze Augen, mit denen sie die Entfernung zu ihrer Beute abschätzen. *Sitticus distinguendus* fand ich also nicht, wohl aber mehrere Knotenwespen der Art *Cerceris quinquefasciata* beim Nektarsuchen auf Disteln; sie sind zwar nicht ganz so spektakulär selten wie die Springspinnen, aber ebenfalls ziemlich rar. Es handelt sich um hübsche kleine Solitärwespen mit seltsamerweise vier und nicht (wie ihr Name suggeriert) fünf hellgelben Bändern auf dem Hinterleib. Als Jäger sind sie spezialisiert auf Rüsselkäfer*, die sie lähmen und in unterirdischen Tunneln in sandigen Böden aufstapeln, wo die armen Tierchen dann von der Wespenlarve bei lebendigem Leib verzehrt werden. Ich habe Rüsselkäfer schon immer gemocht, trotzdem halte ich mich zurück, den hübschen Wespen ihre grausige Ernährungsweise vorzuwerfen.

Während ich so meine Insekten jagte, war es brennend heiß geworden, die Sonne hatte jetzt ihre höchste Kraft, und der dunkle Ascheboden absorbierte ihre Wärme, sodass er fast zu warm zum Anfassen wurde. Das dürfte wohl eines der Geheimnisse der West Thurrock Lagoons sein, vielleicht ein Grund, weshalb es hier so viele Insekten gibt. Für viele von ihnen ist Großbritannien das Nordende ihres Verbreitungsgebiets, und sie müssen sich in unserem feucht-gemäßigten Klima Jahr für Jahr mühsam durch ihren Lebenszyklus kämpfen. Deshalb kommen viele britische Insekten überwiegend auf Südhängen vor oder in Heiden und Sanddünen, wo sich der stellenweise freiliegende sandige Boden in der Sommersonne überdurchschnittlich aufwärmt. Die grau-schwarze Flugasche bietet exakt so ein warmes Mikroklima, strahlt also Wärme ab – vielleicht ist es kein Regenwald, aber fast tropisch warm fühlte es sich durchaus an.

Zwischen den Blumen gab es kleine seichte Wasserstellen mit dunklen Sandbänken, die mich an die Vulkansandstrände auf Teneriffa erinnerten. Das Wasser hatte Badetemperatur; ich zog also die Schuhe aus, krempelte meine Hose hoch und

* Rüsselkäfer sind eine Familie vegetarischer Käfer mit reizend länglichen, nach unten gebogenen Mundpartien, die mit ein bisschen Fantasie wie Elefantenrüssel aussehen – daher der Name. Diese generell unschädlichen und unauffälligen kleinen Tiere sind mit 40 000 bekannten Arten spektakulär erfolgreich.

planschte ein bisschen herum; angesichts der industriellen Vergangenheit des Geländes widerstand ich allerdings der Versuchung, richtig baden zu gehen. Als die Nachmittagssonne allmählich niedriger stand, setzte ich mich auf eine Sandbank, die Füße im Wasser, und sog die spezielle Atmosphäre auf. Es war seltsam idyllisch – dass ein derart angenehmer Ort mit so vielfältiger Flora und Fauna rein zufällig durch die Ablagerung von Industrieabfällen hatte entstehen können, war einfach aberwitzig. In nur 20 Jahren war dieses ganze ökologische System aus dem Nichts entstanden, und das mitten in einer schwer industrialisierten Landschaft und ohne jegliches menschliche Eingreifen. Vermutlich gibt es die meisten oder all diese Lebewesen auch in anderen kleinen Abschnitten von ursprünglichem oder aufgelassenem Land in dieser Gegend, vielleicht oft sogar an Orten, die den Umweltschützern noch unbekannt sind. Im März 2008 zum Beispiel hatte die Umweltschutzorganisation Buglife eine Artenzählung in nicht weniger als 576 Industriebrachen in London und am Unterlauf der Themse begonnen. An mehr als der Hälfte dieser Standorte verzeichnete man ein erhebliches Biodiversitätspotenzial; leider standen für langfristige Beobachtungen nicht genug Mittel zur Verfügung. Trotzdem können wir mit großer Wahrscheinlichkeit davon ausgehen, dass es mitten in der größten Stadt Großbritanniens noch eine ganze Reihe von Standorten mit hoher Artenvielfalt gibt, auch wenn viele davon vielleicht schwer zu finden und für die Öffentlichkeit nicht zugänglich sind. Leider kam die Buglife-Studie auch zu der Einschätzung, dass im derzeitigen Erschließungstempo bis 2028 alles wieder bebaut sein wird.

Ein paar Wochen später, es war inzwischen Mitte August, kam ich mit einer offiziellen Zutrittserlaubnis noch einmal zu den West Thurrock Lagoons. Ich war neugierig, das Gelände mit jemandem zu erforschen, der sich dort gut auskannte, und auch etwas über die geschichtlichen Hintergründe zu erfahren; daher wollte ich mich mit Sarah Henshall treffen, die bei Buglife für Industriebrachen zuständig ist, und hatte mich am offiziellen Eingang zu dem Gelände hinter einer riesigen Druckerei mit ihr verabredet. Wie sich herausstellte, war Sarah einer der seltenen Menschen mit sprudelnder, ansteckender Begeisterung für ihren Job und für alles, was mit Insekten zu tun hat, und während wir durch die Gegend streiften und einander auf interessantes Getier aufmerksam machten, berichtete sie von der jüngeren Geschichte des Geländes und dem Kampf um seine Rettung. Bei meinem vorigen, unerlaubten Besuch hatte ich, so merkte ich jetzt, nur den südlichsten der drei Abschnitte gesehen, allerdings immerhin den größten. Jedem Abschnitt ist es anders ergangen. Sarahs Geschichte begann 2005, als der Entomologe Peter Harvey mit einer Untersuchung des Geländes beauftragt wurde, um sich ein Bild von seinem Zustand zu machen, vermutlich weil die Eigentümer an eine Bebauung dachten. Damals wusste man, dass im Südteil des Geländes bedeutende Populationen einiger wenig verbreiteter Vögel lebten, etwa nistende Teichrohrsänger, Schilfrohrsänger und Bartmeisen, weshalb ihm der Status eines »Site of Special Scientific Interest« (SSSI) zuerkannt wurde. Über die ansässigen Insekten war nur wenig bekannt, obwohl 1996 und 2003 immerhin flüchtige Erhebungen stattgefunden hatten. Bei dem, was Peter entdeckte, muss ihm absolut die Spucke weggeblieben sein. Bei wenigen Besuchen im Verlauf eines Jahres zählte er 939 Arten von Wirbellosen, in Kombination mit früheren Zählungen kam der Standort damit insgesamt auf nicht weniger als 1243 Arten. Darunter fanden sich 35 Arten von der Roten Liste – dem Verzeichnis der gefährdetsten Arten laut International Union for Conservation of Nature (IUCN) – sowie 116 »landesweit seltene« und 352 »landesweit lokale« Arten. Und unter den vielen Bienen fand Peter natürlich die Veränderlichen Hummeln und Grashummeln sowie die seltene Seidenbiene *Colletes halophilus,* die ihr Nest gern in den sandigen Boden von Salzwiesen gräbt und offenbar sehr gut in Lagen unterhalb der Springhochwasserlinie nisten und überleben kann; vermutlich versiegelt sie dazu den Nesteingang so, dass sie in einer Luftblase geschützt ist. Trotz dieses ausgeklügelten Tricks leidet diese Biene enorm unter der Erschließung der Marschen in den letzten Jahrzehnten, weil damit sowohl ihre Niststätten als auch die Strandastern entfernt wurden, die ihre Hauptnahrungsquelle darstellen.

Peter machte noch alle möglichen weiteren unerwarteten Entdeckungen, zum Beispiel die Laufkäferart *Anisodactylus poeciloides,* die Knotenameise *Myrmica bessarabica* sowie die Fliege *Campsicnemus magius.* Sogar die in Schilfröhricht lebende Fliege *Homalura tarsata* sichtete er, die in Großbritannien bis dahin noch nie dokumentiert worden war. Natürlich sind das alles völlig unbekannte Arten – kaum jemand hat je von ihnen gehört, und wir wissen auch nahezu nichts über den Alltag dieser Tiere; aber es ist wunderbar, dass es sie gibt.

Langer Rede kurzer Sinn: Peter fand eine wirklich bemerkenswerte Anzahl von Tieren, besonders wenn man bedenkt, dass das ganze Gelände nicht größer als zwölf Hektar ist, also ungefähr so groß wie ein durchschnittlicher Acker. Nicht mitgezählt waren auch die vielen Pflanzen, Säugetiere, Vögel und Amphibien, und auch Nachtfalter wurden nicht ernsthaft mit Lichtfallen gezählt; es ließen sich also bestimmt noch leicht ein paar Hundert hinzufügen. Auf diesen Zahlen gründet sich die Bezeichnung vom britischen Regenwald – schließlich ist der echte Regenwald berühmt für seine enorm hohen Artenzahlen. Die West Thurrock Lagoons kamen dem ein bisschen nahe, ein unglaublicher Schatz an merkwürdigen, wunderbaren Insekten und Spinnen.

Wie es das Schicksal wollte, reichte kurz nachdem klar war, wie außerordentlich wertvoll dieses Gelände ist, die britische Post einen Bauantrag für eine großflächige Lagerhalle mit Lkw-Parkplatz ein, der diese ganze Vielfalt zerstören würde. Naturgemäß musste Buglife sich dieser Bebauung widersetzen. Ihre erste Anlaufstelle war die für den Schutz der Biodiversität zuständige Regierungsbehörde Natural England. Buglife brachte gegenüber Natural England ein überzeugendes Argument vor: Wenn der artenreichste Standort in Großbritannien durch unsere Umweltgesetzgebung nicht zu schützen ist, dann ist rein gar nichts in Sicherheit. Die Organisation beantragte die Klassifizierung des gesamten Geländes als SSSI, was einen gewissen Schutz garantiert hätte – doch Natural England lehnte ab. Stattdessen akzeptierten sie nach einigen Verhandlungen einen Kompromissplan, nach dem das Gelände zweigeteilt werden sollte. Der nördliche Abschnitt sollte bebaut werden, der südliche dagegen – der, den ich kürzlich durchstreift hatte – geschützt, zusätzlich sollte ein kleiner Streifen Feuchtland für seltene Vögel aufbereitet werden, es sollten also Gräben angelegt und mit Teichfolie ausgelegt werden, um das Wasser zurückzuhalten. Für den Insektenschutz war dieser Vorschlag eine mittlere Katastrophe, denn gerade im nördlichsten Abschnitt lagen die besten Habitate, nämlich eine großartige Wiese voller Klee und Wicken mit den meisten Veränderlichen Hummeln.

Buglife startete eine Petition und sammelte 2500 Unterschriften, mit denen ein Antrag im Unterhaus eingebracht wurde. Sie bekamen sogar einen Gesprächstermin beim damaligen Premierminister Tony Blair; und doch half das alles nichts. Daraufhin leitete Buglife ein langwieriges, teures Gerichtsverfahren ein, das durch mehrere Instanzen ging und schließlich im britischen Oberhaus als oberstem Berufungsgericht endete, wo die Klage abgewiesen wurde. Offenbar befand man die Bebauung des Geländes für wichtiger als den Schutz seltener Arten – der Bedarf des Landes an einem weiteren Lkw-Parkplatz und Lagerhaus, Teil unseres unendlichen Wettlaufs um ein immer schnelleres Wirtschaftswachstum, gewann gegen *Sitticus distinguendus, Campsicnemus magius* und die Veränderliche Hummel.

Erst als alles verloren schien, schoss die Post sich ein denkwürdiges Eigentor, indem sie eine Reihe Sondermarken mit den seltensten Insekten Großbritanniens herausbrachte. Die großartige Ironie ließen sich die Umweltaktivisten nicht entgehen, und schleunigst lancierte Buglife eine eigene Serie Parodiemarken mit genau den Insektenarten, die die Postbauten schon bald zerstören würden. Die langen Gesichter in den Chefetagen der Post kann man sich vorstellen, womöglich sind auch ein oder zwei Köpfe gerollt – jedenfalls wurde das Bebauungsprojekt kurz darauf zurückgezogen. Ein neues Briefverteilungszentrum wurde inzwischen wenige Kilometer entfernt an einem anderen Standort gebaut, der in Sachen biologischer Vielfalt keinen besonderen Wert hatte. Man kann sich schon fragen, warum diese Lösung nicht früher und mit weniger Aufwand für alle Beteiligten gefunden werden konnte.

Leider ist die Geschichte damit noch nicht zu Ende, weil das Gelände immer noch nicht geschützt war. Als Nächstes kam ein anderes Unternehmen und baute auf dem nördlichsten, blumenreichsten Abschnitt des Geländes die riesige Druckerei, in der etwa die Boulevardzeitung *Daily Mail* gedruckt wird. Damals wusste ich es noch nicht, aber der Parkplatz der Druckerei, auf dem Sarah und ich uns getroffen hatten, war vor nicht so langer Zeit ein Meer von Blumen und summenden Insekten gewesen.

Südlich des Parkplatzes betraten wir den einst mittleren Abschnitt des Geländes, der jetzt ein ideales Setting für einen postapokalyptischen Film abgeben würde, oder vielleicht für eine Episode von *Doctor Who*. Die Vegetation wurde von Motorrädern großenteils plattgemacht, zurückgeblieben ist nur eine Ödnis von offener dunkler, sandiger Asche unter rostigen Strommasten; Mad Max würde sich hier zu Hause fühlen. Die Motorradpisten, die ich im Südteil des Geländes im Wald gesehen hatte, waren nichts gegen das hier. Sarah erklärte, lokale Offroad-Biker würden hier am Wochenende inoffizielle Rennen abhalten, hätten irgendwie sogar einen Imbisswagen herbeigeschafft und träfen sich zu Hunderten. Bestimmt ist das super für sie – ich besaß selbst einmal ein Offroad-Motorrad und weiß, was für ein Kick es ist, das Gaspedal durchzudrücken und die Maschine in eine Kurve zu jagen, sodass der Dreck spritzt – aber das Pflanzenleben haben sie damit wirklich übel zugerichtet. Es sieht so aus, als hätte die Sicherheitsfirma den Versuch, die Biker zu vertreiben, mehr oder weniger aufgegeben, denn wieder und wieder reißen sie die Zäune ein und verschaffen sich Zutritt; da es ohnehin nichts gibt, was von finanziellem Wert wäre, ist es wohl einfacher, sie gewähren zu lassen.

Trotz all dieser Störungen standen auf den Teilen des Geländes, wo die Biker nicht hinkamen, noch sehr viele Blumen. Flugasche ist ziemlich alkalisch, darauf wachsen also Blumen, die man normalerweise auf kalkigen Böden vorfinden würde – die spitzenartigen Dolden der Wilden Möhre, die gelben Kerzen von Steinklee und die zarten rosa Blütensterne von Tausendgüldenkraut. Hier gab es, so erklärte Sarah, relativ viele *Sitticus distinguendus*, gerne versteckten sie sich unter Schlackebrocken (klumpigen, formlosen Gesteinsstücken, auch das ein Nebenprodukt des Kraftwerks). Schlacke ist von feinen

Poren durchzogen, in denen die Springspinnen häufig überwintern. Hunderte solche Klumpen hoben wir an, aber zu meiner Enttäuschung fanden wir keine Springspinnen, weder *distinguendus* noch andere.

Ein Großteil dieses mittleren Abschnitts gehört heute dem Energieversorger National Grid, der dort den Bau zweier neuer Hochspannungsmasten plant. Das wird natürlich unglaublich hässlich aussehen, aber rundum stehen ja ohnehin schon so viele Strommasten und Chemiefabriken, dass es in ästhetischer Hinsicht kaum mehr darauf ankommt. Am Ende ist es für die Natur vielleicht gar nicht so schlimm, zumal damit wenigstens eine andere Nutzung ausgeschlossen wäre; und wenn diese Masten erst stünden, würde National Grid wahrscheinlich auch dafür sorgen, dass auf dem Gelände keine Motorradrennen mehr stattfinden, weil das erhebliche Sicherheitsprobleme aufwerfen würde. Der Boden unter den Hochspannungsmasten würde sich wahrscheinlich erholen und in aller Ruhe wieder für Blumen und Bienen zur Verfügung stehen, und vielleicht würde dann auch weiterhin die Springspinne dort ihre Wege gehen.

Im Gegenzug für diese Opfer ist der südlichste Abschnitt des Geländes heute vor einer weiteren Bebauung geschützt. Obwohl es dort so viele seltene Insekten gibt, scheint Natural England sich weiterhin mehr für die Stelzvögel zu interessieren, die dort zu Gast sind; mit großem Aufwand wurden die vordringenden Birken geschlagen, und für teures Geld wurde ein Schleusensystem eingerichtet, mit dem dauerhaft offene Wasserflächen erhalten bleiben sollen. Das Feuchtgebiet, durch das ich zu Beginn des Sommers gewatet war, war natürlich nicht dafür gedacht, herumirrende Entomologen zu erfreuen. Jetzt droht ihm zwar keine Bebauung mehr, aber natürlich warten noch weitere Herausforderungen. Sollen die sonnigen Blumenwiesen, wo die meisten Insekten wohnen, erhalten bleiben, muss die Verbuschung kontrolliert werden. Die Geißraute droht alle heimischen Pflanzen zu verdrängen, vielleicht muss sie irgendwie eingedämmt werden. Wenn in diesem Gebiet vereinzelt Biker auftauchen, könnten die dadurch entstehenden Kahlstreifen und die gelegentliche Störung durchaus von Vorteil sein, doch wenn National Grid die Biker aus dem zentralen Abschnitt vertreibt, kämen sie womöglich in Massen hier in den südlichen Teil, und das wäre eine wahre Katastrophe. Buglife würde dieses Gelände sehr gerne der Öffentlichkeit zugänglich machen, damit Familien vor Ort die wunderschönen Blumen und die vielen Insekten erleben könnten, aber Motorräder und herumtollende Kinder sind wohl eher eine ungute Kombination. Die Zukunft ist alles andere als gewiss, aber wenigstens im Moment scheint dieses Gelände mehr oder weniger in Sicherheit zu sein.

2009 erhielt Buglife für seine Bemühungen um den Erhalt der West Thurrock Lagoons den »Ethical Award« der Wochenzeitung *Observer,* und ihr Spießrutenlauf durch die gerichtlichen Instanzen schuf sicherlich ein größeres Bewusstsein dafür, wie schwach unsere Umweltgesetzgebung ist, besonders in Bezug auf seltene Insekten. Zwar kann man die ganze Angelegenheit kaum als strahlenden Erfolg der Umweltschützer bezeichnen, schließlich wurde ein nicht ganz kleiner Teil des ursprünglichen Geländes doch zerstört, obwohl ich bei meinen vielen Irrfahrten durch West Thurrock jede Menge andere aufgelassene Industrieanlagen gesehen habe, die stattdessen hätten bebaut werden können. Zum Glück ist wenigstens die Rettungsaktion einer anderen Industriebrache gut ausgegangen, nämlich wenige Kilometer weiter östlich an der Themse auf Canvey Island; dort fuhren Sarah und ich als Nächstes hin.

Canvey Island ist ein merkwürdiger Ort; die Insel liegt zwar nur einen Steinwurf von London entfernt, aber sie wirkt sehr entlegen, öde und winddurchfegt. Sie besteht aus etwa 18 Quadratkilometern ehemaligen Salzwiesen, die nirgends mehr als einen Meter über dem Meeresspiegel liegen, und vom sonstigen Essex trennen sie nur ein paar schmale Wasserläufe, die eigentlich kaum den Namen Insel rechtfertigen. Die Südostspitze der Insel war Anfang des 20. Jahrhunderts ein beliebter Badeort, aber wie in fast allen britischen Küstenstädten blieben die Touristen aus, als Auslandsurlaube billiger und beliebter wurden. Heute wirkt die Strandpromenade mit Spielhallen, Nachtclubs und Campingplätzen eher verschlafen. Im Westen der Insel liegt Canvey Wick*, und obwohl man kaum eine Meile von der Stadt entfernt ist und ein Morrisons-Supermarkt sowie ein McDonald's-Drive-in in Sichtweite liegen, fühlt man sich wie in einer anderen Welt.

Canvey Island erlitt im Winter 1953 entsetzliche Überflutungen, 58 Einwohner ertranken, und kurz danach wurde ein Betondeich errichtet, um die See in Schach zu halten. Bis dahin war Canvey Wick wohl eine periodisch überflutete Salzwiese; der Deichbau dürfte der lokalen Ökologie erheblichen Schaden zugefügt haben – Watt und küstennahe Salzwiesen sind äußerst reichhaltige Habitate für kleine Schlickbewohner wie Würmer und Weichtiere, die wiederum riesige Populationen von Stelzvögeln ernähren; all das wurde zerstört, als man die Flut von diesem Boden aussperrte. Das salzhaltige Land dürfte nach der Trockenlegung anfangs kaum als Ackerland nutzbar gewesen sein; stattdessen musste es als Deponiegelände für

* *Wick* ist ein angelsächsisches Wort für einen Schuppen, in dem Käse hergestellt wird und reift. Wahrscheinlich gab es früher eine Siedlung in Canvey Wick oder zumindest eine aktive Käserei, aber heute bezieht sich der Name lediglich auf die Industriebrache ganz ohne menschliche Einwohner.

Sand und Schlick herhalten, der aus der Themse ausgebaggert wurde, um die schiffbaren Fahrrinnen freizuhalten – bis zu sechs Meter hoch türmte sich der Schlick. Später, in den 1970er-Jahren, sollte dort eine Ölraffinerie gebaut werden, die Erschließung hatte bereits begonnen. Für die Fundamente der riesigen runden Öltanks wurden Dutzende Betonkreise gegossen, dazwischen betonierte Verbindungsstraßen samt Straßenbeleuchtung. Dann brach der Ölpreis ein und das Projekt wurde aufgegeben. Über Jahrzehnte wurde Canvey Wick kaum genutzt – höchstens als wilde Müllhalde oder als Deponie für gestohlene und verbrannte Autowracks, bis 2002 Pläne für eine neue Bebauung aufkamen. Genau wie in den West Thurrock Lagoons hatte sich in den vergangenen 25 Jahren seit Aufgabe der Raffineriepläne auf diesen unwirtlichen Schlickhaufen zwischen den hier und da herumliegenden ausgebrannten Autos, rostigen Einkaufswagen und ausgedienten Matratzen eine bemerkenswerte Fauna entwickelt. Darunter fanden sich fünf der seltensten Hummeln Großbritanniens sowie allein über 300 Nachtfalterarten. 30 der lokalen Wirbellosen stehen auf der britischen Roten Liste für gefährdete Arten.

Auch dieses Gelände wurde in drei getrennte Abschnitte zerteilt und ging an drei verschiedene Eigentümer; bebaut werden sollten die nördlichen etwa 30 Hektar. Käufer dieses Abschnitts war eine Mittlerorganisation namens East of England Development Agency, die einen Showroom für hochpreisige Autos mit großem Parkplatz bauen wollte. Ehrlich gesagt halte ich den Ort nicht für die beste Location für so ein Autohaus – es gibt nicht viel Durchgangsverkehr, und anderswo ist sicher mehr los; andererseits bin ich für solche Dinge wirklich kein Experte. Zum Glück für die Hummeln stießen die Pläne aber auf ein Hindernis in Form eines kleinen Vierbeiners: den Kammmolch. Aus Gründen, die sich mir nie erschlossen haben, genießen Kammmolche einen sehr hohen Schutzstatus, der in keinem Verhältnis zu ihrer Seltenheit steht (sie sind nämlich gar nicht besonders selten). Bitte missverstehen Sie mich nicht, ich finde Kammmolche absolut wunderbar und hätte lieber, dass alle wilden Tierarten so streng geschützt würden, als dass die Molche in ihrem Status herabgestuft würden. Unseren Gesetzen zufolge dürfen Kammmolche jedenfalls nicht geschädigt werden, und daher wurde die Bebauung aufgeschoben, um zunächst die Kammmolche umzusiedeln. Das ist bei Bauprojekten ganz üblich – nicht nur Molche, auch Waldeidechsen und Blindschleichen werden sehr häufig umgesiedelt. Solche Umsiedlungen sind ungefähr das Zweckloseste, was man so treiben kann, es geht nur darum, die Umweltschützer mundtot zu machen und den Investoren eine Ausrede zu liefern, sie hätten ja bei ihrem neuesten Projekt bestmögliche Schadensbegrenzung betrieben. Vielleicht wundern Sie sich über meinen Zynismus – es ist doch wohl eine gute Sache, Molche vor dem Betongrab zu bewahren; lassen Sie mich die Sache also in einem kleinen Exkurs erklären.

Generell leben Organismen immer nahe an der sogenannten Tragekapazität ihrer Umwelt. Stellen wir uns einmal eine Insel mit einer Hirschpopulation vor. Die Insel ist so groß, dass dort genug Gras für 100 Hirsche wächst. Bei weniger als 100 Hirschen verfügen die Tiere über einen Nahrungsüberschuss, es geht ihnen gut, die Muttertiere gebären tendenziell gesunde Kälber mit hohen Überlebenschancen, die Population dürfte also wachsen. Bei mehr als 100 Hirschen wird die Nahrung eher knapp, die Tiere werden untergewichtig, schwach und krankheitsanfällig, und es werden nur wenige Kälber geboren. Unter solchen Umständen schrumpft in der Regel die Population. In der Populationsbiologie nennt man dieses Phänomen die »Dichteabhängigkeit«: Geburten- und Sterberaten fluktuieren so, dass die Population tendenziell auf die Tragekapazität zustrebt. Um einen anderen Fachbegriff zu verwenden: Die Population befindet sich in einem stabilen Gleichgewicht. Natürlich schwankt ihre Größe ein wenig – in besonders warmen, feuchten Jahren wächst mehr Gras, sodass die Hirschpopulation zunimmt, doch irgendwann schrumpft sie auch wieder, wenn die Umweltbedingungen sich wieder normalisieren. Nur bei einer fundamentalen Umweltveränderung auf der Insel – zum Beispiel durch den Bau eines Flughafens – verändert sich auch deren Tragekapazität für Hirsche.

So weit, so gut. Was aber soll das jetzt mit Kammmolchen oder Blindschleichen zu tun haben? Nun, bei einer Umsiedlung braucht man ja eine Stelle, an der man die Tiere ansiedeln kann. Normalerweise ist das der am nächsten gelegene Ort, an dem bereits Kammmolche oder Blindschleichen leben – in diesem Fall die Teile von Canvey Wick, die nicht zum Autohaus werden sollten. Als erster Schritt bei so einer Umsiedlung wird zunächst rund um das Baugelände ein Amphibienzaun errichtet, sodass keine neuen Molche dorthin gelangen und Molche, die einmal entfernt wurden, nicht nach Hause zurückkehren können (keine Ahnung, ob Molche das überhaupt versuchen würden, aber ich hätte durchaus Lust, ein paar Experimente zum Heimfindeverhalten durchzuführen, um es herauszukriegen). Normalerweise wird dafür ein unansehnliches Stück Plastikplane in den Boden gegraben und in bestimmten Abständen an Holzpflöcken befestigt; doch die East of England Development Agency hatte wohl Geld zu verbraten und leistete sich die Luxusversion – ein glänzendes beschichtetes Metallband, das bis heute dort steht. Als dieser Zaun errichtet war, konnten die Molche nach draußen verbracht werden; man fing sie mit Netzen, als sie im Frühling zum Laichen in die Teiche kamen, stellte künstliche Verstecke auf, also Holzplatten, Wellbleche oder alte

Teppichfliesen, unter denen sie sich gerne sammeln, oder vergrub Bodenfallen. Anschließend wurden die Tiere im benachbarten Abschnitt von Canvey Wick freigelassen.

Ich nehme an, Sie haben den Schwachpunkt in diesem Plan inzwischen ausgemacht. Die Stelle, an der die Molche ausgesetzt wurden, besaß bereits eine eigene Population von Kammmolchen (vor dem Bau des Zauns war es natürlich ein und dieselbe Population gewesen). Indem der nördliche Teil des Geländes von Molchen geleert wurde, wurde die gesamte Population in einem halb so großen Gelände zusammengepfercht. Man braucht kein Genie zu sein, um die Folgen zu erahnen – die überbevölkerte Molchpopulation schrumpft. Wenn 500 Molche umgesiedelt wurden, dann werden in nächster Zeit auf unterschiedliche Weise an die 500 Molche sterben, wahrscheinlich langsam und schleichend, bis die Population auf die Größe geschrumpft ist, die die Umwelt tragen kann. Dabei sterben vielleicht nicht genau die 500 Ausgesiedelten – wahrscheinlich sogar eher ein Mix aus Einheimischen und Neusiedlern –, aber sterben werden sie. Natürlich wäre das Ergebnis genau dasselbe, wenn die Molche in ein weit entferntes Siedlungsgebiet verbracht würden – besteht dort bereits eine Kammmolchpopulation, so befindet diese sich wahrscheinlich an oder nahe der Tragekapazität ihrer Umwelt. Die einzige Möglichkeit, wie so eine Umsiedlung funktionieren kann, wäre, ein geeignetes Habitat für die Molche zu finden, in dem es noch keine Molche gibt – was sehr schwierig ist –, oder irgendwo einen ganz neuen Lebensraum zu schaffen. Das kann tatsächlich funktionieren, wenn der neue Lebensraum mit ausreichend Fachkompetenz angelegt wird, aber ich habe da leider auch schon viel Pfusch gesehen, etwa halbherzig angelegte symbolische Gelände, die viel zu klein sind für die Tiere, die dort deponiert werden, oder auf denen ganz einfach nicht die geeigneten Umweltbedingungen herrschen, sodass die Tiere unausweichlich eingehen müssen.*

Trotz allem ging die Umsiedlung weiter, und die Molche wurden brav entfernt. Als alle Molche weg waren, wurde das Gelände »sterilisiert«, indem die Vegetation niedergewalzt und alles mit Unkrautvernichtern eingesprüht wurde, womit ein riesiges Stück herrliches, blumenreiches Grasland zerstört wurde. Die Investoren wollten wahrscheinlich tunlichst vermeiden, dass auf dem Gelände noch einmal irgendwelche wertvolle Arten entdeckt werden, die dann wieder eine Bebauung blockieren würden, und praktizierten lieber eine Politik der verbrannten Erde.

An dieser Stelle kam mit größtmöglichem Säbelrasseln Buglife ins Bild. Buglife war damals eine frisch gegründete Organisation, die eine klaffende Lücke unter den britischen Naturschutzverbänden schließen sollte. Seit langem gab es bereits Verbände zum Schutz beliebter Arten wie Vögel, Säugetiere

* Ein weiteres trauriges Beispiel für so eine verpfuschte Umsiedlung ist die der Igel von den Uists aufs schottische Festland. Igel sind auf diesen schottischen Inseln nicht heimisch, sondern wurden dummerweise von einem gutmeinenden Gärtner eingeführt, der dachte, sie würden ihm Abhilfe gegen seine Schnecken bringen. Stattdessen fraßen die cleveren Igel aber lieber die schmackhaften Eier vieler seltener bodennistender Vögel, die auf den Äußeren Hebriden leben, und sie breiteten sich auf Kosten der Vögel aus. Statt die Igel also alle zu erlegen – die Bedenken dagegen sind nur zu verständlich –, wurde kürzlich eine immens kostspielige Aktion gestartet, sie zu fangen und aufs Festland umzusiedeln – bisher wurden 1600 Igel so verbracht. Natürlich ist das gut gemeinte Arbeit, geleistet von lauter prächtigen Menschen, aber was passiert jetzt mit diesen Igeln? Sie werden auf dem britischen Festland ausgesetzt, wo die Igelpopulation sich seit Jahren im freien Fall befindet. Warum, ist unklar – viele Tiere werden jedenfalls totgefahren, und der Pestizideinsatz gegen ihre Beutetiere scheint ein möglicher Schuldiger –, doch die bittere Wahrheit lautet, dass die umgesiedelten Igel einer ziemlich trüben Zukunft entgegensehen, sodass man sich fragen mag, ob das Geld, das dieser Einsatz gekostet hat, nicht anderswo sinnvoller hätte ausgegeben werden können.

und Pflanzen, aber außer der Butterfly Conservation zum Schutz von Schmetterlingen wollte niemand sich für die Sache unserer wilden Wirbellosen einsetzen (Insekten, Spinnen, Schnecken, Würmer und so weiter), die weitaus die meisten in Großbritannien (und auf der Welt) lebenden Arten stellen. Natürlich ist es verständlich, dass diese Tiere keinen eigenen Verband hatten, der sich für ihren Schutz einsetzte – wer würde schon dem Ohrwurmschutzbund beitreten oder den Freunden der Nacktschnecke? Diese Tiere haben noch nicht einmal einen guten Sammelnamen – »Wirbellose« klingt sehr technisch und eher abstoßend, außerdem ist der Begriff ziemlich unspezifisch, weil er sich auf alles beziehen kann, was keine Wirbelsäule hat; aber wie soll man sie denn sonst nennen? Krabbeltiere, Ungeziefer – nichts, was ihnen ein bisschen Glamour verleihen könnte. Der Name Buglife ist da ein vernünftiger Kompromiss, wenngleich pedantische Entomologen darauf hinweisen mögen, dass streng genommen *bugs* nur eine bestimmte Gruppe von Insekten sind, nämlich die Schnabelkerfe, also Blattläuse, Schaumzikaden, Wanzen und Konsorten.

Auf Canvey Wick gab es keine seltenen Vögel, mit denen man Natural England hätte anspitzen können – noch mehr als in den West Thurrock Lagoons war der Standort vor allem wegen seiner Insekten wertvoll. Da gibt es zum Beispiel so wunderbar obskure Arten wie den »Canvey Island«-Laufkäfer *Scybalicus oblongisculus*, ein Tierchen, das in Großbritannien 100 Jahre lang nicht registriert worden war, bis es hier wiederentdeckt wurde, oder die Gemeine Binsenjungfer, ein sagenhaftes smaragdgrünes Tier, das mit seinen hauchdünnen Flügeln durch die Luft schwebt wie ein lebendig gewordenes Juwel. Wenn irgendjemand um diesen Standort kämpfen würde, dann Buglife, und zum Glück für den »Canvey Island«-Laufkäfer und seine sechsbeinigen Kumpane sprangen sie in die Bresche. Man musste davon ausgehen, dass diese Kampagne beim Publikum kein Selbstläufer werden würde – zum ersten Mal setzte sich jemand für den Schutz einer hässlichen, vermüllten Industriebrache ein, weil es dort ein paar winzige Krabbeltiere gab, von denen praktisch noch nie jemand gehört hatte. Doch mit ein bisschen Nachhilfe von Buglife erkannte der Chef des Umweltressorts beim *Guardian,* John Vidal, die Bedeutung dieses Standorts und veröffentlichte im Mai 2003 einen umfassenden Artikel, der das Publikum begeisterte. Nach neuen Erhebungen über die Insektenbestände umfasst die aktuelle Liste jetzt viele große Raritäten und übersteigt mit über 1400 Arten die West Thurrock Lagoons. Zwar war der nördliche Teil des Geländes zerstört worden, aber das übrige Gebiet, etwa 80 Hektar, wurde 2005 von Natural England zum »Site of Special Scientific Interest« (SSSI) deklariert und genießt so einen gewissen Schutz.

Leider waren die Bebauungspläne damit noch nicht am Ende. Das übrige Gelände ist heute unter verschiedenen Eigentümern aufgeteilt – das östliche Drittel gehört der NGO Land Trust, doch die übrigen zwei Drittel sind im Besitz der Supermarktkette Morrisons, die dort gerne bauen möchte. Nicht ganz ohne Grund sind die Eigentümer da auch ganz optimistisch, denn trotz des SSSI-Status genehmigten die örtlichen Behörden den Bau einer neuen vierspurigen Straße mitten durch den Teil, der dem Land Trust gehört. Diese Straße existiert inzwischen, Kostenpunkt angeblich 18 Millionen Pfund; allerdings nennen die Einheimischen sie nur die »Straße ins Nirgendwo«, weil, Sie ahnen es, sie eigentlich nirgends hinführt. Wenn Teile eines SSSI für den Bau einer Straße zerstört werden können, versteht man, warum Morrisons sich einige Chancen ausrechnet.

Abseits der neuen Straße freilich hat sich in Canvey Wick in den letzten zehn Jahren wenig verändert. Der Land Trust hat die Verwaltung des Geländes an Buglife und den Vogelschutzbund RSPB übertragen, die ihn gemeinschaftlich als Naturreservat betreiben, und für diesen Teil ist die Zukunft jetzt langfristig gesichert. Im September 2014 wurde er offiziell für die Öffentlichkeit zugänglich gemacht, komplett mit Schautafeln und markierten Wegen. Durch diesen Teil führte mich auch Sarah.

Wir nahmen den »Orchideenpfad«, doch da es schon Ende August war, waren sie bereits verblüht. Der Pfad nutzte die befestigten Trassen, die vor 30 Jahren netterweise angelegt worden waren (damals als Zugangsweg zu den nie fertiggestellten Öltanks), und der verwitterte Asphalt, der teilweise überwachsen war und durch dessen Risse und Spalten Blumen sprossen, war attraktiver, als man meinen könnte. Noch mehr als an den West Thurrock Lagoons war schnell klar, dass vor allem die zahlreichen unterschiedlichen Lebensräume hier die Ansiedlung einer so vielfältigen Fauna ermöglicht hatten. Keine 100 Schritte voneinander entfernt lagen Mischwald, Gebüsch, Salzwiesen, sandiges Heideland und Dünen sowie trockene Kalkwiesen. Das Substrat im Boden variiert offenbar sehr stark, von grobem Sand zu feinem Schlick, und seit den Bauarbeiten gibt es auch Abschnitte mit Bauschutt, Beton und Gestein. In den sandigeren, stärker überprägten Gebieten sah ich Büschel von Gewöhnlichem Natternkopf, und sofort hoffte ich auf ein paar seltene Bienen. Sogar die Asphaltkreise, auf denen die Öltanks stehen sollten, brachten zusätzliche Vielfalt, denn sie waren gegenüber dem umliegenden Boden leicht erhöht, sodass trockenheitstolerante Pflanzen wie Schmalblättriges Greiskraut sich an den Rändern festklammern konnten und ihre Wurzeln langsam den Asphalt aufsprengten. Obwohl es kein besonders warmer Tag war, strahlte der schwarze Asphalt Wärme ab, und C-Falter und Pfauenaugen nahmen darauf ein Sonnenbad. Im Handumdrehen entdeckte ich eine Waldhummel, eine Arbeiterin, die auf einem Büschel Frühlingszahntrost in einer sandigen Mulde Pollen sammelte. Während wir in die Hocke gingen, um sie besser sehen zu können, erklärte Sarah, mit welchen Herausforderungen Canvey Wick konfrontiert ist.

Obwohl dieses Landstück jetzt gesetzlich geschützt ist, bedeutet das nicht, dass der Reichtum der Fauna dort für immer gesichert ist. Sich selbst überlassen, wird das Gebiet vollständig verbuschen; das wäre vielleicht prima für ein paar Waldvögel und -pflanzen, würde aber sicherlich dazu führen, dass die meisten seltenen Insekten und viele der Pflanzen wie die Orchideen verschwinden würden. Die naheliegende Lösung wäre, einige der Bäume zu fällen, doch dagegen wehren sich ganz entschieden die Einwohner, die verständlicherweise Kettensägen und Naturschutz nicht für vereinbar halten. Sarah hielt zwar dagegen, dass es von Natur aus auf Canvey Island gar keine Bäume gäbe – auf Salzwiesen wachsen nämlich keine –, aber dieses Argument überzeugte die Einheimischen nicht, und am Ende kam es zu einem Kompromiss: Ein Schutzgürtel von Bäumen sollte stehen bleiben, damit es aus der Ferne weiter so aussah, als stünde dort ein Wald. Dieser Schutzgürtel aber produziert beständig Keimlinge, und da eine einzige Birke jährlich 17 Millionen Samen produzieren kann, ist der Kampf, das Gelände offen zu halten, endlos. Die Verwaltung des Naturschutzgebiets möchte auch stückweise Boden freilegen, also den Humus entfernen; dort könnten Sandbienen ihre Bauten graben und die Samen von einjährigen Pflanzen keimen. Gleichzeitig sollen auch Hügel und Mulden angelegt werden, damit für verschiedene Pflanzen und Tiere unterschiedliche Mikroklimata entstehen, aber auch dagegen wehren sich die Anwohner, die nicht wollen, dass ihre liebsten Gassi-Wege von Bulldozern zerwühlt werden.

Mehr als die meisten Naturreservate zieht Canvey Wick offenbar die unterschiedlichsten Besucher an. Ein Problem könnten Offroad-Biker sein, aber zum Glück sind sie hier längst nicht so zahlreich wie an den West Thurrock Lagoons. Hin und wieder nutzen den Platz Hobbybastler mit selbst gebauten Raketen, denn die Asphaltkreise sind Abschussrampen, um die einen Cape Canaveral beneiden könnte; allerdings ist das Brandrisiko erheblich, und teilweise haben auf dem Gelände auch schon Feuer gewütet. Nachts kommen die Sternengucker, denn das Gelände ist gerade so weit von London entfernt, dass die Lichtverschmutzung nicht mehr allzu stark ist. Zwischen den Sträuchern wurde kürzlich eine kleine Cannabis-Plantage entdeckt. Wegen illegaler Rave-Partys kam es schon zu Polizeieinsätzen. Es gab Husky-Rennen. Falkner wurden dabei erwischt, wie sie zum Entsetzen des Vogelschutzbunds ihre Wüstenbussarde fliegen ließen. Das alles muss für die Manager der reinste Alptraum sein (mit Ausnahme der Sternengucker, die noch der harmloseste Haufen sein dürften). Und dennoch: Wie wunderbar ist es doch eigentlich, dass dieser Ort aus so unterschiedlichen Gründen von so vielen verschiedenen Leuten genutzt wird und dabei immer noch ein großartiger Lebensraum für Wildtiere ist. Denn ja, in gewisser Hinsicht haben vielleicht auch diese Besucher dazu beigetragen, dass für die Wildtiere die richtigen Lebensbedingungen entstanden sind. Die kleineren kahlen Stellen, die die wenigen Biker hier aufreißen, bringen vielleicht mehr Gutes als Schaden, und die Brände, die eine nachlässig weggeschnippte Zigarettenkippe, eine Streurakete oder ein Rowdy, der ein Auto verbrennt, verursachen kann, tragen auch dazu bei, dass die Bäume nicht überhandnehmen, sodass auf den offenen Flächen Schmetterlinge in der Sonne baden und Solitärwespen und -bienen ihre Nester graben können.

Der Orchideenpfad führte uns in einer Schleife bis an die praktisch leere vierspurige Straße und zurück zum Eingang. Mit meiner neuen Ortskenntnis war mir jetzt klar, dass der Weg zurück zum Parkplatz an dem nördlichen Teil von Canvey Wick entlangführte, den die East of England Development Agency zerstört hatte, als noch kein SSSI-Schutzstatus bestand. Ich hatte mich in die Geschichte von Canvey Wick eingelesen und war auf das Schlimmste gefasst; dementsprechend erstaunt stellte ich fest, dass diese Fläche nicht etwa wüst und öde war, sondern der reinste Wildblumenteppich. Der Amphibienzaun stand immer noch, aber die Versuche, das Gelände unfruchtbar zu machen, hatten eindeutig nicht die geplante Wirkung erzielt. Durch die Rodung der Vegetation waren großflächig offene Räume entstanden, und wie wir bereits festgestellt haben, lässt die Natur sich so eine Chance nicht entgehen, um sie schnellstens zurückzuerobern. Sarah wusste nicht genau, was aus dem Bauprojekt geworden war – die East of England Development Agency jedenfalls wurde 2012 aufgelöst, und damit schlummern die Pläne momentan wahrscheinlich in irgendeiner Schublade. Wir stiegen über den kniehohen Zaun und streiften durch Rotklee, Gewöhnlichen Hornklee und Ackerkratzdisteln. Obwohl es schon beinahe Herbst war und bleigraue Wolken von drohendem Regen kündeten, waren jede Menge Hummeln unterwegs, darunter auch etwa ein Dutzend Veränderliche Hummeln und ein paar Waldhummeln. Auf diesem Gebiet wuchsen sogar deutlich mehr Blumen als drüben im Reservat: Das lag an der kürzlichen Rodung, und für Hummeln war dieser Standort sichtlich bedeutsam. Leider stehen diese Flächen nicht unter gesetzlichem Schutz, und wahrscheinlich ist es nur eine Frage der Zeit, bis irgendjemand doch die Pläne für ein Autohaus wieder ausgräbt oder befindet, dass Canvey Island dringend ein weiteres Gewerbegebiet benötigt. Heute ist nur ein Viertel von Canvey Wick in Sicherheit. Wäre die Hoffnung übertrieben, dass die Verwaltung der gesamten 110 Hektar an Buglife und den Vogelschutzbund übertragen werden könnte? Ein paar von den hier ansässigen Tierarten sind unsagbar selten. Von der Waldhummel gibt es in ganz Großbritannien vielleicht noch sechs Populationen, nachdem die Bestände angesichts der Intensivierung der Landwirtschaft 70 Jahre lang rapide geschrumpft sind. Der »Canvey Island«-Laufkäfer lebt unseres Wissens ausschließlich hier und in West Thurrock. Können wir sie nicht einfach alle in Ruhe lassen (abgesehen von der Störung durch ein gelegentliches Husky-Rennen oder durch sporadische Raketenstarts)? Wäre es nicht großartig, wenn Morrisons mit einer Stiftung dieses Landbesitzes sein Umweltengagement zeigen würde – wie wäre es mit der Schaffung einer »Morrisons Bug Reserve«?

Teile von Canvey Wick und den West Thurrock Lagoons sind heute zwar in Sicherheit, doch viele andere Industriebrachen, in denen sich vielfältige Ökosysteme angesiedelt hatten, sind längst zerstört. Noch an den unmöglichsten Orten tauchen plötzlich gefährdete Arten auf, wenn man nur genau genug hinsieht. So hatte der »Canvey Island«-Laufkäfer längst als ausgestorben gegolten, und genauso wurde zum Beispiel 2005 in einem Schutthaufen im Londoner Stadtteil Newham die Bombardierkäferart *Brachinus sclopeta* gefunden, die zuletzt 1928 in Beachy Head (Sussex) gesichtet worden war. Leider war genau für den Schutthaufen, den die Käfer sich ausgesucht hatten, ein Wohnungsbauprojekt geplant, das inzwischen auch verwirklicht wurde – es ist ein wiederkehrendes Merkmal dieser Geschichten, dass seltene Arten häufig erst dann entdeckt werden, wenn in Kürze ihr Lebensraum zerstört werden soll. 61 dieser wertvollen Käfer wurden eilig in einen eigens aufgeschütteten Haufen aus Ziegel- und Betonbruch umgesiedelt, aber ob ihnen diese neue Heimat taugt, wissen wir nicht – sie sind ziemlich exzentrisch,* und unser Wissen über die Bedürfnisse dieser Art ist natürlich äußerst lückenhaft, sodass die Chancen wirklich schlecht stehen.

Weder Buglife noch andere Umweltschutzorganisationen haben so viele Leute, dass sie jedes Stück brachliegendes Land oder jeden Schutthaufen identifizieren und dann verteidigen könnten; keiner weiß also, wie viele *Sitticus-distinguendus*-Springspinnen oder *Brachinus-sclopeta*-Käfer in den Fundamenten eines neuen Supermarkts einbetoniert wurden. Um solche Standorte angemessen zu schützen, gibt es nur eine Möglichkeit: Man muss sie im Voraus sorgfältig überwachen** und dann dementsprechend schützen, wenn sich zeigt, dass

* Bombardierkäfer haben ihren Namen von ihrem unglaublich abwegigen Verteidigungsmechanismus. Sie haben in ihrem Hinterleib eine Sammelblase, die über Drüsen mit Hydrochinon und Wasserstoffperoxid befüllt wird, zwei hoch reaktive, übel riechende Chemikalien. An diese Blase schließt sich eine kleinere, mit chemischen Katalasen gefüllte Explosionskammer an. Wird der Käfer gereizt, spritzt er die stinkenden Stoffe in die Explosionskammer, wo die Katalasen zu einer Explosion führen; durch die Hinterleibsspitze wird dann unter einem hörbaren Knall eine Wolke kochend heißer Benzochinone freigesetzt – das ist wirklich nichts für den häuslichen Chemiebaukasten. Der Käfer kann außerdem den Hinterleib so verdrehen, dass er die heiße, stinkende Wolke auf den Angreifer lenkt – als ich einmal einen in die Hand nahm, versengte die kleine Explosion mir die Fingerspitzen. Ich frage mich ja immer wieder, ob diese Käfer sich ein- oder zweimal in ihrer Evolutionsgeschichte nicht aus Versehen selbst in die Luft gejagt haben.

** Das derzeitige System sieht eine oberflächliche Sichtung der Ökologie von Bauplätzen vor, die sich im Wesentlichen auf eine Handvoll scheinbar zufällig gewählter Arten konzentriert, insbesondere Kammmolche und sämtliche Fledermausarten – das sind natürlich goldige Gestalten, sie benötigen aber eindeutig keinen stärkeren Schutz als viele andere Tiere. Bei diesen Sichtungen bleiben Insekten und andere Wirbellose normalerweise völlig außen vor, und häufig werden sie von Personen durchgeführt, die gar nicht über das nötige Expertenwissen verfügen, um gegebenenfalls seltene und wichtige Arten zu identifizieren.

sie seltene oder wichtige Tiere oder Pflanzen in signifikanten Mengen enthalten. Im aktuellen System funktioniert keiner dieser beiden Schritte besonders gut. Selbst Standorte mit besonderem wissenschaftlichem Interesse wie etwa in Canvey Wick würden die Behörden offenbar nur allzu gerne auf dem Altar des Wirtschaftswachstums opfern, und das selbst, wenn es ganz klare Alternativen gibt.

Mir ist es sehr wichtig, wieder mehr Wertschätzung für die wilde Fauna und Flora zu entwickeln, die direkt vor unserer Nase existiert, mitten in unseren Großstädten, an den unwahrscheinlichsten Orten. Industriebrachen können wunderbar reich an wildem Leben sein. Die meisten liegen am Stadtrand oder mitten in urbanen Geländen; eine großartige Gelegenheit für Stadtbewohner, in Fußnähe seltenen Tieren und Pflanzen zu begegnen. Ich will bestimmt nicht grundsätzlich alle Industriebrachen unter Naturschutz stellen; manchmal lassen sie sich zugegebenermaßen besser nutzen. Doch wir sollten immer erst einmal innehalten und gründlich nachdenken, bevor wir die Bulldozer anrollen lassen. Die wilde Natur in Großbritannien ist in Gefahr, und wir können es uns nicht leisten, noch mehr von den wenigen Orten zu verlieren, an denen es ihr noch gut geht.

Ich stelle mir gerne vor, dass künftige Generationen wieder in Teichen fischen können, schöne Wildblumen zu sehen bekommen, unter Steinbrocken Bombardierkäfer finden, Vögel zwitschern und Hummeln summen hören. Unsere zunehmend urbane Bevölkerung hat nur so selten Gelegenheit, dem wilden Leben zu begegnen; dabei bieten manche Industriebrachen sie direkt vor der Haustür. Auch wenn sie einst durch Menschenhand geschaffen wurden, sind es inzwischen natürliche Standorte, etwas ganz anderes als unsere mit der Nagelschere beschnittenen Stadtparks: Orte, an denen die natürlichen Prozesse ablaufen, wo die Regeln von der Natur bestimmt werden.

Wir leben in einem übervölkerten Land in einer zunehmend übervölkerten Welt; solche Orte sind unglaublich selten, und wir sollten ihren wahren Wert erkennen.

Knepp Castle und die vergessenen Bienen

> *Feral* ist die Fantasie von dem Leben, das wir nicht mehr führen, aber führen könnten, von den Arten, die nicht mehr existieren, aber existieren könnten, und von den Fähigkeiten, die wir nicht mehr einbringen, aber einbringen sollten.
>
> *Robert MacFarland im Interview mit George Monbiot über dessen Buch* Feral

Das gibt es nicht alle Tage: eine E-Mail von einem Ritter, der in einer Burg lebt, mit der Einladung zu einer Führung durch sein Anwesen und anschließendem Essen. Ich war wirklich beeindruckt, ärgerte mich aber auch über meine Ehrfurcht vor einem Adelstitel. Gleichzeitig war ich unglaublich aufgeregt, schließlich war es nicht irgendein alter Ritter mit Burg – es handelte sich um Sir Charles Burrell, 10. Baronet und Besitzer von Knepp Estate; über dieses Anwesen hatte ich seit meinem Umzug nach Sussex schon die tollsten Geschichten gehört. Selbstverständlich nahm ich die Einladung an, und wenige Tage später im Frühling 2013 fuhr ich vor Knepp Castle vor, einem riesigen, eleganten, schlossähnlichen Herrenhaus, das 1806 von John Nash für die Familie Burrell erbaut worden war. Etwa einen Kilometer weiter liegt auch eine »richtige« Burg, erbaut von einem Mitstreiter Wilhelms des Eroberers kurz nach der Schlacht von Hastings 1066; leider wurde sie aber im 18. Jahrhundert größtenteils geschleift, um damit die Fundamente einer Straße zu legen, die später zur A24 wurde.

Halb erwartete ich am Eingang einen Butler in vollständiger Livree, stattdessen öffnete mir ein junger Kerl in Outdoor-Montur, der laut lachte, als ich nach »Sir Charles« fragte. Er sagte mir, Charlie säße am Ende des Korridors in seinem Arbeitszimmer: ein großer, in Eiche getäfelter Raum voller bunt zusammengestellter alter Pulte, Tische und Stühle, auf denen sich Papiere, Dokumente, alte Karten, ausgestopfte Tiere und Fotos stapelten. Quer durch dieses Durcheinander stapfte Charlie persönlich auf mich zu, er war schätzungsweise um die 50, hatte einen jungenhaft unbezähmbaren Haarschopf und ein gewinnendes Lächeln – wie sich herausstellte, war er ein höchst gesprächiger und herzlicher Gastgeber. Auch Ted Green war da, der wohl ausgewiesenste britische Experte für Baumveteranen und die enorme Lebensvielfalt, die sie ermöglichen. Er sah auch selbst ziemlich altehrwürdig aus, wettergegerbt, aber mit einem Zwinkern in den Augen und, wie sich später zeigte, einem fantastischen Sinn für Humor. Bei einem Kaffee erzählte Charlie, wie das Projekt am Knepp Castle entstanden war.

Als junger Mann hatte er, frisch diplomiert vom Royal Agricultural College in Cirencester, das Familienanwesen 1983 übernommen. Damals waren die Nutzflächen an ein halbes Dutzend Landwirte verpachtet, und ein Großteil der 1400 Hektar wurde intensiv bewirtschaftet. Die Geschichte des Anwesens ist gut dokumentiert. Große Teile davon waren zunächst ein Wildpark und beliebtes Jagdrevier von König Johann Ohneland; im alten Schloss ließ er 220 Jagdhunde halten. Mitte des 16. Jahrhunderts wurde der Wildpark aufgegeben, und auf dem Gelände entwickelte sich eine aktive Eisenindustrie, für die ein über einen Kilometer langer Mühlenteich angelegt wurde. Nach dem baldigen Niedergang dieser Industrie ging das Land überwiegend in landwirtschaftliche Nutzung über, teils als Weide-, teils als Ackerland, und so blieb es bis ins 18. Jahrhundert. Zum Glück überlebte der Mühlenteich – wieder ein Relikt unserer industriellen Vergangenheit, das heute zahlreichen Wildvögeln und anderen Wassertieren als Lebensraum dient.

Charlies Vorfahren erwarben das Anwesen um 1780, ließen kurz darauf das neue Schloss bauen und rund um die Gebäude einen ausgedehnten neuen Wildpark anlegen; auf den Weiden pflanzten sie einzeln stehende Eichen, die heute riesige Ausmaße erreichen. Die übrigen Ländereien blieben Agrarland, und 1912 begründete Sir Merrick Burrell in Knepp eine Red-Poll-Zucht, eine hübsche, tiefrote Rinderrasse mit zweifacher Nutzung als Schlachtrind und Milchvieh. Durch umsichtige Kreuzung züchtete er preisgekrönte Tiere, und die Rasse wurde eng mit dem Namen Knepp Castle assoziiert; um 1970 war der Viehbestand auf über 500 Stück angewachsen. Besonders produktiv war das Anwesen freilich nie: Der schwere Weald-Ton im westlichen Sussex ist kein Boden, der sich besonders für die moderne landwirtschaftliche Intensivnutzung eignet. Zwischen den Weltkriegen lag die Hälfte des Bodens brach, weil er schlicht nicht profitabel zu bewirtschaften war; im Zweiten Weltkrieg aber stieg der Druck zur Autarkie in der Nahrungsversorgung so stark an, dass alle Flächen, auch der Wildpark, wieder genutzt wurden; so ackerten die Pflüge nun buchstäblich bis vor die Haustür des neuen Schlosses.

Als Charlie ans Ruder kam, hatte sich seit dem Zweiten Weltkrieg nur wenig verändert. Praktisch das gesamte Anwesen wurde intensiv bewirtschaftet, warf aber kaum Gewinn ab, weil man dem Boden einfach keine großen Erträge abringen konnte. Um doch irgendwie auf einen grünen Zweig zu kommen, wurde das Land immer stärker beansprucht, man pflügte bis direkt an die Hecken und verkleinerte die Kreise um die riesigen Eichen im einstigen Wildpark immer weiter, um so viel Ertrag zu erzielen wie nur möglich. Dennoch bewirkten

Änderungen im Subventionssystem und fallende Milchpreise, dass das Anwesen allmählich in die Verlustzone abdriftete. Charlie überlegte hin und her, was sie da eigentlich taten – noch den letzten Tropfen aus dem Land herauszuquetschen, um damit am Ende Verluste zu machen, war doch Widersinn, aber was sollten sie tun nach Jahrhunderten der Landwirtschaft? Mit großem Bedauern verkaufte er im Jahr 2000 die letzten Rinder und gab die Milchviehhaltung ganz auf.

Um sein Einkommen zu diversifizieren, stieg Charlie 2001 in ein staatliches Landschaftspflegeprogramm* ein mit dem Ziel, den Wildpark rund um das neue Schloss zu restaurieren. Bei einem Besuch auf dem Gelände zeigte sich Ted Green entsetzt, dass das Ackerland bis an die Füße der mächtigen Eichen heranreichte, von denen manche in ziemlich üblem Zustand waren. Alte Eichen sind Lebensraum für eine wirklich verblüffende Artenvielfalt – nicht weniger als 423 unterschiedliche Insekten- und Milbenarten wurden in oder auf ihnen gezählt, sie fressen ihre Blätter, bilden daran Gallen, saugen ihren Saft, knabbern an ihren Wurzeln und so weiter. Gefunden wurden außerdem unzählige Pilze sowie unglaubliche 324 unterschiedliche Flechtenarten (wer von uns hätte geahnt, dass es überhaupt so viele Flechtenarten gibt, und dann noch auf Eichen?). Eine einzelne Eiche kann für sich genommen eine ganze Welt sein, und das auch noch lange nach ihrem eigenen Tod, denn viele dieser Insekten graben sich ins Totholz, wenn es über Jahrhunderte hinweg langsam morsch wird. Unsere alten Wälder enthielten große Mengen an totem, moderndem Holz, vielleicht bis zu 200 Kubikmeter pro Hektar, und dazu zahlreiche Insekten und Pilze, die sich mit ihrer Ernährung auf dieses

* Countryside Stewardship Agreement des britischen Ministeriums für Umwelt, Ernährung und Landwirtschaft (Defra).

Totholz spezialisiert hatten. Dann wiederum spezialisierten sich Vögel, Spechte zum Beispiel, auf diese Insekten, während andere Vögel und Fledermäuse in den Höhlen nisteten, die in den langsam faulenden Bäumen entstanden. Während der Zersetzung schützt das Totholz zudem vor Bodenerosion und speichert riesige CO_2-Mengen, und wenn es am Ende ganz verrottet, setzt es Nährstoffe frei, die neue Bäume zum Wachstum brauchen. Kurz, tote Bäume sind Paradiese für die wilde Fauna und ein integraler Bestandteil von Waldökosystemen.

Daher ist es ziemlich traurig, dass es in der modernen Forstwirtschaft gängige Praxis ist, tote Bäume so schnell wie möglich zu entfernen, um sie nicht zu Krankheitswirten werden zu lassen und um das extrem unwahrscheinliche Ereignis auszuschließen, dass sie auf Passanten stürzen (wie viele von uns pflegen das Hobby, bei windigem Wetter unter seit langem toten Bäumen herumzustehen?). Besonders durchgemanagte Forste enthalten zuweilen weniger als einen Kubikmeter Totholz pro Hektar. In der Folge sind heute viele der Lebewesen, die sich von Totholz ernähren, extrem selten – die Schwebfliege *Blera fallax* zum Beispiel, eine Art, die in wassergefüllten Bruthöhlen in alten Kiefernstümpfen nistet, steht in Großbritannien heute am Rande der Ausrottung. Ebenso der Veilchenblaue Wurzelhalsschnellkäfer, der im sogenannten Mulm nistet, dem feuchten schwarzen Material, das sich im hohlen Kern eines schon länger toten, bereits stark zersetzten Baumstamms findet; diesen Käfer gibt es nur noch auf einer Handvoll Bäume. Wir haben diesen armen Tieren in unserer modernen Welt ihren gesamten Lebensraum genommen.

Einige der Eichen am Knepp Castle waren halb oder ganz tot, und nach konventioneller Praxis hätte man sie natürlich gefällt und zu Feuerholz zersägt; zum Glück aber wusste Ted um den Wert von totem Holz. Er schlug Charlie vor, die toten

Bäume in situ stehen zu lassen und zur Verjüngung ein paar neue zu pflanzen. Mir war das bereits aufgefallen, als ich die lange Auffahrt heraufgekommen war: Die alten Bäume stehen noch, die meisten leben, einige sind teilweise abgestorben mit hohlen Stämmen und zerklüfteten, blattlosen Ästen, aber doch noch ein paar grünen Büscheln frischer Blätter; andere sind ganz tot und durchlöchert von Spechthöhlen, nach und nach werfen sie ihre mächtigen Äste ab, die dann auf dem Boden langsam verrotten. Jeder einzelne dieser Bäume sah einfach großartig aus.

Im Rahmen des Landschaftspflegeprogramms wurden die Äcker in Viehweiden zurückverwandelt, und Charlie führte mehrere Weidetiere ein (Damhirsch, Exmoor-Pony und Englisches Langhornrind), robuste Stämme, die mit minimalem Pflegeaufwand im Freien leben. Statt auf Weizen- und Rapsfelder blickten Charlie und seine Familie jetzt von ihrem Haus aus auf grasende Viehherden, die ein mehr oder weniger natürliches Leben führten. Charlie formulierte es so: »Es fühlte sich plötzlich so mühelos an, es gab viel mehr Raum und viel weniger Stress.« Und ihnen fiel auf, dass die Insekten- und Vogelpopulationen allmählich zu wachsen begannen.

Neben anderen Faktoren motivierte genau das Charlie zu einem ziemlich gewagten Schritt: Er stieg auf dem gesamten Anwesen aus der konventionellen Landwirtschaft aus und startete ein Projekt zur »Wiederverwilderung«. Das Konzept des »Rewilding« gilt manchen Experten als Revolution im Umweltschutz. Bei konventionellen Umweltschutzprojekten wird für den Erhalt bestimmter wertvoller Habitate häufig sehr viel Aufwand betrieben. Kalktrockenrasen zum Beispiel verbuscht, wenn er nicht gepflegt wird, das lässt sich etwa an der Einschlagszone auf der Salisbury Plain beobachten. Die noch vorhandenen Fragmente blumenreicher Kalkwiesen außerhalb der

Salisbury Plain liegen fast alle in Naturreservaten, so Box Hill in Surrey oder Castle Hill nahe Brighton in den South Downs. Im Winter rücken dort Gruppen von Freiwilligen mit Äxten und Sägen dem Weiß- und Schlehdorn zu Leibe. Phasenweise werden auch Weidetiere gehalten oder die Wiesen mit dem Traktor gemäht. Invasive Unkräuter werden gejätet oder mit Herbiziden beseitigt. Ähnlich läuft es mit Heideland: Würde man dort nicht die invasiven Birken entfernen, so würden unsere Heiden mit all ihren seltenen Schmetterlingen, Vögeln, Reptilien und Blumen ganz schnell zu Wäldern verbuschen. Es handelt sich da also keinesfalls um natürliche oder naturbelassene Flächen; diese Lebensräume wurden vor Jahrhunderten oder Jahrtausenden durch menschliche Aktivität geschaffen, und in gewissem Sinn werden sie genauso intensiv gemanagt wie die Getreidefelder rundum.

Den Begriff Rewilding benutzte erstmals 1990 der amerikanische Naturschutz- und Umweltaktivist David Foreman in seiner Enttäuschung darüber, dass die Umweltschutzbewegung im Kampf gegen Habitatverlust und Artensterben einfach keine substanziellen Fortschritte erzielen konnte. Er benannte damit das Konzept, große Reservate auszuweisen und dann der Natur ihren Lauf zu lassen – also so wenig wie möglich und idealerweise gar nicht einzugreifen. Das bekannteste Beispiel in Europa ist Oostvaardersplassen in den Niederlanden, ein 56 Quadratkilometer großes Gelände am Ijsselmeer, das 1968 durch einen Deichbau trockengelegt wurde. Das geschützte Moorgebiet wurde schnell zu einem wichtigen Aufenthaltsort für zahlreiche Stelzvogelarten; doch es drohte unter der Ansiedlung von Weidensämlingen zu verbuschen, die ohne ein Eingreifen das Gelände am Ende für Stelzvögel wohl wertlos gemacht hätten. Da lieferte der niederländische Biologe Frans Vera einen umstrittenen Lösungsvorschlag.

Lange war man davon ausgegangen, dass Europa vor der Ankunft des Menschen flächendeckend von dichtem Urwald bedeckt war; das hatten Pollenanalysen in Torf und am Grund von Seen ergeben. Dieser Annahme widerspricht Frans und geht stattdessen davon aus, dass diese Wälder möglicherweise sehr viel offener waren, ein Mosaik aus Lichtungen, Buschland und geschlossenem Wald, das von großen Weidetieren offen gehalten wurde – Auerochse, Wildschwein, Wisent, Damhirsch und so weiter. Noch früher, vor 50 000 Jahren, gab es auch Nashörner und Europäische Waldelefanten; Letztere konnten mit Leichtigkeit auch größere Bäume flachlegen. Es kursiert sogar die Hypothese, die gewaltigen Stämme und die dicke, tief durchfurchte Borke bei einigen unserer heimischen Baumarten wie Eichen seien eine Adaption, die sie einst vor dem Verbiss durch diese längst ausgestorbenen Tiere schützen sollte. Frans' These ist recht plausibel, denn sie liefert eine mögliche Antwort auf ein riesiges ökologisches Rätsel: Wo lebten all unsere seltenen Wiesenblumen, Bienen und Schmetterlinge, bevor der Mensch kam und die Wälder rodete? Tiere wie der Himmelblaue Bläuling, der nur auf sonnigen Südhängen auf Kalktrockenrasen vorkommt, hätten im Wald keine Überlebenschancen gehabt. Doch vielleicht war Europa eben gar nicht so vollständig bewaldet, und die Himmelblauen Bläulinge,* *Cala-*

* Meine frühere Doktorandin Georgina Harper stellte eine alternative Hypothese auf. Sie führte genetische Analysen an allen britischen Populationen des Himmelblauen Bläulings durch und kam zu dem überraschenden Ergebnis, dass sie alle einen gemeinsamen Vorfahren hatten – alle stammten von einem einzelnen Weibchen ab, das vor etwa 240 Jahren lebte und eng mit dem in Nordfrankreich heimischen Himmelblauen Bläuling verwandt war. Vielleicht wurde dieses Weibchen in einem Sturm über den Atlantik geweht, oder vielleicht wurde diese Art im 18. Jahrhundert auch absichtlich von einem Schmetterlingsliebhaber in England eingeführt. Zufällig fällt nämlich der Zeitpunkt genau in die Epoche, in der Studium und Sammeln von Schmetterlingen langsam in Mode kamen. Interessanterweise wurde der Himmelblaue Bläu-

denia-Orchideen und so weiter lebten alle auf großen Lichtungen? Frans überzeugte die niederländischen Behörden, die Weidensämlinge nicht von Hand oder mit Herbiziden zu entfernen, sondern diese Aufgabe genauso gut, aber auf natürlichere Art und Weise durch Herden von Großsäugetieren erledigen zu lassen. Prompt führte man Rothirsche, Ponys und Rinder ein und überließ sie sich selbst. Doch da große Räuber zu ihrer Kontrolle fehlten, nahm ihre Anzahl rasch überhand; inzwischen werden daher einige Tiere geschossen, um zu verhindern, dass die Populationen zu groß werden oder Tiere verhungern, und die Bestände werden derzeit bei etwa 3000 Rothirschen, 1000 Ponys und etwa 300 Rindern gehalten. Tatsächlich trugen die Tiere dazu bei, die Weiden in Schach zu halten, und bis heute ist das Gelände ein bedeutendes Vogelreservat mit spektakulären Arten wie dem Seeadler. Am wichtigsten aber ist vielleicht, dass Oostvaardersplassen und das Konzept des Rewilding bei den Niederländern einen Nerv getroffen und sie begeistert haben, nicht zuletzt weil das Reservat kaum zehn Kilometer von Amsterdam entfernt liegt, sodass es ganz leicht ist, dorthin zu fahren und diese Beinahewildnis selbst zu erleben.

An anderen Orten, wo die Schutzgebiete größere Ausdehnungen haben, können Rewilding-Projekte noch einen Schritt weiter gehen. Die Damhirsch-, Wisent-, Auerochs- und Ponyherden im prähistorischen Europa wurden einst von Wölfen, Luchsen und Bären bejagt, und wenn man zeitlich noch weiter zurückgeht, auch von Löwen und Hyänen. Natürliche Lebens-

ling in Großbritannien erst 1775 erstmals beschrieben, also lange nach den meisten anderen Schmetterlingsarten, und das, obwohl es sich um eine sehr hübsche Spezies handelt, die obendrein im Süden heimisch ist, wo es die meisten Schmetterlingssammler gab. Natürlich ist es höchst unwahrscheinlich, dass all unsere Wieseninsekten und Pflanzenarten erst nach der Rodung der Wälder vom Menschen eingeführt wurden, aber vielleicht war es bei ein paar der auffälligsten eben doch so.

gemeinschaften besaßen einst stets einen sogenannten Gipfelräuber, bis der Mensch kam, ihn verdrängte oder ausrottete und seinen Platz einnahm. Möchte man natürliche Lebensgemeinschaften und natürliche ökologische Prozesse wiederherstellen, dann braucht man Gipfelräuber, so ein Credo des Rewildings. Das bekannteste und erfolgreichste Beispiel für die Wiederansiedelung eines Gipfelräubers ist die Auswilderung von Wölfen im Yellowstone National Park in Wyoming, USA. Der seit 1872 als Nationalpark ausgewiesene Yellowstone im Osten der Rocky Mountains hat eine Gesamtfläche von beinahe 9000 Quadratkilometern (das ist etwa so viel wie die Insel Zypern). Natürlich waren Wölfe in der Region eigentlich heimisch, aber selbst im Nationalpark galten sie trotzdem als unerwünscht und wurden durch Bejagung im Yellowstone genauso ausgerottet wie in großen Teilen ihres übrigen Verbreitungsgebiets in den USA. 1926 töteten Ranger zwei Welpen, und kurz darauf war der Wolf im Yellowstone offenbar ausgestorben.

Um 1933 gab es erste Berichte, dass die Vegetation stark unter dem Verbiss durch Wapiti-Hirsche* litt, deren Population wegen der fehlenden Wölfe rasch zunahm. Die Bäume konnten sich nicht mehr regenerieren, weil sämtliche jungen Sämlinge abgefressen wurden, und zugleich wurde das Grasland kahl gefressen. Die Parkverwaltung startete ein Langzeitprogramm zum Beschuss der Wapitis, aber so viele Tiere, dass die Zustände sich wesentlich gebessert hätten, konnten sie gar nicht

* Mit dem englischen Wort *elk* ist übrigens Vorsicht geboten: Im amerikanischen Englisch bezeichnet es den eng mit dem europäischen Rothirsch verwandten Wapiti-Hirsch, im britischen Englisch dagegen ein ganz anderes Tier: den Elch, der in Nordamerika wiederum *moose* heißt. In solchen Fällen wird ganz schnell klar, warum Linnés standardisiertes lateinisches Namenssystem uns sehr viele lästige Missverständnisse erspart.

töten. In den 1960er-Jahren kamen erste Klagen von einheimischen Jägern auf, die sich daran gewöhnt hatten, dass Wapitis so unnatürlich zahlreich und damit leicht zu schießen waren; sie beschwerten sich, dass die Ranger zu viele Wapitis erlegten. Man wollte doch wohl wirklich nicht von ihnen verlangen, sich erst an die Hirsche heranpirschen zu müssen, bevor sie sie niederstrecken konnten! Da Jäger in den USA eine mächtige Lobby sind, drohte der Kongress mit der Streichung der Subventionen für den Yellowstone, wenn man die Wapiti-Population nicht wieder wachsen ließ, obwohl völlig offensichtlich war, dass es ohnehin schon viel zu viele davon gab. Folgsam ließ man die Wapiti-Bestände wieder zunehmen, und der ganze Park wurde praktisch kahl gefressen.

Im Rückblick wirkt die ganze Geschichte wie das reinste Narrenstück, und die Lösung für das Problem der Übergrasung durch den Wapiti scheint absolut auf der Hand zu liegen: Man musste den Wolf wiederansiedeln. Natürlich wurde das auch vereinzelt vorgeschlagen, doch erst nach 1980 zog man den Gedanken allmählich ernsthaft in Betracht. Nach jahrzehntelangem Ringen wurden 1995 schließlich in großen Pferchen 14 kanadische Wölfe im Yellowstone ausgesetzt, und nachdem sie sich ein paar Monate lang akklimatisiert hatten, wurden die Gatter geöffnet. Ein Jahr darauf wurden weitere 17 Tiere ausgewildert.

Obwohl ihnen verärgerte Jäger hin und wieder nachsetzten, gediehen die Wölfe prächtig. Nach nur vier Jahren gab es schon über 100, und inzwischen schwankt die Bestandszahl zwischen 80 und 170. Einzelne Tiere haben sich über die Parkgrenzen hinaus ausgebreitet, wo sie geschossen werden dürfen, aber in der Gegend dort ist die Natur überall ziemlich wild – Schätzungen zufolge gibt es im Nationalpark und der Umgebung etwa 250 Tiere; das klingt ziemlich viel, nur muss man sich einmal überlegen, auf was für eine Fläche sie sich verteilen. Selbst wenn all diese Wölfe sich im Park aufhalten würden, käme immer noch nur einer auf 36 Quadratkilometer.

Doch sogar bei dieser geringen Dichte wirkt sich die Präsenz der Wölfe offenbar enorm auf das Ökosystem im Yellowstone aus, und das bei weitem nicht nur auf die Wapiti-Bestände, die inzwischen um etwa 50 Prozent abgenommen haben. Genau dokumentiert werden die Folgen von William Ripple, Ökologe an der Oregon State University. Seinen Ausführungen zufolge reduziert die Präsenz des Wolfs nicht nur die Anzahl von Wapitis, sondern verändert auch das Verhalten der übrigen Hirsche. Insbesondere meiden sie jetzt steile Hänge in Flusstälern, weil sie dort heranpirschende Wölfe schlechter sehen können, und bleiben stattdessen eher draußen im offenen Land. Wapitis lieben Zitterpappeln, andere Pappeln und Weiden, und gerade Weiden wachsen an nassen Stellen wie Flussufern. Ohne die Wölfe waren die Wälder beträchtlich geschrumpft, und das wiederum hatte sich auf die Biberbestände ausgewirkt, die im Winter stark auf Weiden als Futterpflanze angewiesen sind. Im Yellowstone waren Biber beinahe vollständig ausgestorben, aber seit die Wölfe zurück sind, haben sich die Weiden allmählich erholt – und mit ihnen die Biber. Biber selbst sind die reinsten Ökoingenieure: Mit ihren Dämmen richten sie neue Feuchtgebiete und Sümpfe ein, fördern damit den Weidenwuchs und schaffen zugleich Habitate für Amphibien, Stelzvögel und so weiter. Die Vielfalt der von ihnen geschaffenen aquatischen Lebensräume – tiefe Tümpel, fließende Becken, flache Sümpfe – fördert auch die verschiedensten Insekten- und Fischarten. Zugleich dienen die Dämme der Wasserspeicherung, verhindern bei starken Niederschlägen die Erosion am Ufer und Überflutungen weiter flussabwärts; insgesamt hat dieser pummelige braune Nager mit den übergroßen Zähnen eine ziemlich beeindruckende Ökobilanz vorzuweisen.

Ripple zufolge waren die positiven Folgen der Wiederansiedlung des Wolfs auch andernorts zu besichtigen. Ohne Wölfe hatte es große Zuwächse von Kojoten gegeben. Sie wurden jetzt in steileres Gelände zurückgedrängt, also keineswegs ganz ausgerottet; doch kam die Verdrängung den Populationen von kleinen Säugetieren und bodennistenden Vögeln zugute, von denen die Kojoten sich ernährt hatten. Die Überreste der Wapiti-Kadaver, die die Wölfe liegen ließen, nutzten Aasfresser wie Krähen, Vielfraße und Weißkopfseeadler und sogar Bären, und Letztere profitierten auch vom Wiedererstarken der beerentragenden Krautschicht an den Flussufern. Die vielfältigen Wirkungen, die von den Wölfen ausgehen, werden häufig als trophische Kaskade beschrieben, und es ist äußerst spannend zu beobachten, wie umfassend und grundlegend positiv sich die Wiederherstellung des ökologischen Gleichgewichts für die wilde Fauna und Flora in einem so riesigen Gebiet ausgewirkt hat. Immer wieder wurde dieses Abenteuer erzählt, in Zeitschriften, Büchern und Dokumentarfilmen, und bis heute beeindruckt es ein großes Publikum.

Einige Wissenschaftler stellten kürzlich infrage, ob die ganze Geschichte wirklich so sauber ist, wie Bill Ripple sie darstellt. Einige seiner Theorien ließen sich im Test nicht stützen – so führt zum Beispiel das Fernhalten der Wapitis von Flussufern nicht unbedingt zu erhöhtem Wachstum von Weiden, und ein direkter Nachweis dafür, dass Wapitis eher gerissen werden, wenn sie an den Flussufern äsen, lässt sich auch nicht so einfach erbringen. Trotzdem ist man sich weitgehend einig, dass der Wolf und in seiner Folge der Biber sich grundlegend positiv auf den Yellowstone-Nationalpark auswirken.

Charlie hatte sich ausführlich über den Yellowstone informiert sowie in Oostvaardersplassen Frans getroffen und das Reservat besichtigt; daraufhin beschloss er, in Knepp etwas Ähnliches zu versuchen. 2004 nahm er weitere Flächen aus der konventionellen Landwirtschaft heraus, und 2009 schließlich ging praktisch das ganze Anwesen in eine höhere Stufe des Landschaftspflegeprogramms ein; dadurch erhält er seither für den Schutz der Biodiversität erhebliche Fördermittel von der Naturschutzbehörde Natural England. Das Gelände wurde vollständig mit hohen Hirschzäunen eingehegt; leider in drei getrennten Parzellen, weil Straßen durch das Anwesen führen. Anschließend wurden interne Zäune und Gatter entfernt, übrig blieben nur die alten Heckensysteme. Es gab vor Ort bereits Rehe, und außerdem wurden noch Englische Langhornrinder eingeführt, Tamworth-Schweine, Damhirsche und Exmoor-Ponys. Liebend gern hätte Charlie auch Wildschweine ausgewildert, die in Großbritannien ursprünglich heimisch waren, aber vor etwa 700 Jahren durch Jagd ausgerottet wurden. Zwar darf man sie kaufen und halten, aber sie müssen vollständig mit einem Wildschweinzaun gesichert werden, dessen Errichtung rund um das gesamte Anwesen einfach zu teuer gewesen wäre; daher entschied man sich für Tamworth-Schweine als das, was dem Wildschwein am nächsten kam. Wie die Rinder und Ponys sind auch Tamworths eine alte Rasse, die sehr gut allein zurechtkommt – die Säue sind sehr fürsorgliche Muttertiere, und mit ihren deutlich längeren Schnauzen können sie viel besser nach natürlichen Futterquellen wühlen als andere Zuchtschweine. Auch gegen Sonnenbrand sind sie gut geschützt – schließlich würde aus dem Rewilding-Projekt wohl kaum etwas werden, wenn Charlie und sein Team dauernd ausziehen und die Schweine eincremen müssten, sobald sich einmal die Sonne zeigt.

Seither sind die Tiere mehr oder weniger sich selbst überlassen. Die Hirschpopulation ist angewachsen, weshalb sie inzwischen regelmäßig bejagt wird, um den Bestand zu regulieren. Auch überzählige Rinder kommen zum Schlachter, und ihr Fleisch erzielt in London Feinschmeckerpreise. Abgesehen davon haben die Tiere ihre Ruhe; sie verbringen natürlich das ganze Jahr draußen, suchen sich ihr Futter selbst, pflanzen sich auf natürliche Weise fort und versorgen ihre Jungtiere ganz nach ihrem Instinkt. Die Vegetation wird in keiner Weise gemanagt – das Land entwickelt sich einfach so, wie es will, es gibt keine Versuche, Bäume fernzuhalten oder irgendwie steuernd einzugreifen.

Dieses großartige Experiment lief inzwischen seit etwa zehn Jahren, und ich war äußerst gespannt darauf, zu sehen, wie es draußen im Feld wirklich zuging. Charlie führte uns zu seinem riesigen alten Gefährt, einem sechsrädrigen, offenen ehemaligen Mannschaftswagen des österreichischen Militärs, der so ziemlich auf jedem Gelände fahren konnte. Wir sprangen hinten auf, und los ging es. Es fühlte sich an, als würden wir einem richtigen Abenteuer entgegensteuern, und dieses Gefühl bekommt man in Sussex nicht gerade oft geboten.

Als wir so durch das Anwesen rumpelten, fiel mir als Erstes auf, wie unterschiedlich die einzelnen Felder aussahen. Einige waren offenes Grasland – gelb übersät von Hahnenfuß, dazwischen überall Kuhfladen und Pferdeäpfel, obwohl wir zunächst keine großen Tiere zu Gesicht bekamen. Kaninchen hoppelten vor uns weg, und von einigen lagen Fell- und Knochenteile auf dem Gras verstreut – die Überreste vom Jagdmahl der Bussarde. Als wir durch eine Bresche in der Hecke fuhren, wo früher ein Gatter die Felder voneinander abgetrennt hatte, war der Charakter des nächsten Felds ein völlig anderer. Hier hatte sich Gestrüpp breitgemacht – Brombeeren und Wildrosen, deren dunkelrosa Blüten gerade anfingen, aufzublühen. Auch Dornengestrüpp – Schleh- und Weißdorn – hatte sich angesiedelt, und gemeinsam bildeten diese vier Pflanzenarten ein dichtes defensives Gestrüpp, geradezu eine Festung gegen den Viehbestand, teilweise mit mehreren Metern Höhe und Durchmesser. Wir hielten und stiegen aus, um uns das näher anzusehen. Trotz der stacheligen Dornen wurden die Pflanzen sichtlich noch abgeweidet, die außen liegenden Blätter waren deutlich angenagt und Triebe abgebissen. Trotzdem waren sie, wenn auch langsam, eindeutig auf dem Vormarsch. Mich faszinierte, dass aus der Mitte der größeren Buschbestände, wo die hungrigen Tiere gerade nicht mehr hingelangten, zarte Triebe von Eschen, Eichen und Haselnuss hervorlugten. Ohne den Schutzschild der Dornensträucher rundum hätten sie nie überleben können. Diese Felder wurden gerade langsam wieder zu Wald, und die Dornen, die trotz grasender Tiere überleben können, sägten hier letztlich am eigenen Ast; im Schatten der Bäume, die in ihrem Schutz heranwachsen, werden sie irgendwann selbst zugrunde gehen. Allerdings kann es noch gut 50 oder 100 Jahre dauern, bis sich über ihnen ein annähernd geschlossenes Kronendach gebildet hat.

Als ich mit dem Fuß einen trocknenden Kuhfladen wegkickte – zu diesem antisozialen Verhalten neigen alle Insektenkundler –, frappierte mich, wie viele Mistkäfer und ihre Larven sich darin eingegraben hatten. Nach kurzer und reiflicher Überlegung war mir auch klar, warum. Die Kühe hier wurden nicht regelmäßig mit Avermectinen gegen Würmer behandelt wie das Nutzvieh sonst überall auf der Welt; der Wirkstoff macht den Dung für Insekten giftig und reduziert damit wiederum die Beute für Schwalben, Stare und so weiter. Diese Kuhfladen hier waren *bio*, medizinisch unbehandelt und damit ein großartiger Brutplatz für alles mögliche Getier –

bisher wurden bei Knepp Castle 20 verschiedene Mistkäferarten registriert.

Überall sah man Stellen, an denen die Schweine gewühlt hatten – große erdige Flecken, manchmal über 1000 Quadratmeter groß, wo die Grasnarbe ausgerissen und verteilt worden war. Mir war das schon in französischen und spanischen Wäldern mit großen Wildschweinbeständen begegnet, noch nie aber in Großbritannien. Es sah chaotisch aus, aber in der Ökologie ist diese Störung ein natürlicher Prozess, wahrscheinlich sogar ein ganz wichtiger. Wenn der Boden so durchgewühlt wird, entstehen kahle Stellen, Hügel und Gruben, an denen Pflanzen keimen können, und in den warmen, geschützten Mikroklimata können sich Bienen und Schmetterlinge sonnen. Wir assoziieren seltene Ackerwildkräuter wie Kornblume und Kornrade mit der Überprägung durch die Landwirtschaft; sie gediehen einst zwischen den Nutzpflanzen, bis moderne Herbizide und Saatgutreinigungsmethoden sie ausmerzten. Aber wo lebten sie eigentlich, bevor die Menschen kamen? Vielleicht waren sie einst abhängig vom Wühlen der Wildschweine, die für sie kahle Stellen am Boden schufen!

Wir stiegen wieder in den Wagen und klapperten über mehrere ähnliche Felder, doch dann war das nächste plötzlich ein dichter Wald aus Weiden, bereits zehn Meter hoch und so dicht, dass man sich auch zu Fuß nur mühsam hindurchzwängen konnte. Warum war dieses Feld so anders? Charlie erklärte, das liege zum Teil am Verhalten der Weidetiere, besonders der Kühe. Kurz nach ihrer Ansiedelung hatten sie sich in der Mitte des Felds aneinandergedrängt, weil sie ihre plötzliche Freiheit gar nicht begreifen konnten. Ihr gesamtes bisheriges Leben hatten sie in eingezäunten Weiden verbracht, und sie wussten schlicht nicht, was sie hier tun sollten. Sie brauchten Wochen, bis sie sich auf das Nachbarfeld wagten, und Monate, bis sie das ganze Anwesen erforscht hatten. Einige Gebiete schienen sie zu meiden, obwohl es dort nicht etwa Wölfe gab, die sie hätten verängstigen können; das waren die Stellen, die schnell verbuschten. Weiden haben leichte, flaumige Samen, die mit dem Wind davongetragen werden, sie können also sehr schnell neue Areale besiedeln. Außerdem schien die Entwicklung jedes einzelnen Felds davon abzuhängen, in genau welchem Jahr es unter Landschaftsschutz gestellt wurde – Charlie vermutete, dass es darauf ankam, ob das zufällig gerade ein gutes Jahr für Eicheln oder Eschensamen oder was auch immer war. Absolut wohltuend war daran, dass das alles natürlich war, denn die Natur nahm einfach ihren Lauf, drehte ihr eigenes Ding, und kein Mensch versuchte, irgendwie einzugreifen. Charlie hat kein bestimmtes Ziel, ihm ist egal, was auf seinem Anwesen passiert, er möchte nur sehen, *was* passiert. Ich brauchte eine Weile, bis ich das ganz begriffen hatte, denn alle Umweltschutzprojekte, an denen ich bislang beteiligt gewesen war, waren zielorientiert – wir wollten eine ausgestorbene Hummel wieder einführen oder 100 Hektar blumenreichen Lebensraum schaffen oder die Ausbreitung einer invasiven Art verhindern. Nie war mir der Gedanke begegnet, man könnte die Dinge einfach laufen lassen, nicht länger versuchen, dafür verantwortlich zu sein. Und das war wirklich schlicht großartig.

Wir hielten an einer aufwendigen, aber grob gezimmerten Plattform, die in etwa sechs Metern Höhe um eine ehrwürdige alte Eiche gebaut worden war. Charlie verbot mir den Mund, denn ich redete gerade lautstark auf Ted ein; leise stiegen wir jetzt auf die Plattform. Ich verstand nicht recht, warum wir so still sein sollten, hütete mich aber, zu fragen. Von der Plattform aus blickten wir über eine große Fläche seichtes Wasser und Sumpfland. Einst war hier ein Acker gewesen, aber man hatte den Boden aufgegraben und zu einer Böschung aufgehäuft, um einen kleinen Bach einzudämmen – genau das hätten vielleicht Biber getan, wenn es sie hier noch gäbe. Aus ähnlichen Überlegungen heraus hatten Charlie und sein Team am Fluss Adur, der durch das Gelände fließt, wieder Biegungen angelegt. Seine Vorfahren hatten ihn einst begradigt und einen tiefen, lang gestreckten Kanal gebaut, der eine wirksame Drainage gegen die winterlichen Überflutungen ermöglichen sollte. Heute weiß man, dass genau das weiter flussabwärts erst recht zu Überschwemmungen führt, doch damals hatte man in bester Absicht gehandelt. Auch die Biodiversität hatte unter der Flussbegradigung gelitten. Jetzt passierte dasselbe wie im Yellowstone durch die Hilfe der Biber: Die Restaurierung der Biegungen schuf Stellen mit seichtem Wasser, tiefem Wasser, schnellen Strömungen und trägen, fast stehenden Gewässern, und das wieder bot die verschiedensten Nischen für Wasserpflanzen, Insekten und Fische.

Wir standen ruhig auf der Baumplattform und hörten in der Ferne zuerst einen Kuckuck rufen, dann eine Turteltaube. Von beiden Arten sind die Bestände in den letzten Jahren enorm gesunken, doch in Knepp scheint es ihnen gut zu gehen. Über uns kreiste lautlos ein Rotmilan, klappte lässig seinen langen gegabelten Schwanz um, um nach rechts und links zu steuern, während er den Boden nach Essbarem absuchte. Charlie zeigte auf das Gebüsch rechts unter uns, und da sah ich drei Rothirsche, die still an den zarten Blättern halb überfluteter Weiden ästen. Ihre glänzenden rostroten Flanken schimmerten in der Sonne, ihre Muskeln zitterten und ihre Schwänze zuckten, um die Fliegen zu vertreiben. Plötzlich erstarrten die Hirsche und blickten sich wachsam um; ihre Augen und Ohren richteten sich auf das rückwärtige Ufer des Sees, wo eine Tamworth-Sau aus dem Unterholz trat, gefolgt von drei Ferkeln. Die Hirsche entspannten sich, als die vier Schweine laut planschend in das sumpfige

Wasser stoben. Ich war sprachlos – es war fast wie auf einer Safari in Ostafrika, nur umso verblüffender, als ich nicht mehr als 30 Kilometer von zu Hause entfernt war. Einerseits wusste ich, dass das hier nur Schweine und Hirsche waren, also nichts Besonderes, aber trotzdem war das Ganze ein überwältigendes Erlebnis, weil sie eben völlig wild lebten.

Während wir uns das alles ansahen, raunte Charlie mir ein paar weitere Informationen über die Schweine zu. Offenbar gehen sie wie eine Art Mini-Flusspferde in den Seen manchmal komplett auf Tauchgang und wühlen im Schlamm des Seegrunds nach Großen Teichmuscheln, die sie dann knacken und genüsslich ausschlürfen wie Riesenaustern.* Im Winter schlafen sie gerne in dicht gedrängten Haufen, um einander warm zu halten, und gelegentlich wird dabei das Tier, das ganz unten liegt, von den anderen erdrückt. Dass diese Schweinerasse im Freiland gehalten wird, ist neu, aber es sieht so aus, als hätte sie sich ausnehmend gut an diese Lebensform angepasst. Als ich so zusah, wie sich die Sau und ihre Ferkel im flachen Wasser suhlten, stand ich einmal mehr kopfschüttelnd vor dem Kontrast zwischen diesen Tieren und ihren Artgenossen in den Großzuchtbetrieben, die ihr Leben in Kastenständen verbringen, in denen sie nicht mehr als einen Schritt vor- oder rückwärts machen können.

Später an diesem Tag begegnete uns noch eine Herde Langhornrinder, ein halbes Dutzend von ihnen mit einem Kalb im Schlepptau. Sie schlängelten sich über ein Netz aus Pfaden

* Als Kind hatte ich einmal versucht, ein Exemplar dieser wunderschönen Molluske in einem Süßwasseraquarium in meinem Zimmer zu halten, aber als Filtrierer hatte sie in diesem begrenzten Raum kaum Überlebenschancen und ging schon bald den Weg alles Irdischen. Da sie im Schlamm auf dem Aquariumboden lebte, merkte ich das gar nicht gleich, bis der Verwesungsgeruch allmählich mein ganzes Zimmer durchzog.

durch Brombeeren und Schlehdorn und grasten im Gehen. Ihre Platzangst hatten sie eindeutig überwunden, sie wirkten sehr zufrieden mit ihrem Revier. Das Englische Langhornrind ist eine reizende, knuffig unebenmäßige Rasse mit riesigen, schief verdrehten Hörnern. Obwohl die Tiere in Knepp praktisch ganz ohne Eingriff des Menschen leben, sind sie immer noch ziemlich zahm und ließen uns bis auf einen oder zwei Schritte an sie herankommen. Da durch das ganze Anwesen öffentliche Wanderwege führen, durfte hier auf keinen Fall eine aggressive Rasse angesiedelt werden. Rassen mit langen Hörnern sind anscheinend generell sehr friedlich; andernfalls wären sie ihren Haltern viel zu gefährlich und schon längst geschlachtet worden.

Am auffälligsten ist, dass diese Zuchtrassen, die über Hunderte von Generationen in Gefangenschaft gehalten wurden, noch immer über Instinkte verfügen, die ihnen jahrtausendelang nichts gebracht haben können. In den wenigen Jahren seit der Freilassung der Rinder waren, so erzählte Charlie, etliche natürliche Verhaltensweisen wieder an die Oberfläche gekommen. Offenbar leben diese Rinder von Natur aus in Herden von etwa einem Dutzend Tieren, die von einem dominanten Weibchen angeführt werden – wenn eine Gruppe zu groß wird, teilt sie sich auf, und beide Hälften gehen getrennte Wege. Kurz vor dem Kalben verlässt eine trächtige Kuh die Herde und schlägt sich im Wald ins dichte Unterholz. Dort bringt sie das Kalb zur Welt und kehrt dann für die meiste Zeit zur Herde zurück, kommt aber regelmäßig wieder, um das Junge zu säugen. Man mag versucht sein, sie als Rabenmutter abzustempeln, weil sie das neugeborene Kalb mehr oder weniger hilf- und schutzlos zurücklässt; aber genau so verhalten sich viele wilde Tiere wie Hirsche von Natur aus. Vielleicht war es in ihrer Evolutionsgeschichte, zur Zeit der marodierenden Wölfe und anderer Räuber, ja tatsächlich sicherer, das Kalb im Wald außer Sichtweite zu bringen, statt es draußen im offenen Land zu behalten, wo es für ein Wolfsrudel geradezu auf dem Präsentierteller lag; die Räuber hätten dann nur die schützende Herde vertreiben müssen und damit leichte Beute gemacht. George Monbiot merkt an, dass auch der Mensch noch uralte Erinnerungen und Instinkte aus seiner Zeit als Jäger und Sammler besitzt – vielleicht haben diese Rinder einfach auch bestimmte Verhaltensweisen von ihren ausgerotteten Vorfahren, den Auerochsen, geerbt. Ich finde es beruhigend, dass diese Tiere, die so lange Zeit als domestizierte Arten gelebt haben, immer eingesperrt und ihres Willens beraubt, bis heute ein paar Instinkte von wilden Tieren besitzen.

Was in Knepp natürlich ganz klar fehlt, ist ein Gipfelräuber. Im Yellowstone wirkt sich die Wiedereinführung des Wolfs äußerst positiv aus, doch man kann nicht um die traurige Wahrheit umhin: Knepp ist bei weitem nicht groß genug, um Wölfen ausreichenden Lebensraum zu bieten, selbst wenn Behörden und Anwohner sich für eine Ansiedlung rumkriegen ließen. Gelegentlich wird über eine Wiedereinführung von Wölfen in entlegenen Regionen Schottlands debattiert, was schon realistischer ist (und meines Erachtens ein großartiges Projekt), aber der Widerstand ist so immens, dass es wahrscheinlich kaum je dazu kommen wird. Ökologisch liegen die Dinge völlig klar – gebietsweise sind die Highlands von riesigen Rothirschpopulationen restlos übergrast, genau wie früher der Yellowstone. In den meisten Ländern Europas gibt es heute wieder Wölfe, etwa in Spanien, Italien, Schweden, Finnland und großen Teilen Osteuropas. Einzelne Tiere sind in den letzten Jahren nach Frankreich, Deutschland, ja selbst nach Dänemark und in die Niederlande vorgedrungen – ist es also wirklich so undenkbar, sie auch in Großbritannien zu haben? Für den Menschen stellt der Wolf praktisch keine direkte Bedrohung dar, da können die Schlagzeilen noch so grell sein,* wohl aber würde er sich an Viehherden vergreifen – doch wenn die Bauern dafür entschädigt würden, wäre das wirklich ein zu hoher Preis? Der Yellowstone verzeichnet steigende Besucherströme von Touristen, die die Wölfe sehen wollen und gleichzeitig viel Geld in die regionalen Kassen bringen – mir scheint, das würde ländlichen Kommunen und entlegenen Regionen Großbritanniens weitaus mehr Einkommen verschaffen, als es die jetzige Schafzucht leisten kann.

Doch abgesehen von diesen Argumenten ist eine Einführung von Wölfen in Knepp gar nicht praktikabel, genauso wenig wie Luchse dort leben könnten, obwohl sie kleiner und zudem Einzeltiere sind. Charlie hat grob überschlagen, dass Knepp eine Population von etwa einem halben Luchs ernähren könnte, so große Reviere brauchen sie – damit lässt sich wohl eher keine autarke Population aufbauen. Als Gipfelräuber muss also der Mensch einspringen, indem er die großen Pflanzenfresser bejagt; und je nachdem, wie viele er aus den Populationen herausnimmt, beeinflusst das natürlich die weitere Entwicklung von Knepp; die Natur wird hier nie ganz uneingeschränkt ihren eigenen Regeln folgen. Trotzdem fühlt man sich hier der wilden Natur unglaublich viel näher als irgendwo sonst im Süden Englands.

Und wie, so fragen Sie sich vielleicht, steht es eigentlich um den braven Biber? Biber sind in dieser Gegend heimisch, und für Vieh und Menschen stellen sie keine direkte Bedrohung dar.**

* 2013 berichtete die *Daily Mail* von der Sichtung von Wölfen in den Niederlanden unter der Überschrift »Nach 150 Jahren: Erste Killerbestien zurück in Holland«. Ich würde jede Wette eingehen, dass diese Zeitung sich nicht hinter die Wiedereinführung von Wölfen in Großbritannien stellen würde. Schämen sollten sie sich!

** Allerdings können Biber als Zwischenwirte des gefährlichen Fuchsbandwurms *(Echinococcus multilocularis)* fungieren, der auch auf den Menschen

Früher lebten sie in ganz Europa, doch sie wurden wegen ihres Fells gejagt und in Großbritannien im 16., in weiten Teilen Europas im 19. Jahrhundert ausgerottet. Fast überall in Europa stehen sie heute unter Artenschutz, und dank natürlicher Ausbreitung und nicht weniger als 24 organisierten Wiedereinführungen sind sie heute wieder in großen Teilen ihres einstigen Verbreitungsgebiets vorhanden, wenn auch sehr viel stärker versprengt als früher. Dass sie sich auf die Ökosysteme überwältigend positiv auswirken, steht außer Frage – indem sie ihre Bauten errichten, an Flüssen Dämme bauen und Wasserkanäle graben, schaffen sie vielfältige neue Lebensräume, steigern die Diversität von Pflanzen, Vögeln, Fischen und Amphibien. In den USA ist das Gesamtgewicht aller Lebewesen, die in Biberteichen leben, bis zu fünfmal so hoch wie in nicht eingedämmten Gewässern. Und obendrein noch stehen sie ganz oben auf der Beliebtheitsskala der Touristen. Warum in aller Welt sollten wir sie in Großbritannien nicht wiederhaben wollen?

Leider stößt sogar die Wiederansiedelung dieses gutartigen, bezaubernden Nagetiers auf enormen Widerstand, und bis vor ganz kurzer Zeit war Großbritannien praktisch das einzige Land in Europa, in dem es immer noch keine Biber gab. Unser Bauernverband (NFU) spricht sich energisch gegen sie aus;* zu einer geplanten Auswilderung äußerte sich ihr Sprecher wie folgt:

übertragbar ist und eine lebensbedrohende Erkrankung auslöst; vor der Wiedereinführung von Bibern muss also natürlich sichergestellt werden, dass sie frei von diesen Bandwürmern sind. Das ist allerdings kinderleicht, weil es in Europa in vielen Gebieten – zum Beispiel in Norwegen – Biber, aber keinen Fuchsbandwurm gibt.

* Genauso widersetzt er sich weiterhin jeder Einschränkung beim Einsatz von Neonicotinoiden, einer Gruppe hochgiftiger und persistenter Pestizide, die offenbar für die Abnahme von Bienen und anderen wilden Tierbeständen auf Agrarflächen erheblich verantwortlich sind.

»Mir sind keine Nachweise dafür bekannt, dass Biber irgendeinen Beitrag für Ökosysteme leisten. Und in letzter Zeit ist die Einführung gerade von Säugetieren ja nicht besonders positiv verlaufen. Wir sehen das beim Grauhörnchen, bei Kaninchen und sogar bei Nerzen; in Wirklichkeit gibt es also nicht gerade viele Hinweise darauf, dass sie überhaupt irgendetwas Positives bewirken.«

Unwillkürlich mag man sich fast schon für den armen Narren fremdschämen, der diesen Blödsinn von sich gegeben hat. Einmal räumt er eine peinliche Wissenslücke ein oder leugnet in seinem Stumpfsinn ganz einfach die Fülle von Nachweisen dafür, wie enorm nützlich sich Biber auf Ökosysteme auswirken, und dann zieht er noch lächerliche Parallelen zu drei nichtheimischen Tierarten. Niemand leugnet, dass gebietsfremde Arten wie Nerze verheerende Schäden anrichten können, aber der Biber ist ja ein heimisches Tier. Der einzige Grund, warum es ihn hier nicht gibt, ist der, dass wir sie alle abgeknallt und zu kuscheligen Fellmützen verarbeitet haben. Wie die NFU protestierten auch Sportfischanbieter in Schottland, die befürchteten, die Aktivität des Bibers könnte womöglich den Lachs stören, obwohl sämtliche Studien zeigen, dass Fische von Biberaktivitäten überwältigend profitieren.

Trotz des hirnlosen Widerstands trugen die Argumente für die Wiedereinführung irgendwann den Sieg davon, und 2009 wurde in Knapdale im westschottischen Argyll eine kleine Gruppe von 16 Tieren ausgewildert. Etwa zur selben Zeit tauchten als Folge einer illegalen Aussetzung auch in Tayside im Osten Schottlands sowie im Fluss Otter im südlichen Devon Biber auf. Die offizielle Auswilderung verlief nicht ohne Kinderkrankheiten – einige Tiere wurden von verärgerten Anwohnern illegal erschossen, und einer, ein Preiskandidat für die Biberausgabe der *Darwin Awards,* wurde von einem selbst gefällten Baum erschlagen. Immerhin waren bis 2014 bereits 14 Jungtiere geboren, und Knapdale verzeichnete über 30 000 Besucher, die gekommen waren, um die Biber und ihre Bauten zu besichtigen. Die Auswilderung wurde als großer Erfolg gefeiert und trug vielleicht das ihre dazu bei, dass die englischen Behörden den Verbleib der Biberpopulation in Devon genehmigten. Auch dort läuft inzwischen ein offizielles Wiederansiedelungsprogramm mit formaler Betreuung durch den Devon Wildlife Trust. Bei der letzten Zählung gab es mindestens zwölf Tiere, darunter wenigstens ein 2015 in der Wildnis geborenes Jungtier. Höchstwahrscheinlich verfügt Knepp über genügend Süßwasserhabitat und dazu ausreichend junge Bäume, die Biber abnagen und fällen könnten, und es wäre einfach wunderbar, wenn man zusehen könnte, wie sie mit ihrer Aktivität die Landschaft mit formen. Charlie ist guter Hoffnung, dass das eines Tages Wirklichkeit wird.

Nach einem Tag in Knepp war mein Appetit geweckt, und ich suchte eifrig nach einem Grund, wiederzukommen. Glücklicherweise bot sich ein solcher schon bald von selbst. Charlie und sein Team am Knepp Castle dokumentieren mit großem Eifer die wilde Fauna und Flora, über die sie verfügen, und ihren Wandel. Eine ganze Reihe von Zählungen wurde bereits durchgeführt, zum Beispiel für Pflanzen, Vögel und Schmetterlinge; aber bisher hatte sich noch niemand um die Bienen gekümmert, und er fragte mich, ob ich bereit wäre, das zu übernehmen. Diese Gelegenheit war zu schön, um sie mir entgehen zu lassen – die Aussicht, im Frühling und Sommer einmal im Monat durch das Anwesen zu wandern, war einfach unwiderstehlich. Hummeln kann ich ziemlich gut bestimmen – alles andere wäre ja nach all den Jahren, die ich mit ihnen arbeite, auch ziemlich peinlich –, aber für die Identifizierung von einigen unserer kleineren Solitärbienenarten bin ich bei weitem nicht so kompetent. Daher fragte ich meinen Doktoranden Tom Wood, ob er mitkommen wollte. Tom ist ein klassischer besessener Entomologe (Sie werden sich denken, das sagt ja genau der Richtige). Bei seiner Dissertation geht es um die Frage, wie effizient Wildblumenstreifen an Agrarflächen Hummelpopulationen fördern können, er verbringt also seine gesamte Arbeitszeit mit dem Hummelstudium. Am Wochenende geht er auf Bienensuche – da geht es ihm vor allem um die selteneren Solitärarten. Ferien macht er in Südeuropa, wo er ebenfalls nach Bienen sucht. Zum Geburtstag wünscht er sich obskure Bücher über Bienen, seltene, teure Bände mit packenden Titeln wie *Einführung in die Halictidae in der südwestlichen Moldau.** Möglicherweise haben Sie den nicht ganz unbegründeten Eindruck gewonnen, dass ich ein Bienenfreak bin – aber gemessen an Tom ist mein Interesse fast schon oberflächlich und bin ich ein beliebiger, amateurhafter Banause. Tom ist durch und durch Fanatiker, vielleicht einer der letzten Vertreter einer aussterbenden Rasse; also genau der Mann, den ich brauchte, um sämtliche Bienen in Knepp genau zu erfassen.

Mitte April 2015 starteten wir also unsere Bienenzählung. Mit ins Team kam noch Penny Green, Ökologin in Knepp und voller Elan, sich ins Thema Bienen einzuarbeiten. Es war ein leicht trüber, kühler Tag, und der Beginn war nicht gerade großartig. Zu Frühlingsanfang gibt es in Knepp nicht allzu viele Blumen – der Rasen ist zu dieser Jahreszeit großenteils ganz kurz,

* Dieser Titel existiert nicht wirklich; nur für den Fall, dass Sie sich versucht fühlen, auszuschwärmen und sich ein Exemplar zuzulegen – einige echte Bücher haben aber kaum eingängigere Titel. Sollten Sie gerade auf der Suche nach einem Bestimmungsbuch für britische Bienen sein, dann empfehle ich Ihnen aufs Wärmste Steven Falks hervorragenden *Field Guide to the Bees of Great Britain and Ireland* mit hübschen Illustrationen von dem namhaften Naturzeichner Richard Lewington.

weil die Tiere ihn über den Winter abgegrast haben, es gab also kaum Blumen mit Ausnahme von Schlehdornhecken und -gestrüpp, das in überwältigend voller Blüte stand. Leider sind Schlehen bei Bienen nicht besonders beliebt, wir konnten also nicht sehr viele von ihnen finden; lediglich eine Handvoll Königinnen von häufigen Arten wie Dunkle Erdhummeln und Steinhummeln.

Fast aufregender war, was für Tiere wir sonst zu sehen bekamen. Penny hatte überall auf dem Anwesen Stücke von Wellblech verteilt, was natürlich unordentlich aussah und auch eher unnatürlich ist; allerdings lassen sich damit bestens Reptilienpopulationen beobachten. Unter dem Blech sammeln sich gerne Schlangen und Echsen, besonders an kalten Frühlingstagen, denn das Metall heizt sich schnell auf und bietet ihnen einen warmen Unterschlupf. Unter dem ersten Wellblech, das ich anhob, lag ein Knäuel Blindschleichen von Dunkelbraun über Silber bis Rehbraun; in stiller Panik über mein Eindringen löste sich das Knäuel auf, und die Tiere glitten langsam davon. Unter dem nächsten Blech lagen wieder Blindschleichen, dazu eine mit etwa einem Meter Länge nicht ganz kleine Ringelnatter. Unter dem nächsten in der Nähe der Senke, an der ich mit Charlie den Schweinen beim Baden zugesehen hatte, gab es ein paar Grasfrösche sowie einen Teich- und einen Kammmolch. Ich hätte einen ganzen herpetologischen Erlebnistag verbringen und stundenlang Bleche anheben können, aber da das nicht gerade die beste Methode ist, um Bienen ausfindig zu machen, besann ich mich wieder auf meinen eigentlichen Job.

In der Nähe der Senke stand eine Gruppe junger Weiden in voller Blüte, und dort fanden wir die meisten Bienen. Weidenblüten sind für Bienen ein absolutes Lieblingsessen, denn die fluffigen gelben Blüten der männlichen Bäume produzieren sowohl Pollen als auch Nektar, die eher graugrünen Blüten der weiblichen nur Unmengen von Nektar. Da im April sonst nicht gerade viel blüht, stellen diese Bäume fast zwangsläufig eine der Hauptnahrungsquellen für viele Hummelköniginnen sowie für einige unserer Solitärbienen dar. Umso besser also, dass es in Knepp so viele Weiden gibt. Wir fanden Königinnen von mehreren verbreiteten Hummelarten, vor allem Wiesen- und Dunkle Erdhummeln, dazu ein paar frühe Arbeiterinnen.

Knepp umfasst auch ein paar kleinere alte Waldbestände, und ich konnte mir vorstellen, dass es dort vielleicht auch Bienen gab. Es war gerade die Zeit der Hasenglöckchen-Blüte, und in einem ordentlichen Hasenglöckchen-Bestand sind normalerweise immer ein paar Hummelköniginnen auf Futtersuche. Hasenglöckchen-Wälder sind in Großbritannien ein typisches Habitat – obwohl diese Zwiebelpflanze sehr weit verbreitet ist, ist sie nirgends so häufig wie in Großbritannien, wo die Blüten Mitte bis Ende April ganze blaue Teppiche bilden, bevor die Laubbäume über ihnen ausschlagen und sie für das restliche Jahr buchstäblich in den Schatten stellen. Auf dem europäischen Festland ist die Waldflora gemischter und vielfältiger, wenn auch vielleicht nicht so umwerfend hübsch. Ich lief also zu einer Gruppe großer Eichen hinüber und wollte sehen, was darunter war – aber statt Bienen oder Hasenglöckchen fand ich Schweine. Drei Säue und unzählige Ferkel lagen zwischen staubigen Haufen mitten in einem Bild der Verwüstung. Der Waldboden war völlig durchgewühlt. Charlie erzählte mir später, dass Schweine nach den Zwiebeln der Hasenglöckchen geradezu verrückt sind; eine blaue Waldwiese verspricht ihnen also vor allem eines: eine leckere Mahlzeit. Ein paar Hasenglöckchen standen zwar noch und blühten zwischen den Erdhaufen, doch die meisten waren einfach weg. Stattdessen reckten Buschwindröschen, Narzissen und Erdprimeln die Köpfe, und ich vermute, dass sie sich mit der Zeit richtig breitmachen werden.

Damit stellt sich eine interessante Frage. Sind unsere hübschen Hasenglöckchen-Wälder ein künstlicher Lebensraum, den es in Großbritannien nur deshalb geben kann, weil die übereifrige Wildschweinjagd zufällig den ärgsten Feind dieser Frühlingsblume ausgerottet hat? Sind diejenigen unter uns, die in Großbritannien gerne wieder wild lebende Wildschweinbestände einführen wollen,* wie es sie fast überall in Europa immer noch gibt, bereit, dafür mit dem Verlust vieler unserer Hasenglöckchen-Wälder zu bezahlen? Ich bin dafür, aber das ist natürlich nur meine Privatmeinung, und andere sind da sicher nicht einverstanden. *Richtige* Antworten sind im Umweltschutz Mangelware.

Mit der Kamera im Anschlag schlich ich mich an die schlafenden Schweine heran und knipste, bis sie mich plötzlich bemerkten und in eine Wolke aus Staub, Grunzen und Quietschen zerstoben. Ich wusste nicht, wie ich auf so riesige Tiere in derartiger Nähe reagieren sollte, und mit einem Schlag wurde mir bewusst, dass die Säue beträchtlich größer waren als ich. Waren das hier wilde Tiere oder Haustiere? Ich wusste es nicht recht, und mir schoss das Adrenalin durch die Adern. Natürlich beruhigten sich die Schweine, sobald sie über den ersten Schreck hinweg waren, und die erwachsenen legten sich und dösten wei-

* Derzeit gibt es in Großbritannien durchaus einige echte »Wild«schweine, nämlich Ausreißer aus Schweinezuchten – Wildschweine sind wahre Meisterausreißer. Kleine Populationen leben im Südwesten Englands, in East Sussex, sowie vielleicht bis zu 500 im Forest of Dean. Immer wieder gibt es heftige Debatten, weil sie wiederholt geschlachtet werden mit der Begründung, sie würden Bäume schädigen (als ich zum letzten Mal nachgesehen haben, schien es den Bäumen im übrigen Europa eigentlich ganz gut zu gehen) und Wiesen durchwühlen (was ich für gar nicht so übel halte). Haben Wildschweine nicht das gleiche Recht, hier zu leben, wie wir?

ter, während die neugierigen Ferkel sich um mich drängten, um sich aus dem besten Winkel porträtieren zu lassen.

Ich merkte, dass ich mich schon wieder von meiner Mission, Bienen zu erfassen, hatte ablenken lassen; ich ließ also die Schweine Schweine sein und machte mich auf die Suche nach Tom und Penny. Tom hatte inzwischen fleißig nach Solitärbienen Ausschau gehalten, meist ziemlich kleine Insekten, die ohne sehr viel Übung nur schwer zu bestimmen sind. Nicht einmal einen befriedigenden Gruppennamen haben sie, denn wenn sie auch üblicherweise als Solitärbienen bezeichnet werden, sind doch einige von ihnen überhaupt nicht solitär. Tom bevorzugt daher den technisch präzisen Begriff körbchenlose oder »nicht-corbiculate« Bienen (Corbicula ist der Fachbegriff für das Pollenkörbchen der Hummeln und Honigbienen, und genau das fehlt diesen anderen Arten) – doch dieser kryptische Name dürfte die meisten Menschen völlig übersteigen. Am besten wäre vielleicht die Bezeichnung »vergessene Bienen«, weil diese obskuren Tierchen wissenschaftlich kaum erforscht und den meisten von uns gänzlich unbekannt sind. Dabei sagt uns alles, was wir doch über sie wissen, dass sie bei der Bestäubung von Nutzpflanzen und Wildblumen eine ganz wichtige Rolle spielen, und ihre Lebensgeschichten sind faszinierend, komplex und äußerst vielfältig.

Viele dieser vergessenen Bienen nisten in Aggregationen, also Ansammlungen von manchmal Hunderten oder sogar Tausenden von Nistgängen, von denen jeder einzelne als kleiner konischer Krater in den Boden gegraben wurde. Bei den meisten Arten hat jedes Weibchen ihren eigenen Nistgang (wie sie ihn freilich wiederfindet, ist ein großes Rätsel), den sie ganz allein mit einem Pollenvorrat ausstattet, bevor sie ihre Eier darin einschließt und sie ohne weitere Fürsorge ihrer Entwicklung überlässt. Einige dieser »solitären« Bienen sind aber in Wirklichkeit doch sozial; die Königin begründet ein Nest und zieht darin einen Schwung Arbeiterinnen auf, die ihr dann bei der Aufzucht von Männchen und Jungköniginnen helfen – anders gesagt, ihr Lebenszyklus gleicht sehr stark dem der Hummeln. Als ich Tom schließlich einholte, hatte er gerade so eine Nestaggregation gefunden, und zwar von der Art mit dem nicht gerade peppigen Namen Furchenbienen *(Lasioglossum malachurum)*,* eine nur sechs Millimeter lange, gräuliche Biene. Die Nistgänge übersäten den kahlen, verdichteten Lehmboden eines Fahrwegs. Über den Nesteingängen patrouillierten eifrige Männchen vorwärts und rückwärts und hofften auf eine Paarung, während die Weibchen kamen und gingen, Pollenpakete heranschafften und den Zudringlichkeiten der liebeshungrigen Männchen nach Möglichkeit aus dem Weg gingen.

Statt auf dem Schlehdorn nach Hummeln zu suchen, was sich als ziemlich aussichtslos erwiesen hatte, fing ich lieber an, kahle Stellen am Boden auf Bienennester zu inspizieren. In kürzester Zeit hatten wir Exemplare von nicht weniger als zehn verschiedenen Bienenarten gefangen, meist Arten aus der Gattung *Andrena* (Sandbienen), überwiegend recht kleine Bienen, häufig mit dunkel glänzendem Abdomen. Weltweit gibt es nicht weniger als 1300 bekannte Sandbienenarten, und die meisten von ihnen werden ganz leicht übersehen. Einige waren ziemlich hübsch – etwa die Rotschopfige Sandbiene *(Andrena haemorrhoa)* mit ihrem fuchsroten Thorax und Ende, sowie die *Andrena fulva*, eine der wenigen Solitärbienen, die so auffällig ist, dass sie schon lange einen Trivialnamen trägt:

* Bis vor kurzem besaßen unsere meisten »Solitärbienen« keinen englischen Trivialnamen, doch um das Interesse des Publikums zu wecken und den Amateuren den Zugang zu erleichtern, wurden jetzt Trivialnamen für sie erfunden. Das ist nicht jedermanns Sache – Tom zum Beispiel hat als Purist für solche Nivellierungen nichts als Verachtung übrig.

die Rotpelzige Sandbiene. Als ich klein war, hatten wir eine Aggregation dieser großen, rostroten Bienen in unserer Wiese, und ich fand es toll, in ihre Löcher zu spähen und die Weibchen zurückglotzen zu sehen. Wir fanden auch eine kleine Wespenbiene, die *Nomada flavoguttata,* eine winzige, fast haarlose, rötliche Biene, die als »Kleptoparasit« lebt – sie ist darauf spezialisiert, in Abwesenheit der Mutter in ein Sandbienennest zu springen und auf dem bereits bereitliegenden Pollenlager ihre eigenen Eier abzulegen. Wespenbienen sind etwas ganz Ähnliches wie Kuckucksbienen – ihre Eier reifen schnell, und das Erste, was eine frisch geschlüpfte Wespenbienenlarve tut, ist, das Ei oder die Larve ihres Wirtstiers zu töten. Die jungen Wespenbienenlarven verfügen eigens zu diesem Zweck über große, sichelförmige Mundwerkzeuge. Ist der Nachwuchs des Wirts erst verspeist, kann die Larve ganz nach Bedarf den Pollenvorrat konsumieren. Mit zunehmender Größe und Häutung verliert sie die mörderischen Mundwerkzeuge, die zum Pollenfressen nichts mehr nützen. Natürlich ist das eine ziemlich fiese Strategie, aber diese Machenschaften zahlen sich ganz eindeutig aus: Weltweit sind etwa 850 Arten von Wespenbienen bekannt, und jede ist auf ein anderes Wirtstier spezialisiert.

Es war faszinierend, wie sich bei unseren wiederholten Besuchen im Lauf der nächsten Monate mit den Jahreszeiten auch die Vegetation veränderte. Zu Frühlingsanfang war der Rasen kurz gefressen gewesen, sodass es kaum Blumen gab. Über den Winter konnten die Pflanzen nur wenig wachsen und wurden von Kühen, Hirschen und Pferden ständig wieder abgegrast. Wäre das, wie ich schon befürchtete, im Frühling und Sommer so geblieben, dann hätten wir kaum Bienen gefunden. Nicht eingerechnet hatte ich freilich, obwohl es eigentlich sonnenklar war, dass das Pflanzenwachstum im Lauf des Jahres zunimmt, während die Zahl von Tieren mehr oder weniger stabil bleibt. Ende Mai waren die Wiesen ein Meer aus Kriechendem Hahnenfuß, dazwischen blauer Ehrenpreis mit lila Gundermann an den schattigeren Stellen und den ersten Brombeerblüten im Gestrüpp. Im Juli stand auf den offenen Flächen kniehoch der Weißklee, dazu die winzigen blasslila Blüten der Viersamigen Wicke mit Büscheln von Rotklee und Gewöhnlichem Hornklee. Weidetiere lieben Klee, aber da viel mehr vorhanden ist, als sie fressen können, schafft er es trotzdem bis zur Blüte. Im August übernimmt das Große Flohkraut mit seinen gelben, margeritenförmigen Blüten auf graugrünen, flaumig behaarten Stängeln. Diese Pflanze ist für die Weidetiere ungenießbar und hat sich daher auf vielen Wiesen in Knepp sehr stark ausgebreitet. Charlie hätte womöglich in Versuchung kommen können, sie einzudämmen, weil sie die Futtermenge für das Vieh reduziert, aber das wäre natürlich absolut gegen seine Philosophie gegangen. Wenn das Flohkraut Amok läuft, dann ist das eben so. Ich tippe darauf, dass sich bald ein Gleichgewicht einstellt, wenn Insektenarten, die das Flohkraut fressen können, aufkreuzen und die üppigen Futtervorräte zu ihren Gunsten nutzen. Warten wir's ab.

Im Lauf des Jahres konnten wir eine Liste von zehn Hummelarten erstellen, allerdings keine ausgesprochen seltenen. In vielerlei Hinsicht sehr viel aufregender waren die anderen Bienen, von denen wir am Ende des Sommers 42 verschiedene Sorten gefunden hatten, darunter noch viele Sandbienen und ein paar weitere Wespenbienen, außerdem Maskenbienen, Schmalbienen, Mauerbienen und andere. Einige von ihnen sind landesweit sehr selten. Der größte Kick war der Fund eines weiteren Kleptoparasiten, der *Sphecodes scabricollis,* die überall in Europa ausnehmend selten ist und in Großbritannien als Art des *Red Data Book* besonders streng geschützt ist. *Sphecodes* oder Blutbienen unterscheiden sich von Wespenbienen dadurch, dass das adulte Weibchen in das Nest des Wirts eindringt und dessen Nachwuchs selbst tötet, bevor es sein eigenes Ei legt, die Schmutzarbeit also nicht seinem frisch geschlüpften Nachwuchs überlässt. Diese Art ist mit gerade einmal sechs Millimetern eher winzig, schwarz mit einer hellroten Binde am Abdomen und spezialisiert darauf, Nester der Furchenbiene *Lasioglossum zonulum* anzugreifen (der fulminante englische Trivialname ließe sich mit »Bullenkopf-Furchenbiene« übersetzen).

Natürlich, das kann gar nicht anders sein, sind uns viele andere Arten durch die Lappen gegangen. Wenn man auf 1400 Hektar nach Lebewesen sucht, die vielleicht nur fünf Millimeter lang sind, muss man vernünftigerweise davon ausgehen, dass man sie nicht alle findet. Auch wissen wir nicht, welche Arten schon hier waren, bevor mit dem Rewilding begonnen wurde. In einer idealen Welt hätte Charlie auf dem gesamten Anwesen eine engmaschige Artenzählung vornehmen lassen, als es noch konventionell bewirtschaftet wurde, und dann könnten wir beobachten, wie das Ökosystem sich mit der Zeit verändert; doch dafür hatte er weder Zeit noch die nötigen Mittel. Immerhin werden wir zusehen können, wie es sich in Zukunft wandelt – welche neuen Arten hinzukommen und welche verschwinden. Das wird ein faszinierendes Spektakel. Vielleicht kommen irgendwann auch ein paar seltenere Hummeln. Ich gehe davon aus, dass die Flora mit der Zeit immer vielfältiger werden wird – aber vielleicht brauchen manche Arten Jahrzehnte, bis sie es hierher schaffen. Sicher ist jedenfalls, dass sich Flora und Fauna in Knepp mit der Zeit nach ganz natürlichen Prozessen weiterentwickeln werden.

Es ist interessant, dass die Menschen sich so gegen Wandel sträuben, dass sie sich so am Status quo festklammern. Charlies

Projekt stieß zu Anfang auf heftigen Widerstand – einige Anwohner fanden es unmoralisch, landwirtschaftliches Nutzland aufzugeben, schließlich sei es die Pflicht eines Landwirts, den Boden sauber, ordentlich und produktiv zu halten. Natürlich kann man da ein ganz großes Fragezeichen machen; wir haben uns vielleicht an moderne, große Felder mit gepflegten Monokulturen gewöhnt, aber dieses Phänomen ist in Wirklichkeit relativ neu. Noch vor 100 Jahren, vor der Mechanisierung und dem Aufkommen chemischer Herbizide, ging es auf den Äckern sehr viel unordentlicher zu, es war ein Mosaik aus kleinen, von dichten Hecken abgetrennten Feldern; auf den einen standen Nutzpflanzen und bunte Ackerwildkräuter, andere lagen brach und waren von noch mehr Unkraut überwuchert, manche dienten der Heuernte, auf wieder anderen weidete das Vieh. Vor 4000 Jahren war es wahrscheinlich vor allem Wald. Und vor vier Millionen Jahren war es Wald oder vielleicht eine Art Savanne, durch die die Elefanten zogen. Wer will schon bestimmen, wie das Land auszusehen hat? Doch instinktiv widersetzt der Mensch sich dem Wandel und möchte bei dem bleiben, woran er gewohnt ist, wie stumpfsinnig das auch sein mag.

Kurz nach dem Start des Projekts kam eine Familie, deren Cottage auf drei Seiten von der neuen Wildnis umgeben ist, mit der Beschwerde, sie würden nachts von singenden Vögeln am Schlaf gehindert. Eine kleine Recherche ergab, dass die Ruhestörung auf einen mittelgroßen, ziemlich scheuen braunen Vogel zurückzuführen war, der sich in einem nahen Gestrüpp niedergelassen hatte – eine Nachtigall. Vorher gab es in Knepp keine Nachtigallen, aber heute leben dort mit etwa 140 Brutpaaren zwei Prozent der britischen Gesamtpopulation. Nachtigallen nisten gern in etwa einem halben Meter Höhe über dem Boden in dichtem, ausladendem Gebüsch, und da die sich selbst überlassenen Hecken in Knepp seitwärts austreiben, stellen sie jetzt den idealen Lebensraum dar. Die Männchen kommen Ende April aus ihrem afrikanischen Winterquartier zurück, suchen sich einen geeigneten Nistplatz und singen, um die Weibchen auf ihrem Flug gen Norden zu erreichen. Da Nachtigallen meist nachts fliegen, singen die Männchen eben auch nachts, eine Serenade für die Weibchen, die im Dunkeln über sie hinwegziehen, in der Hoffnung, eines herunterzulocken. Der Gesang ist bekanntlich wunderschön, ein hoch komplexer Mix aus Trillern und Doppeltönen* – wahrscheinlich weil Nachtigallweibchen unglaublich schwer zu beeindrucken sind und die Männchen sich daher die Seele aus dem Leib schreien müssen, um wenigstens eine Chance zu haben, eines zu umgarnen. Stellen wir uns also die Qualen vor, die Charlies Nachbarn erdulden mussten, weil sie Nacht für Nacht den Höllenlärm der Nachtigallen anhören mussten – da blutet einem wahrlich das Herz. Zum Glück ging die Geschichte gut aus. Diese Leute wissen jetzt, woher der »Lärm« kommt, und schließlich begannen sie, ihn zu schätzen, ja gar zu lieben, und inzwischen ist ihnen klar, was für ein Privileg sie da genießen. Wie gesagt, wir Menschen können gegen Veränderungen seltsam resistent sein, egal, wie gutartig sie sein mögen.

Das Projekt in Knepp wird letztlich nur durch Steuergelder ermöglicht, nämlich in Form von jährlichen Subventionen in der Größenordnung von 250 000 Pfund. Weiteres Geld erbringen der Verkauf von hochqualitativem Fleisch, »Safaris« zur Erkundung der wilden Fauna, ein »Glamping«-Platz,** die Veranstaltung von Hochzeiten in extravaganten Tipis, die Ver-

* Obwohl der Gesang der Nachtigall zugegebenermaßen beeindruckend ist, finde ich persönlich, dass nichts den frühmorgendlichen Gesang einer Amsel im Frühling toppen kann.

** Komfortables Camping in ein paar relativ bequemen Zelten und Schäferhütten.

mietung ehemaliger Wirtschaftsräume als Büros und Werkstätten und alles, was Charlie und sein Team sich sonst noch einfallen lassen. Insgesamt erwirtschaften sie so einen kleinen Überschuss, genug, um sich über Wasser zu halten. Vielleicht fragen Sie sich, warum für so etwas Steuergelder herhalten sollen? Ich persönlich halte das für eine gute Investition, besonders im Vergleich zu vielen anderen Dingen, für die unser Geld ausgegeben wird,* aber inzwischen ist Ihnen wahrscheinlich ohnehin längst klar, dass ich ohne Wenn und Aber hinter dem Konzept stehe.

Mit am faszinierendsten finde ich an Knepp, dass die größten Erfolge dort nie geplant oder prognostiziert wurden. Es gab nicht die dezidierte Absicht, Nachtigallen zu fördern, sie kamen einfach von selbst. Nachtigallen haben in Großbritannien einen drastischen Populationskollaps hinter sich – zwischen 1967 und 2007 sank ihr Bestand um 91 Prozent, die stärkste Abnahme bei britischen Brutvögeln seit Beginn der Aufzeichnungen. Hätte man willentlich Lebensräume für Nachtigallen schaffen wollen, dann hätte ganz bestimmt niemand Charlies Vorgehensweise in Knepp für geeignet befunden – für den Niedergang der Nachtigallen wird vor allem die Übergrasung

* Es gibt eine interessante Website, farmsubsidy.org, auf der exakt aufgeführt wird, wie viele Subventionen jeder »Landwirt« in der EU pro Jahr erhält. Staunend erfährt man da, dass der größte britische Empfänger der Zuckerhersteller Tate & Lyle ist mit nicht weniger als 594 270 084 Euro »Agrarsubventionen« in den letzten 15 Jahren (ja, eine neunstellige Zahl). Dabei betreiben sie überhaupt keine Landwirtschaft – sie kaufen nur Zuckerrohr aus den Tropen und verarbeiten es zu raffiniertem Zucker. Ähnlich astronomische Summen verteilen wir an Unternehmen, die Zuckerrüben anbauen und verarbeiten; das geschieht in intensiven Monokulturen unter Einsatz vieler Pestizide, und das zur Herstellung einer Substanz, die grundlegend schädlich für uns ist und einer der Hauptverantwortlichen für die Diabetes-Epidemie, einem der Sargnägel für unser staatliches Gesundheitssystem. Vielleicht ist auch das nicht gerade die schlauste Verwendung von Steuergeldern.

durch die wachsenden britischen Hirschbestände verantwortlich gemacht, weil sie das Gebüsch schädigen, in dem die Vögel nisten; die Einrichtung eines großen Geheges mit Hirschen und anderen Weidetieren hätte da also nicht gerade als die beste Methode gegolten.

Eine weitere große Erfolgsstory aus Knepp ist die Zunahme des Großen Schillerfalters. Wenn Sie einen britischen Schmetterlingsführer durchblättern, fallen dort zwei besonders spektakuläre Arten auf: der Schwalbenschwanz, ein prächtiger gelb-schwarzer, drachenförmiger Schmetterling mit eleganten »Schwänzchen« an den Hinterflügeln, der in Großbritannien leider nur in den Norfolk Broads vorkommt; und der Große Schillerfalter, ein großes, kräftiges Insekt mit beim Männchen violett schillernden Flügeln. Von beiden Arten hätte ich als Kind im ländlichen Shropshire höchstens träumen können. Der Große Schillerfalter ist sehr schwer zu beobachten, am ehesten noch in großen, reifen Laubwaldbeständen im Süden Englands. Doch selbst dort wird er nur selten gesichtet, weil die Falter einen Großteil des Tages in den Baumwipfeln verbringen; sie ernähren sich von Honigtau, den zuckrigen Ausscheidungen von Blattläusen, brauchen also nicht zu den Blumen auf den Boden zu kommen. Die Männchen beziehen Reviere in der Laubkrone eines markanten, den Wald überragenden Baums und halten dort Gefechte ab, die denen von *Bombus hortulanus* nicht unähnlich sind; dabei schimmern ihre Flügel in der Julisonne. Die Weibchen legen ihre Eier auf Weiden am Waldrand oder an Lichtungen. Wollte man den Schillerfalter schützen, so käme man wahrscheinlich zu dem Schluss, dass man dazu um jeden Preis alte Waldbestände schützen muss. Hätte irgendwer sich zu der Behauptung verstiegen, früheres Ackerland könne sich in nur zehn Jahren zu einem beliebten Lebensraum für Schillerfalter mausern, so hätte man ihn für verrückt erklärt.

Doch genau das passierte in Knepp. Auf einigen Wiesen breiten sich dort Weiden aus, und die alten Eichen in den wuchernden Hecken bieten sich als markante Einzelbäume an. Große Ritterfalter gab es in Knepp vor dem Rewilding-Projekt nicht; 2013 wurden an einem einzigen Tag nicht weniger als 84 Männchen gesichtet (bei den Zählungen konzentriert man sich meist auf die territorialen Männchen, die sich durchs Fernglas zählen lassen; das ist relativ knifflig, aber immer noch viel einfacher, als die farbloseren und weniger aktiven Weibchen ausfindig zu machen und zu zählen).

Leider besteht ein wiederkehrendes Merkmal menschlicher Aktivität darin, andauernd für Veränderungen zu sorgen – manchmal willentlich, häufig versehentlich. Über Millionen von Jahren hinweg verlief jeder Wandel auf der Erde in sehr kleinen Schritten. Abgesehen von einem gelegentlichen Asteroideneinschlag konnten zig Millionen Jahre vergehen, ohne dass besonders viel passierte. Die Eiszeiten kamen und gingen im Lauf von Tausenden oder Zehntausenden von Jahren. Jahr für Jahr starben von Natur aus ein paar Arten aus, aber die Evolution brachte auch nach und nach neue Arten hervor, sodass es im Lauf der Jahrtausende global zu einem Nettozuwachs der Biodiversität kam – bis vor ganz kurzem. Heute können sich großflächige, menschengemachte Veränderungen in Jahren, manchmal in Stunden vollziehen. Wir roden Wälder für Ackerland, führen invasive Arten ein, richten in der Landwirtschaft Flächenstilllegungen ein, dezimieren Fischbestände, pflanzen dichte Forste mit nicht-heimischen Nadelbäumen und fällen sie wieder, legen Sümpfe trocken, bauen Dämme und Stauseen, geben Grenzertragsflächen auf, kassieren die Flächenstilllegungen, die wir erst wenige Jahre zuvor eingeführt hatten, verursachen sauren Regen und lösen das Problem zumindest teilweise, bohren Löcher in die Ozonschicht und bringen auch das teilweise wieder in Ordnung, verändern das Klima, rotten große Raubtiere aus, setzen unendlich neue Pestizide und andere Schadstoffe ein und verbieten manche erst dann wieder, wenn wir den erwartbaren Schaden vor Augen haben, den sie anrichten – endlos geballte Veränderungen, an die die wilde Fauna und Flora sich entweder anpassen muss oder krepiert. Die meisten Lebewesen können sich an graduellen Wandel anpassen, besonders wenn sie von einer großen, genetisch vielfältigen Population ausgehen, doch nur wenige kommen mit den ständigen schnellen Veränderungen zurecht, denen wir sie unterwerfen. Manchmal wünsche ich mir, wir könnten einfach nur lernen, eine Zeit lang stillzuhalten, damit die Natur zur Ruhe kommen kann; aber es sieht so aus, als hätte die Menschheit das in nächster Zeit am allerwenigsten vor.

Knepp ist ein wunderbares Beispiel dafür, was passieren kann, wenn wir einfach aufhören. Mit allem aufhören – mit dem Versuch, etwas zu bewahren, mit dem Versuch, einzugreifen, mit dem Versuch, die Dinge zu managen – und einfach die Natur zur Ruhe kommen lassen, sie die vorausgegangenen Veränderungen verarbeiten und dann ihr eigenes Ding machen lassen. Wer weiß, was in Knepp als Nächstes passiert, welche neuen Arten dort aufkreuzen? Wie wird es dort in einem Jahr aussehen, in zehn, in 100 Jahren? Wir haben keine Ahnung, wir können es nicht vorhersagen – und obwohl ich Naturwissenschaftler bin, obwohl es also mein Job ist, zu versuchen, diesen Wandel zu verstehen und zu prognostizieren, finde ich das ziemlich gut so.

Ist der Gedanke zu hoch gegriffen, wir könnten in jedem britischen County ein Rewilding-Projekt einrichten? Orte in jedermanns Reichweite, wo wir einen Hauch von Abenteuer erleben können, von entfesselter Natur. Wo wir hoffen könnten, den lila Schimmer eines Schillerfalters aufblitzen zu sehen, einer Nachtigall zu lauschen oder vielleicht das Platschen eines Biberschwanzes zu hören, wenn er seine Familie vor uns warnt.

Ich plädiere hier nicht dafür, die traditionellen Naturschutzgebiete aufzugeben – sie spielen ihre eigene wichtige Rolle –, aber es ist doch offenkundig, dass das konventionelle Umweltschutzmodell, nämlich die Ausweisung von Reservaten zum Schutz bestimmter seltener Habitate oder Arten, die gigantische Welle des Artensterbens nicht hat aufhalten können. Vielleicht gibt es noch einen anderen Weg, einen Weg, der uns wieder in Kontakt mit der natürlichen Welt bringt.

Umweltschutz kann ziemlich deprimierend sein. Oft fühlt es sich an wie ein Nachhutgefecht, wie eine von vornherein verlorene Schlacht gegen den unablässigen Druck des menschlichen Bevölkerungswachstums und das leere, sinnlose Streben nach Wirtschaftswachstum um jeden Preis. Wenn Sie einmal das Gefühl haben, alle Hoffnung sei umsonst, dann fahren Sie nach Knepp oder Canvey Wick und tanken Sie neuen Mut. Die Natur besitzt eine fantastische Resilienz, und sie wird sich erholen, wenn auch natürlich umso langsamer, je größer der Schaden schon ist. Gibt es etwas auf dieser Erde, was mehr an Zauberei grenzt als die Verwandlung eines Wasserbeckens mit grauer Industrieasche in eine Wiese voller Blumen und Insekten?

Eines Tages werden wir aufhören, mit der Erde Schindluder zu treiben – entweder weil wir uns selbst ausgelöscht haben oder weil wir gelernt haben, in und mit der Natur zu leben, statt sie bedingungslos beherrschen zu wollen. Wenn es so weit ist, wird das wilde Leben zurückkehren, es wird aus den Rissen im Beton kriechen, aus den Samen sprießen, die immer noch im Boden liegen, es wird sich anpassen, gedeihen, sich zu neuen, wunderbaren Formen entwickeln. Es wäre einfach nur großartig, wenn wir oder unsere Kinder dann noch hier wären, um das zu erleben.

Epilog: Bienen im Hinterhof

Die Biodiversität unserer Erde ist in Gefahr, besonders in exotischen Ländern wie Ecuador, das mit außerordentlichem natürlichem Reichtum gesegnet ist, aber auch mit einer verarmten und schnell wachsenden Bevölkerung. Wir aus der Ferne sind ganz schnell mit unserer Kritik zur Stelle, prangern die Entwaldung an, die Verschmutzung und die verhängnisvolle mutwillige Einführung invasiver Arten, während wir in unseren gemütlichen beheizten Häusern hocken, auf unsere koreanischen Flachbildschirme glotzen und bei kalifornischen Mandeln und einem Glas australischem Shiraz überlegen, ob wir diesmal Urlaub auf den Malediven machen sollen oder doch lieber wieder nach Teneriffa fahren. In Wirklichkeit steht es uns in der entwickelten Welt nicht zu, Moralpredigten zu halten, denn unsere eigenen Länder haben wir längst zerstört – die Wälder haben wir schon vor sehr langer Zeit kahl geschlagen, und das meiste wilde Leben haben wir veröden lassen, um Städte, Autobahnen, Einkaufszentren, Golfplätze zu bauen, und natürlich um ausgedehnte Monokulturen mit Nutzpflanzen anzulegen. Und selbst wenn wir plötzlich auf einen Hotspot wilder Tier- und Pflanzenarten stoßen, der auf unerklärliche Weise in unserer größten Stadt direkt vor unserer Nase aufgepoppt ist, dann stellen wir uns beim Versuch, sie zu schützen, wie Idioten an. Wir schaffen doch erst die Nachfrage für vieles von dem, was in den Entwicklungsländern passiert – mit unserem immer weiter steigenden Verbrauch fossiler Brennstoffe, von Lebensmitteln, Mineralien und anderen Rohstoffen. Oft sind es riesige Konzerne aus Europa und den USA, die in den Entwicklungsländern billiges Land aufkaufen und dort industrielle Agrarmethoden durchsetzen, oder die verheerende Bergbauprojekte durchführen, bei denen gigantische Löcher in den Boden gerissen und Flüsse und Böden verseucht werden. Den Menschen in den Entwicklungsländern können wir jedenfalls kaum vorwerfen, dass sie versuchen, unseren luxuriösen Lebensstil zu imitieren.

Wir könnten es uns leisten, die Welt zu retten, wenn wir das wollten, und wir müssen es unbedingt. Auf jede fünfte Cola-Dose oder etwas Entsprechendes zu verzichten würde uns kaum einschränken. Wir könnten der horrenden Geschäftemacherei multinationaler Konzerne Schranken setzen, die sich die schwächere Umweltgesetzgebung in Entwicklungsländern zunutze machen. Wir könnten ärmere Länder dafür bezahlen, dass sie ihre Flora und Fauna schützen, und würden die Kosten dafür kaum selbst zu spüren bekommen. Aber auch vor unserer eigenen Haustür müssen wir kehren, denn auch uns sind neue Bahnverbindungen wichtiger als der Erhalt alter Waldbestände, wir verschmutzen unsere Felder mit Tonnen von Chemikalien, und wir geben Millionen für die Suche nach Schiefergas aus, während wir zugleich behaupten, wir rängen um Mittel zur Bewältigung des Klimawandels.

All diese Probleme sind schwer zu lösen. Häufig fühlen wir uns hilflos. Für die großen politischen Parteien ist die Umwelt kaum je ein Thema, außer als hohle Geste im Wahlkampf. Wir erinnern uns etwa an David Camerons Kurztrip in die Arktis vor den Unterhauswahlen 2010, wo er einen Husky streichelte und die »grünste Regierung aller Zeiten« versprach, bevor er den Klimawandelskeptiker Owen Patterson zum Umweltminister bestellte. Und doch sind wir natürlich nicht völlig hilflos. Abgesehen von einem Urnengang alle paar Jahre treffen wir Tag für Tag wichtige Entscheidungen. Wie sagte Jane Goodall: »Wir müssen uns klarmachen, dass wir jeden Tag aufs Neue irgendwelchen Einfluss ausüben. Und wir haben die Wahl, was für ein Einfluss das ist.«

Umweltschutz beginnt zu Hause. Wir alle sollten recyceln, was immer wir können – man kann Restmüll für die Deponie fast vollständig vermeiden, vor allem indem man keine Nahrung in unnötiger oder nicht recycelbarer Verpackung kauft. In den sozialen Medien las ich vor kurzem einen Post mit einem Bild aus dem Supermarkt Morrisons; man sah da ein Regal mit Bananen, wo jede einzelne Banane auf einen Styroporteller gelegt und mit Folie umwickelt worden war. Der Kommentar: »Cool, wenn Bananen von Natur aus eine hygienische, abschälbare Hülle hätten.« Warum geben wir für solchen Schwachsinn Geld aus? Wir sollten alle versuchen, regional produzierte Lebensmittel zu kaufen, idealerweise aus biologischem Anbau. Es gibt immer mehr solche Produzenten, und sie brauchen unsere Unterstützung. Wir könnten alle klarkommen, ohne im Januar chilenische Erdbeeren zu kaufen, und wenn keiner von uns sie kaufen würde, hätte sich vielleicht die chilenische Regierung auch nicht bemüßigt gefühlt, unsere Hummeln einzuführen. Auf eine veränderte Nachfrage der Kunden werden Supermärkte schnell reagieren, und unsere kollektive Kaufmacht könnte einen immensen Einfluss darauf haben, wie auf der ganzen Welt Lebensmittel produziert werden. Wir sollten alle einen Komposthaufen haben oder eine Wurmkultur oder beides, obwohl das vielleicht knifflig ist, wenn Sie in einer Wohnung wohnen. Wenn Sie Platz haben, versuchen Sie mal, Ihr eigenes, gesundes, nahrhaftes Essen anzubauen, und pflanzen

Sie Blumen für die Bienen, Schmetterlinge und Vögel. Vielleicht sieht es nicht so aus, aber jede kleine Entscheidung macht einen Unterschied – schließlich sind wir jetzt mehr als sieben Milliarden, und jeder von uns hält die Zukunft unseres Planeten in Händen.

Stellen wir uns doch vor, wie es wäre, wenn jeder unserer Gärten naturfreundlich wäre, mit Bauerngartenpflanzen und Wildblumen, gesundem selbst angebautem Gemüse und vielleicht einem selbst gebauten Bienenhotel in der Ecke, in dem die Solitärbienen nisten können. Warum verbannen wir aus unseren Gärten und Stadtparks nicht die Pestizide? Es gibt weltweit schon einige Städte, die das praktizieren, und sie werden nicht etwa von Schädlingen überrannt. Stellen wir uns also kommunale Flächen vor, die naturfreundlich bewirtschaftet werden; Grünstreifen an Straßenrändern und Kreisverkehren, die nicht alle fünf Minuten gemäht werden, sondern stattdessen mit Wildblumen bepflanzt sind; Grasflächen in Parks, die stellenweise hoch wachsen dürfen. Überzeugen wir die lokalen Behörden, nicht mehr jedes Frühjahr einjährige Gartenpflanzen zu setzen, die der Tierwelt gar nichts bringen, sondern die Beete in unseren Parks mit bienen- und schmetterlingsfreundlichen Stauden zu bepflanzen. Und wie wäre es mit blühenden Heuwiesen im Uni-Campus und auf Schulhöfen? Vielleicht könnten in unseren Industrieanlagen und Technologieparks heimische blühende Büsche gepflanzt werden, die Nahrung für Bienen und Beeren für Vögel bieten, statt sie mit exotischen Grünpflanzen zu bestücken. Warum pflanzen wir nicht Apfel-, Birn- und Pflaumenbäume an unsere Vorstadtstraßen, sodass die Anwohner an der Straße Streuobst sammeln und die Kinder sich auf dem Schulweg einen Apfel pflücken könnten? Wir könnten bei Neubauten ein paar Gründächer und grüne Wände einstreuen. Vielleicht könnten wir ökologisch wertvolle Industriebrachen schützen und der Öffentlichkeit zugänglich machen, statt sie einfach zubetonieren zu lassen. Damit würden wir unsere Städte begrünen, der Natur einen Platz in unserer Nähe geben und die größten Naturreservate des Landes schaffen, und das Ganze für einen Apfel und ein Ei. Unsere Kinder könnten in Kontakt und Respekt zur Natur aufwachsen, könnten im hohen Gras mit bloßen Händen Heuschrecken fangen oder im Dorfkanal nach Molchen und Schwimmkäfern suchen. Wenn wir genau das für sie wollen, dann müssen wir jetzt zupacken. Ich wünsche mir heiß und innig, dass künftige Generationen die Chance bekommen, die Natur aus erster Hand zu erleben, damit auch sie sie zu lieben lernen. Eine meiner größten Befürchtungen ist die, dass meine Enkel, wenn ich je welche habe, in einer grauen, verarmten Welt aus Beton und Stahl aufwachsen und die Natur gar nicht selbst erleben können, weil es sie nicht mehr gibt, und dass sie das gar nicht wissen oder es ihnen egal ist, weil sie keine Ahnung haben, was ihnen entgeht. Doch so muss es nicht kommen. Wir haben es in der Hand, unsere Städte zu begrünen. Um neuen Wohnungsbau kommen wir nicht herum, aber dann nutzen wir wenigstens unsere Fantasie und machen unsere Städte zu offenen Naturreservaten, in denen Mensch und Natur harmonisch zusammenleben. Vielleicht ist die Vorstellung zu abgefahren, unsere Städte könnten zu »Regenwäldern« werden, aber unsere Kinder wären uns wahrscheinlich dankbar, wenn wir es versuchen würden.

In meinem nächsten Buch wird es um die Tierwelt gehen, die direkt vor unserer Nase lebt: in unseren Gärten und Parks. Egal, wo Sie gerade sind, es gibt dort im Umkreis von nur wenigen Metern sehr wahrscheinlich Kellerasseln, Würmer, Hundertfüßer, Fliegen, Silberfischchen, Käfer und jede Menge weiteres Leben. Das Leben dieser Geschöpfe ist ganz genauso faszinierend wie das, was man vielleicht in Dokumentarfilmen über exotische

Großsäuger oder tropische Vögel erfahren kann. Zudem gibt es jede Menge praktische Möglichkeiten, diese Vielfalt zu steigern und noch mehr solche Wundertiere in unser Leben hereinzulassen. Kommen Sie mit auf eine Reise durch den Hinterhof-Dschungel …

Register